AIGC大语言模型轻松学

从个人应用到企业实践

王嘉涛 胡旭阳 朱向荣 赵峰 张弛 | 著

電子工業出版社
Publishing House of Electronics Industry
北京•BEIJING

内 容 简 介

本书分 4 篇共 12 章。第 1 篇是新手入门，介绍 AIGC“奇点临近”，以及 AI 和 AIGC 的价值洞见；第 2 篇是个人应用，介绍个人能够快速上手的热门应用，如：AI 聊天对话、AI 绘画、AI 音/视频生成等；第 3 篇是深入原理，从 ChatGPT、LangChain、AutoGPT、HuggingGPT 等技术底层进行剖析，为后续实践奠定坚实的基础；第 4 篇是企业应用，从企业级应用切入，重点介绍“文生视频”应用、基于 AI 全面升级软件研发体系、打造领域专属的 ChatGPT 等，并探讨了 AIGC 可能涉及的风险、安全政策与监管，以及相应的安全治理框架等。

本书的亮点在于内容全面、语言通俗易懂。作者团队结合自身多年的实践经验，运用大量案例对 AIGC 技术的应用进行了深入剖析。

本书不仅适合人工智能和机器学习领域的初学者和从业者阅读，对相应领域的研究者也有很高的参考价值。希望本书能帮助读者更好地了解 AIGC 技术的内涵和价值，为今后的学习和工作提供帮助。

建议读者按照本书的章节顺序进行阅读，以便更好地理解和掌握内容。此外，为了更好地理解本书中介绍的技术，读者可以从理论和实践两个角度入手，深入研究和探讨相关案例。

图书在版编目（CIP）数据

AIGC 大语言模型轻松学：从个人应用到企业实践 / 王嘉涛等著. —北京：电子工业出版社，2024.6

ISBN 978-7-121-47989-2

Ⅰ. ①A… Ⅱ. ①王… Ⅲ. ①人工智能 Ⅳ. ①TP18

中国国家版本馆 CIP 数据核字（2024）第 109337 号

责任编辑：吴宏伟
文字编辑：李利健
印　　刷：北京盛通数码印刷有限公司
装　　订：北京盛通数码印刷有限公司
出版发行：电子工业出版社
　　　　　北京市海淀区万寿路 173 信箱　　邮编 100036
开　　本：720×1000　1/16　印张：21.5　字数：481.6 千字
版　　次：2024 年 6 月第 1 版
印　　次：2025 年 3 月第 2 次印刷
定　　价：99.00 元

凡所购买电子工业出版社图书有缺损问题，请向购买书店调换。若书店售缺，请与本社发行部联系，联系及邮购电话：（010）88254888，88258888。

质量投诉请发邮件至 zlts@phei.com.cn，盗版侵权举报请发邮件至 dbqq@phei.com.cn。
本书咨询联系方式：faq@phei.com.cn。

专家推荐

ChatGPT 的发布让 AI 技术的发展走到了“iPhone 时刻”。这项变革性的技术为人们带来了前所未有的交互体验和便利，之后又涌现了各种新的模型和技术。本书从多个方面介绍了 AIGC 乃至 AGI（人工通用智能）的原理、应用场景，以及个人和企业的应用案例，值得大家阅读。

——杨守斌　微软社区区域技术总监 MSRD

ChatGPT 的出现再次提醒我们，科技的突破是跳跃式的。AIGC 的发展关系着我们每个人。本书详细介绍了 AIGC 的发展脉络和技术创新，更示范了使用 AIGC 解决实际问题的方法，适合所有对 AI 感兴趣的读者阅读。

——曹冬磊博士　Kavout 首席科学家

AIGC 的出现进一步激发了大众对 AI 领域的浓厚兴趣。AI 已经步入了一个全新的发展阶段。生成式 AI 的研究和应用日趋成熟，其进展速度之快，即便是行业人士有时也难以跟上。本书从发展历程、基本原理、技术框架、领域应用和动手实操等多个维度，对 AIGC 技术进行了全方位的梳理。无论你是科技界的资深专家，还是对 AIGC 技术怀有强烈兴趣的普通读者，这本书都将为你提供宝贵的见解和实用的经验！

——郑睿博士　ZitySpace 智区间科技创始人

ChatGPT 的问世使得原本高端、神秘的 AI 突然走进了大众的工作与生活。AI 并不会直接抢走你的工作，但能用好 AI 的人可能会。

本书是一本涵盖原理、应用场景、应用案例的宝典。相信它可以帮你走出 AI 焦虑，走进 AI 世界。

——黄添来　高途集团高级技术总监

“百模大战”宣告大语言模型时代的到来，让大家感受到了大语言模型的威力，也让大众对 AIGC 的接受度更高了。在可以预见的未来，AIGC 将给那些与内容相关的行业带来变革。

个人和企业如何更好地面对 AIGC 带来的挑战和机遇呢？本书从实战的角度出发，详细地介绍了 AIGC 的基础应用、底层原理、经典案例，值得大家深入阅读。

——方锦涛　美团 App 技术负责人

目前 AIGC 正处于井喷式增长，生成式文字、图片、视频、音乐、代码如雨后春笋一般出现。如何利用 AIGC 助力业务发展，是当前从业者普遍面临的难点。本书对 AIGC 的应用和原理都有深度讲解，同时介绍了多个典型应用的实战案例，值得阅读！

——李丁辉　58 同城前端通道主席

作为资深的互联网用户与开发者，我阅读本书后感到非常兴奋。AIGC 的发展进一步加速了数字化的进程，为我们提供了更多的可能性。希望本书能够吸引和帮助更多的人深入了解并关注 AIGC 的发展，同时在安全、合规，以及不违反道德的前提下探索 AIGC 更多、更广阔的应用场景。

——黄后锦　OIA 合伙人

本书是一本详尽介绍 AIGC 技术精髓的开发宝典。全书以实战为主线，将深奥的理论以案例的方式生动呈现。从新手入门到企业应用，本书内容覆盖了 AIGC 技术的各个方面，其中很多内容是时下的热点。

我相信，无论你是 AI 领域的新手还是资深专家，本书都将是你打开 AI 世界大门的“金钥匙”。

——于欣龙　奥松集团创始人、AI 商业应用顾问

自序

ChatGPT 3.5 就像引燃全球 AI 热情的火种，激起了人们对人工智能的广泛关注，各大新闻平台、播客节目和媒体纷纷开始关注并报道 ChatGPT。我们作为专业的研发团队，决定编写本书以分享我们的见解和经验。

对于 AIGC，个人的认知存在差异。在我们看来，AIGC 是一场深层次的技术革命，它像石油、电力和信息技术一样，将引领底层生成力的巨大变革。其中，既包含面向算法和计算机相关专业人士的专业机会，又包含面向各行各业的重塑机会。由于 AIGC 是底层技术，其所带来的影响将遍及所有的行业。因此，每个人都可以从自己的角度去解读 AIGC。

AIGC 技术的核心价值始终不变——提升使用者的生产效率。我们希望通过对现有 AIGC 产品能力的深入理解，向非计算机专业人士介绍当前各领域的优秀产品及最佳实践经验，让所有对 AIGC 感兴趣的读者都能够顺利使用 AIGC 产品，避免在产品选择和使用过程中走弯路。

目前 AIGC 应用看起来门槛还很高，但未来一定会普及的。先拥有 AIGC 技能的人预期在职场上会有 5~10 年的先发优势。可以预见，未来 AIGC 的相关课程和技能培训会越来越多。

AIGC 的高速发展也给研发人员带来了职业快速发展的机会，未来，AIGC 带来的研发红利远大于 2010 年以来移动互联网带来的红利。因此，现今投入 AIGC 的研发实践中是非常好的一个时机。

本书深入浅出地介绍了 AIGC 相关技术的原理、研发框架，以及几个非常有潜力且适合初学者上手的 AI Agent；展示了一个大型、成熟的企业级 AIGC 应用最重要的架构设计和能力分层，以及与之匹配的完善的工程化能力。

本书是我们多年实践经验的总结和沉淀，希望它可以弥补市场上 AIGC 企业实践类图书的空白。

本书具有以下三大亮点。

（1）讲解循序渐进，内容由浅入深。本书先从 AIGC 的技术跃迁展开，详细介绍了大语言模型和多模态的知识背景；随后，从应用价值和行业价值两个角度深入探讨了 AIGC

带来的重大机遇。这样的组织方式使得读者可以逐步深入了解 AIGC 的核心技术和应用场景。

（2）内容新颖且覆盖面广。本书不仅介绍了 AI 聊天对话、AI 绘画、AI 音/视频等前沿应用，还深入探讨了这些应用的实现原理。此外，本书介绍了如何使用这些技术来解决实际问题，使读者能够更好地理解和应用这些知识。

（3）从个人应用到企业实践的平滑过渡。通过阅读本书，读者能够轻松上手 AIGC 的应用。然而，为了更灵活地运用 AIGC 技术创造商业价值，深入理解其背后的原理是不可或缺的。只有逐步深入，融会贯通，才能真正学有所成。此外，本书内容由浅入深，兼顾不同层次读者的需求。

总之，我们希望这本书能成为 AIGC 浪潮中的一朵浪花，为推动人工智能的发展起到一点作用。我们期待与您一同探索 AIGC 的无限可能，共同迎接人工智能的美好未来。

赵峰

2024 年 1 月　北京

目录

第1篇　新手入门

第 2 篇 个人应用

第 4 篇 企业应用

第 1 篇

新手入门

第 1 章 AIGC“奇点临近”

人工智能展现的创造力将打破人类已知的边界，将重塑文案写作、音乐创作、艺术设计，甚至会深刻影响科研和教育的传统模式。

AIGC（AI Generated Content，人工智能生成内容）是由人工智能驱动的内容创作工具。它不仅在绘画和写作领域具有重要应用，在游戏场景建模、虚拟人物设计、AI 聊天、AI 科研（AI for Science）、AI 人脸替换、音乐创作等多个领域也有重要应用。

由于 AIGC 与用户之间建立了紧密的社交联系，并且其入门门槛相对较低，同时拥有出色的创作效率，因此这项创新技术在网络上引起了人们的广泛关注。

面对 AIGC 突如其来的热度，我们不免心生疑惑：它是如何发展起来的？又因何“一夜爆火”？

1.1 AIGC 的技术跃迁

众所周知，人工智能（AI）的发展经历了如下 6 个核心阶段。

- 阶段 1（早期理论和图灵测试）：这个阶段的焦点是在理论层面上理解和模拟人脑的行为。阿兰·图灵提出了图灵测试，定义了一台机器被认为具有智能的标准。
- 阶段 2（达特茅斯会议和 AI 的初始繁荣）：在 1956 年的达特茅斯会议上，“人工智能”的概念被正式提出。接下来的几年，许多 AI 应用被创建，并且在一些基础任务上取得了成功。
- 阶段 3（专家系统的繁荣）：在这个阶段，专家系统开始流行，人工智能可以模拟人类专家进行决策。
- 阶段 4（机器学习的崛起）：这个阶段的重点转向了机器学习，尤其是神经网络。在这个阶段，IBM 的 Deep Blue 象棋系统击败了世界冠军，这是 AI 发展的重要里程碑。

- 阶段 5（深度学习和大数据）：在大数据和算法的推动下，深度学习成为主流。深度学习在图像识别、语音识别、自然语言处理等多个领域取得了显著的进步。
- 阶段 6（预训练模型和强化学习）：预训练模型如 GPT（Generative Pre-trained Transformer，生成式预训练变换器）和 BERT（Bidirectional Encoder Representations from Transformers，预训练的深度学习模型，用于自然语言处理）的兴起，使得它在许多自然语言处理任务上的表现达到了人类的水平。同时，强化学习也在诸如棋类游戏等领域取得了重大突破。

> 提示　GPT 建立在 Transformer 模型之上，是在自然语言处理（NLP）任务中广泛使用的一个深度学习模型。GPT 是一个大规模的无监督学习的模型，它通过预测给定文本中的下一个单词来进行训练。模型一旦被训练，就可以生成非常连贯的文本。

客观地说，从 AI 到 AIGC 的转变并不是一种绝对的转变，而是 AI 应用领域的一种延伸和拓展。AI 从其诞生之初就一直在不断进化，涉及各种不同的技术和应用，包括机器学习、自然语言处理、图像识别等。AIGC 则是这些应用之一。

这种转变主要是基于近年来 AI 技术的快速发展，尤其是深度学习技术的发展。例如，OpenAI 的 GPT 系列模型就是一个典型的例子，它们能够生成自然、连贯且在语义上合理的文本内容。这种技术的发展使得 AI 不仅可以理解和处理人类语言，而且可以创造出新的内容。

此外，数据的增长也是推动这种转变的一个重要因素。在互联网的推动下，我们现在可以获得大量的数据，这为训练 AI 模型提供了可能。

总的来说，从 AI 到 AIGC 的转变是 AI 技术发展和应用范围扩大的自然结果，也是 AI 技术将更深入地融入我们日常生活的一种体现。

1.1.1　ChatGPT 让 AIGC“一夜爆火”

AI 向 AIGC 的跃迁看似是一个顺理成章的演进过程，但仅凭这些技术变迁本身并不足以让 AIGC 备受瞩目，真正掀起这场热潮的“催化剂”是 ChatGPT 的震撼亮相。

1. ChatGPT 简介

ChatGPT 是 Chat Generative Pre-training Transformer 的缩写，直译为“聊天生成式预训练变换器”。

- Chat（聊天）：ChatGPT 被设计用来与人进行自然语言对话，可在各种环境中与用户进行交流，包括问答系统、客服应用等。

- Generative（生成）：ChatGPT 是一种生成模型，它可以根据给定的上下文生成新的文本。
- Pre-training（预训练）：在特定任务上微调之前，ChatGPT 会先在大量的文本数据中进行预训练，这有助于模型理解语言结构和学习到丰富的背景知识。
- Transformer（变换器）：ChatGPT 所使用的深度学习模型特别适合处理序列数据，如文本。

ChatGPT 是由 OpenAI 研发的一款先进的人工智能模型，其基于 GPT 架构。ChatGPT 的主要功能是通过理解输入的文本（例如用户的问题或者请求），生成相应的文本。这些生成的文本可以包括答案、建议、描述、故事、诗歌等多种形式。基于其强大的理解和表达能力，ChatGPT 可以被用于多种场景，如客户服务、文本生成、智能助手等。

> 提示 虽然 ChatGPT 有很强的理解能力和文本生成能力，但它理解或感知世界的方式和人类并不相同。它没有真正的意识或主观体验，不能理解或体验感情。它所有的回应都是基于其所训练的大量文本数据生成的。

ChatGPT 的核心能力源自 GPT 架构。那么，我们该如何深入理解这一点呢？

2. 关于 GPT

GPT 是一种自然语言处理模型，它所采用的变换器（Transformer）如同一台精密的信息“过滤器”。GPT 能够接收一段输入文本，并经过多层神经网络的深度“过滤”，提炼出语义和语法的精华，进一步产生新的、有意义的文本。

OpenAI 宣称，GPT 在现实世界的许多场景中不如人类的能力强，但在学术基准上却能达到人类的水平。此外，OpenAI 宣称其花费了 6 个月的时间来迭代 GPT 的新版本（即 GPT-4），从而在事实性、可控性和防御性上获得了有史以来最好的结果。

GPT-4 的主要特征如下。

- 具有更广泛的常识和解决问题的能力：更具创造性和协作性；可以接受图像作为输入并生成说明文字、分类和分析；能够处理超过 25 000 个单词的文本，支持创建长文内容、扩展对话，以及文档搜索和分析等用例。
- 其高级推理能力超越了 GPT-3.5（即上一代 GPT）。
- 在 SAT（Scholastic Assessment Test，美国大学理事会主办的一项标准化考试，主要用于评估高中生进入大学的学术准备情况）等绝大多数专业测试及相关学术基准评测中，GPT-4 的分数高于 GPT-3.5。
- 遵循 GPT、GPT-2 和 GPT-3 的研究路径，利用更多的数据和更多的计算来创建越来越复杂和强大的语言模型（数据量和模型参数并未公布）。

3. ChatGPT：AIGC 领域的创新“催化剂”

ChatGPT 作为 AIGC 领域的创新“催化剂”，已经在诸多方面实现了突破。该技术的主力来源，即上文提到的 GPT–4 架构，使其在生成自然、连贯且符合特定风格或语境的文本内容上展现出令人瞩目的能力。

作为 AIGC 领域的一部分，ChatGPT 开创了一种新型的内容创建方式。它不仅能以人类所难以企及的速度和规模生成文本，而且可以根据特定的提示或主题创建个性化的内容。这种生成能力在新闻、社交媒体、广告、创意写作等领域都有极大的应用前景。

更重要的是，ChatGPT 的语言理解能力也极其出色。它能理解复杂的语境和语义，并将这种理解运用到生成的内容中。这不仅提升了生成的内容的质量，也使得生成的内容更具交互性和适应性。

总的来说，ChatGPT 的出现不仅为 AIGC 领域带来了革新，而且为未来人们的内容创作模式指明了新的方向。

1.1.2　内容生成方式被重新定义

正是由于上述诸多因素，“内容生成方式”得以被重新塑造，并焕发出新的活力。“内容生成方式”的发展历程充满了未知。为了让读者更全面地理解这个过程，我们将从以下 3 个方面进行深入剖析。

1. 从 PGC 到 UGC，再到 AIGC

随着数字化时代的来临，内容生成方式经历了一场巨大的变革，从 PGC（Professionally Generated Content，专业生成内容）到 UGC（User Generated Content，用户生成内容），再到现在的 AIGC（人工智能生成内容），其技术演进过程如图 1–1 所示。

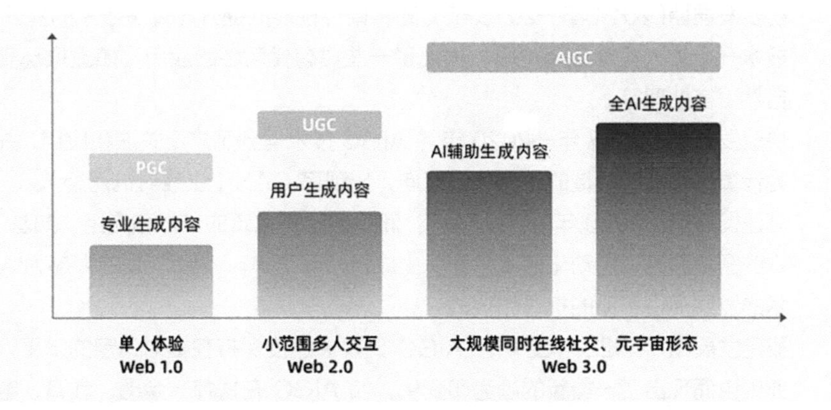

图 1-1　PGC、UGC、AIGC 的技术演进

最开始是 PGC，这是我们最熟悉的一种内容生成方式，包括传统媒体机构和专业内容生成人员创建的新闻、电影、音乐和图书等。这些内容具有高质量和专业性的特点，但生成过程通常需要大量的时间和资源。

随着 Web 2.0 的崛起，UGC 开始占据主导地位。在这个阶段，内容的创作权从少数专业人士转向了大众。任何人都可以在社交媒体、博客、论坛等平台上发布他们的作品，这大大增加了内容的多样性和创新性，但同时也带来了内容质量和可信度的问题。

最新的 AIGC 是由 AI 技术驱动的内容生成方式。利用先进的机器学习模型（比如 GPT-4），可以自动生成我们需要的文章、诗歌、音乐，甚至艺术作品。AIGC 具有高效、可定制和交互性等优点，它大大提升了内容的生产效率，并开启全新的创新领域。

从 PGC 到 UGC，再到 AIGC，我们可以看到技术如何改变内容的生产和消费方式，同时也为我们的未来创造出无限的可能性。然而，这也带来了新的挑战，如何保证 AI 生成内容的质量、道德性和公平性，将是我们必须面对和解决的问题。

2. 从萌芽期到稳定发展期

值得注意的是，AIGC 并不是一个新技术，它也经历了 5 个重要的发展阶段，如图 1-2 所示。

图 1-2　AIGC 的发展阶段

- 萌芽期（2010 年—2014 年）：AIGC 技术刚刚出现。受限于硬件性能和算法效率，其应用范围较窄。
- 初步发展期（2014 年—2018 年）：随着硬件性能的提升和算法效率的提升，AIGC 技术开始进入实际应用阶段，出现了一些具有代表性的应用，如虚拟现实游戏、自然语言处理等。
- 快速发展期（2018 年—2020 年）：AIGC 技术得到了广泛关注和应用，并逐渐成为计算机图形学领域的一个热门方向，出现了 GAN（生成对抗网络）。
- 高速发展期（2020 年—2022 年）：涌现出了一批新的技术和应用，如基于 AI 技术的图形渲染、自动化艺术创作、生成对抗网络等。Web 3.0 的兴起为 AIGC 技术的发展提供了新的机遇和挑战。
- 稳定发展期（2022 年至今）：AIGC 的发展速度保持在相对稳定的水平，同时行业内也涌现出了一些新的趋势和变化，如 AIGC 在医疗、金融、教育、电商等领域的应用。

3. AIGC 模型迅速崛起

正当全球的目光都集中在 ChatGPT 时，中国的 AIGC 模型也在迅速崛起。观察全球 AIGC 模型开发领域，前 10 名的研发者中就有 4 个来自中国，其中既包括学术界的代表，如 BAAI 智源研究院和清华大学，也有互联网领域的佼佼者，如百度和阿里巴巴研究院。西方的顶尖 AI 机构，如 Google、Meta 及 OpenAI，也毫不例外地名列其中。

1.1.3 AIGC 引领创新赛道

AIGC 代表了人工智能的一种新应用方式，即利用 AI 技术生成具有创新性、有吸引力和适应力的内容。这个领域的快速发展打开了一条新的创新赛道，那些早期研发并成功运用 AIGC 的企业和研究者们正在领跑这场比赛。

1. AIGC 的创新体现

基于神经网络的复杂学习模型，AIGC 可以生成诸如文章、短篇小说、诗歌、歌词、影片剧本、设计方案、代码、视频游戏内容等各种各样的内容。这些模型首先会根据大量已有的数据进行训练，然后模仿并创新，生成全新的内容。这种创新表现在以下两个方面。

- 它能够以人类难以实现的效率和质量创建出内容。
- 它能够为我们带来从未有过的全新视角和创意。

2. AIGC 的应用领域

在商业领域，AIGC 已经被广泛应用，并带来了显著的效果。例如，许多媒体公司和广告公司正在使用 AI 技术生成新闻报道、博客文章或者广告词，以提高工作效率和创作质量。又如，一些设计公司也开始运用 AI 生成设计方案，这不仅节省了大量的人力、物力，也带来了令人惊艳的设计作品。

此外，AIGC 还在教育领域发挥着重要作用。AIGC 可以生成各种教育内容，如在线课程、教材、习题等，使得教育资源的获取和分发更加方便。更重要的是，AIGC 能够根据每个学生的学习进度和能力，生成个性化的学习内容，使得教育更加精细化和个性化。

当然，还有更多的领域会应用到 AIGC，如图 1-3 所示。

AIGC 作为当前新型的内容生成方式，已经率先在传媒、电商、影视、娱乐等领域取得重大发展。与此同时，在推进“数实”融合、加快产业升级的进程中，金融、医疗、工业等各行各业的 AIGC 应用也都在快速发展。

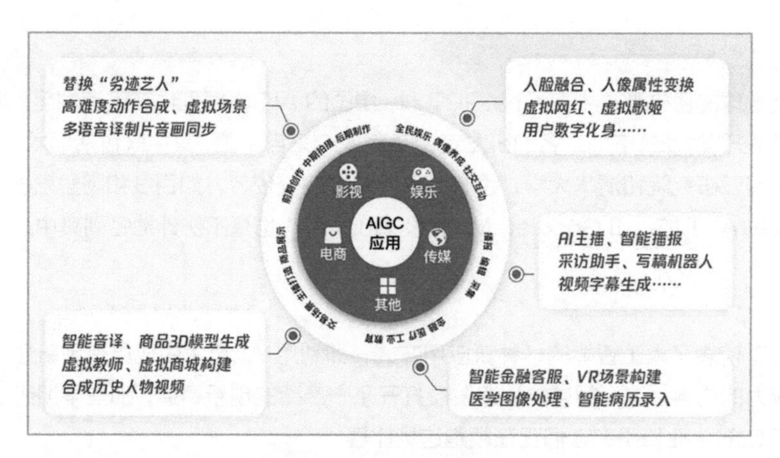

图 1-3　AIGC 应用领域

3. AIGC：引领智能化、创新高效的新时代

AIGC 的出现和发展是人工智能领域的一次重要革命。它在改变我们创作、学习、工作和娱乐的方式，也在引领一场新的创新赛道。然而，这并不意味着人类的创造力会被机器取代，相反，AIGC 的出现将会激发出人类更多的创造力，让人们更好地利用 AI 技术将自己的思想、想象和创新转化为现实。

同时，AIGC 也带来了新的问题：如何保证生成的内容的准确性和真实性？如何避免 AIGC 被用于生成虚假新闻或误导性信息？这些问题需要我们深入研究和探讨。尽管挑战重重，但我们有理由相信，在科技界的共同努力下，AIGC 将会引领我们进入一个更加智能和高效的新时代。

无论是在教育、商业、艺术领域，还是娱乐领域，AIGC 都已经开始改变我们的生活方式。它正以前所未有的速度引领着创新赛道，这是一场创新的革命，是 AI 技术与人类创造力的完美融合。在未来，我们期待 AIGC 能发挥更大的作用，引领我们向更高、更远的科技前沿进军。

1.2　大模型百家争鸣

随着 ChatGPT 在商业领域的成功应用，大模型这个概念逐渐成为人们关注的焦点。然而，在学术界和商业界，大模型的含义存在差异，容易混淆。

学术界所指的大模型是基础模型（Foundation Model，FM），指的是一种新型的机器学习模型，能够在广泛的数据集上进行大规模自监督训练，适应各种下游任务。

商业界经常将 ChatGPT 和大模型画等号。严格地说，ChatGPT 是一种大语言模型

（Large Language Model，LLM），属于大模型的一种。相应地，处理视觉信息的基础模型叫作视觉大模型（Visual Fundation Model，VFM），处理多模态输入/输出的叫作多模态大语言模型（Multimodal Large Language Model，MLLM）。

为了避免混淆，本文将使用“大模型”和“大语言模型”两个术语。“大模型”指“基础模型”，而不是“大语言模型”。从概念上讲，大模型包括大语言模型，如图 1-4 所示。

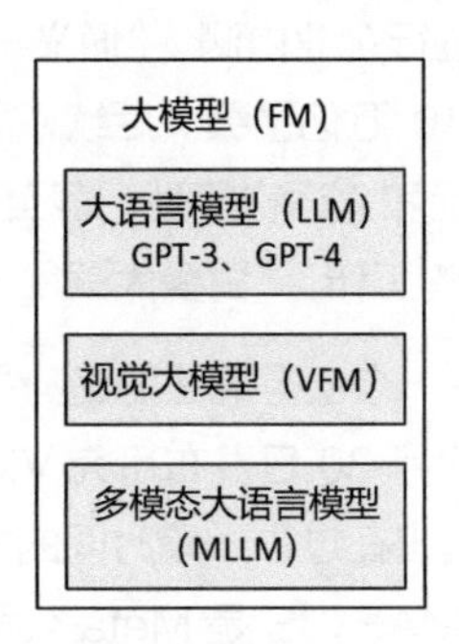

图 1-4　基础模型与大语言模型之间的关系

1.2.1　AI 军备竞赛引发“百模大战”

2008 年，美国团购网站 Groupon 成立。不到三年时间，其完成了 IPO（首次公开募股），估值达 250 亿美元。Groupon 的团购商业模式和惊人的发展速度在中国引起了惊人的“蝴蝶效应”。2010 年，美团及一系列团购公司成立，正式拉响了“百团大战”。因团购市场门槛不高，截至 2011 年年底，市场上团购类企业多达 5000 家以上。历史虽然不会完全重复，但总会有类似的地方。经过半个多世纪的发展，以及人工智能领域三次寒冬的洗礼，通用人工智能（AGI）的曙光终于初现。现在，我们只需等待那个能够点燃这把火焰的火种出现，它将引领我们进入一个全新的人工智能时代。

2022 年 11 月，OpenAI 发布了基于 GPT-3.5 模型的 ChatGPT，其自然流畅的对话能力震惊世界。仅用 5 天时间，ChatGPT 的用户量就达到了 1 百万人；仅两个月的时间，其月度活跃用户便突破了 1 亿人，这使得 ChatGPT 成为历史上增长速度最快的消费类应用。ChatGPT 的走红迅速让各大公司和组织意识到其背后 GPT 模型的意义：模型参数量会带来能力的“涌现”，对于之前表现不佳的任务，如果其模型量到达一定程度，则任务的表现就会迅速提升。

2023 年 2 月，人工智能巨头 Google 推出了基于对话编程语言模型 LaMDA 的人工智能对话产品 Bard。LaMDA 模型共有 3 个版本，参数量最高可达 1370 亿个。2023 年 3 月，Meta 发布了大语言模型 LLaMA，LLaMA 模型有 4 种参数规模的版本，分别为 70 亿个、130 亿个、330 亿个和 650 亿个。由 OpenAI 创始团队出走成员组建的 Anthropic 公司，推出了类似 ChatGPT 的产品 Claude（虽然对 Claude 的实现细节并没有详细介绍的文章，但是可以推断 Claude 基于 AnthropicLM v4-s3 模型，拥有 520 亿个参数）。

在国内市场，2023 年 2 月，百度推出了聊天机器人“文心一言”，它基于百度文心预训练大模型 ERNIE 1.0。不过，最新的 ERNIE 3.0 模型的参数已经达到了 100 亿个。同年 4 月，腾讯公开了混元大模型，该模型涵盖了自然语言处理大模型、计算机视觉大模型和多模态大语言模型。据悉，混元大模型的参数超过了万亿个。也是在同年 4 月，阿里巴巴达摩院的“通义千问”开始进行企业内测，“通义千问”基于阿里巴巴达摩院的 M6 大模型，据称，参数量已经达到 10 万亿量级。后续，华为、商汤科技、360、科大讯飞也纷纷推出类似 ChatGPT 的产品和大语言模型。截至 2023 年 6 月，国内已经有超过 40 家公司或团队在做大模型相关的工作，“百模大战”一触即发。

在大语言模型涌现的同时，另一个值得关注的趋势是开源模型的能力在不断提升。伯克利大学大模型团队在 2023 年 5 月 30 日发布研究 Vicuna 大模型，并声称其能力已经达到 ChatGPT 90%的能力，并指出在过去一段时间的发展中，开源模型的能力在加速追赶闭源模型，如图 1-5 所示。LLaMA-13B 是 Meta 公司的开源大语言模型，其后缀 13B 代表其拥有 130 亿个参数。Alpaca-13B 是斯坦福大学基于 LLaMA-13B 微调出的开源大语言模型，Vicuna-13B 是伯克利大学基于 LLaMA-13B 微调的开源大语言模型。Bard 是 Google 公司的闭源大语言模型。在图 1-5 中，纵坐标代表模型的能力，通常情况下，研究人员会使用测试数据集对大语言模型的能力进行评估，这些测试集合通常包含几千到上万个问题。我们将 ChatGPT 作为能力基准，代表能力上限为 100%。其中，LLaMA 相当于拥有 ChatGPT 69.70%的能力，意味着在所有 ChatGPT 通过的测试中，LLaMA 能够通过其中的 69.70%。从图中可以看出，两周后出现了 AlPaca-13B，其能力提升近 7%。一周后，Vicuna-13B 出现，其能力与 Alpaca-13 相比又提升了近 10%。从整体趋势上看，开源模型的能力正在加速追赶闭源模型。

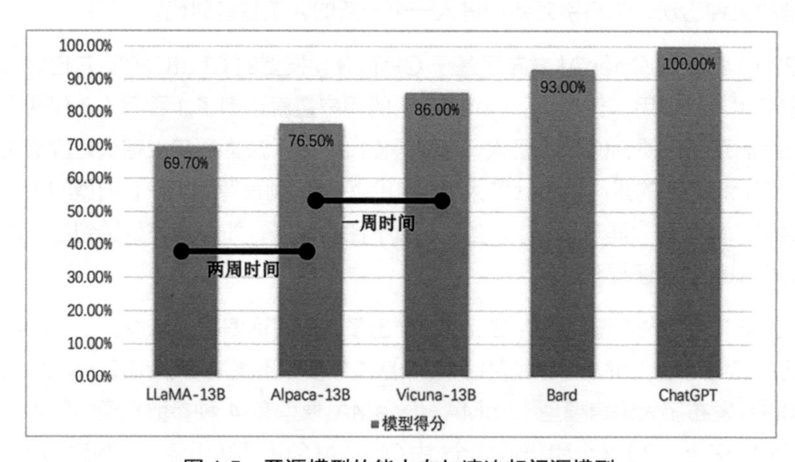

图 1-5　开源模型的能力在加速追赶闭源模型

（参考文章：An Open-Source Chatbot Impressing GPT-4 with 90%* ChatGPT Quality）

1.2.2　大模型的“摩尔定律”

摩尔定律是由英特尔公司的联合创始人戈登 · 摩尔于 1975 年提出的，其核心内容为：在集成电路中可容纳的晶体管数量大约两年就会增加一倍。后续又由英特尔公司 CEO 大卫 · 豪斯改为每 18 个月增加一倍。

摩尔定律虽然只是一个评估半导体发展的简单经验法则，并不是一个真正的物理学定律，但是其准确性得到了历史的验证。

如上文所述，ChatGPT 的走红引起了大模型训练的军备竞赛，各大公司希望通过增加模型参数以“大力出奇迹”的方式进一步提升模型的能力，这引发了大语言模型参数量的迅速攀升。从 2017 年到 2022 年，模型参数量增加了超过 5 万倍，这似乎也在遵循着摩尔定律。不过需要注意的是，将半导体的发展与大语言模型的发展直接类比并不一定合理。这是因为：

（1）在半导体行业中，晶体管数量的提升能够带来算力的提升。但是大语言模型的参数量增加并不一定会带来能力的显著提升。不仅参数重要，语料、大语言模型的架构、训练方法也至关重要，模型参数超过 100 亿个后，其效果差距没有那么大。

（2）类比人脑，人脑平均包含超过 860 亿个神经元和 100 万亿个突触。可以肯定的是，这里面并非所有的神经元和突触都用于语言。GPT-4 预计有 100 万亿个参数，但是其效果和学习速度也远未达到人脑的效果，这不仅让人怀疑目前的大语言模型通过扩展参数提升表现是否可以持续。

1.2.3　“模型即服务”成为“新基建”

大模型是大算力和强算法相结合的产物，它通常在大规模无标注的数据上进行训练，并学习出一种特征和规则。基于大模型进行应用开发时，需要将大模型微调，进行二次训练。大模型的这种特性使得低成本的 AI 应用成为可能，并且随着大模型能力的增强，应用的能力也在逐步增强。

大模型训练成本高，GPT-3 的训练成本大约在 2 亿美元至 4 亿美元，无法做到每个应用都使用自己的大模型。结合 ChatGPT 的训练流程来看，共分为两步：预训练和调优。

- 预训练所花费的时间和机器成本占据总体的 90%，需要将近 1000 个 GPU 训练几个月时间。
- 调优分为两个步骤：有监督的指令微调和基于人类反馈的强化学习（Reinforcement Learning from Human Feedback，RLHF）的实施成本相对较低，大约仅需数台 GPU 和几天的时间即可完成。

因大模型能力强、成本高、具备通用性，未来大模型在 AI 产业链中将更多地承担基础设施式的功能——作为底座将 AI 技术赋能其他行业。目前，Microsoft（微软）、Google（谷歌）、Meta、百度、阿里巴巴、腾讯等国内外科技巨头，以及人工智能领域的公司（如 OpenAI、科大讯飞）均开始布局模型即服务（MaaS）领域，基于底层大模型提供数据、智能超算平台、开发调优工具等，以便快速构建上层应用。

1.3 多模态“星火燎原”

模态通常与创建独特通信渠道的特定传感器相关联，例如视觉和语言。我们感官知觉的一个基本机制是能够共同利用多种感知数据模态，以便在动态、不受约束的情况下正确地与世界互动。每一种信息的来源或形式都可以被称为一种模态。例如，人有触觉、听觉、视觉、嗅觉；信息的媒介有语音、视频、文字等；传感器有雷达、红外传感器、加速度计等。以上每一种都可以被称为一种模态。

多模态机器是指模型能够学习、理解、对齐多种模态（文本、语音、图像和视频）的能力，并能够进行模态之间的转换，比如通过文本生成图像，或者基于一张图片进行“看图说话”。从根本上说，多模态人工智能系统需要对多模态信息源进行摄取、解释和推理，以实现类似人类水平的感知能力。

多模态机器学习（MultiModal Machine Learning，MMML）是构建 AI 模型的一种通用方法，该模型可以从多模态数据中提取和关联信息。

1.3.1 Transformer 带来新曙光

1958 年，弗兰克 · 罗森布拉特（Frank Rosenblatt）发明了感知机（Perceptron）。感知机的基本神经元是一个非常简单的二元分类器。通过这些二元分类器构建的单层神经网络，可以确定给定的输入图像是否属于给定的类。当时感知机的主要目的是识别手写的阿拉伯数字 0~9。

1968 年，神经科学家大卫 · 休伯尔（David H. Hubel）和托斯坦 · 威泽尔（Torsten N. Wiesel）发现了猫的视觉神经工作原理。他们在猫的视觉皮层中发现了“简单细胞”“复合细胞”和“超复合细胞”。简单细胞对图像中的静态线条、线条的开闭有选择性反应，复合细胞则对线条的运动方向有选择性反应，超复合细胞对线条的末端有选择性反应。他们的研究表明，视觉信息的处理是分层进行的，不同层级的神经元对不同类型的视觉特征有不同的反应。这一理论被称为“分层处理理论”，视觉神经工作原理如图 1-6 所示。

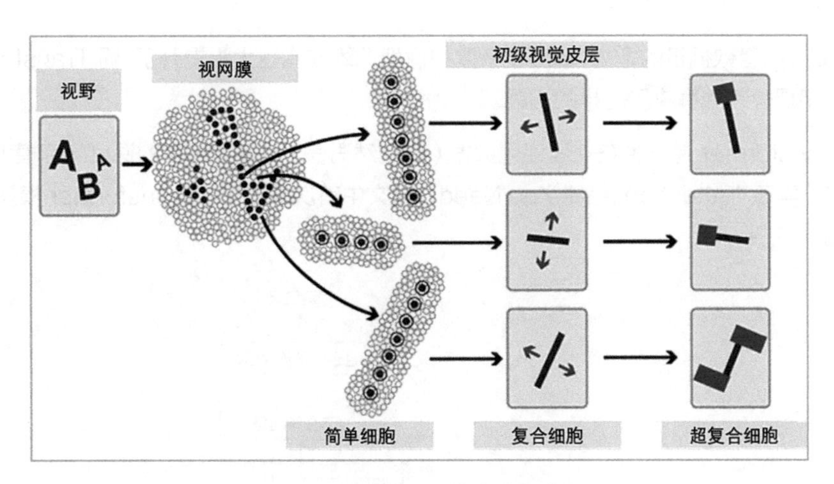

图 1-6　视觉神经工作原理示意图

除此之外，研究还发现以下两个现象。

- 过滤。不同细胞只对特定的输入感兴趣，会过滤其他信息，例如，有的细胞只响应 45° 的线条，有的只响应某些颜色。
- 平移不变性。即使我们将屏幕中的光条平移，猫的复杂细胞依然能够被激活。之后的研究发现，这种不变性不仅体现在平移不变上，同时也可以处理图像的翻转、裁剪、放缩等。

接下来介绍的卷积神经网络（Convolutional Neural Networks，CNN）的整体思路与这两人的研究密不可分。

CNN 特别适合处理网格形数据，如图像和时间序列数据。CNN 的灵感来源于生物视觉皮层，并在一定程度上模仿了人类的视觉感知机制。CNN 由一系列的层构成，这些层通常包括卷积层、激活函数层、池化层和全连接层。这些层能够从输入的原始像素数据中有选择地提取出有意义的特征，并最终用于分类或其他任务，就像视觉神经中的简单细胞、复合细胞和超复合细胞一样。CNN 在图像识别和语音识别等任务中都取得了显著的成功。但 CNN 无法有效地处理带有时序的信息（如语音识别等），因此 RNN 应运而生。

递归神经网络（Recurrent Neural Networks，RNN）是一种在处理序列数据（如时间序列或自然语言）时特别有效的神经网络架构。RNN 的关键特性是它们具有“记忆”，可以使用其内部状态（或“隐藏状态”）来处理输入序列的元素。尽管 RNN 在理论上能够捕获任意长的依赖关系，但在实践中，它们常常难以处理长序列中的依赖关系。这主要是由于所谓的梯度消失和梯度爆炸问题使得 RNN 难以在训练过程中学习到远离当前位置的信息。为了解决这些问题，研究者们提出了一些改进的 RNN 架构，如长短期记忆网络（Long Short-Term Memory，LSTM）和门控循环单元（Gated Recurrent Unit，GRU）。基于以上方法，虽然“长序列中的依赖关系”得到了改善，但是并没有从根本上解决问题，随着数据量的增加，算法复杂度和模型训练成本也大幅提升了。而 Transformer 模型的出现有效地解决了这样的问题。

Transformer 是一种在处理序列数据（如自然语言）时表现出色的深度学习模型。它于 2017 年在“Attention is All You Need”论文中首次被提出。Transformer 模型的架构如图 1-7 所示。

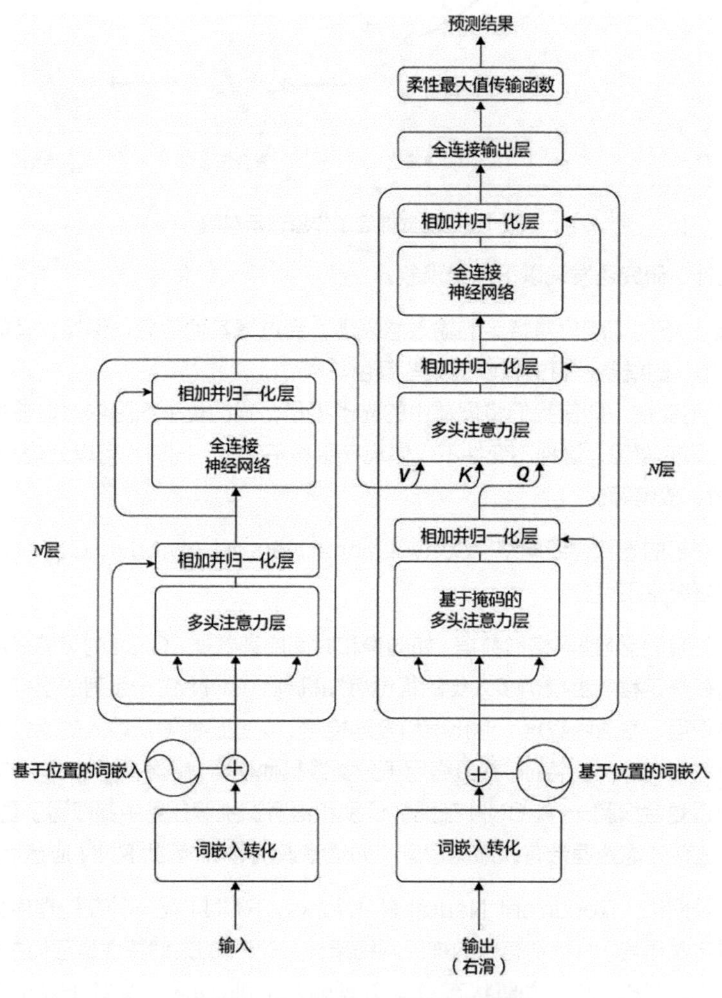

图 1-7 Transformer 模型的架构图

Transformer 模型的主要目标是解决序列预测任务中的长距离依赖问题，并且通过并行计算提高了训练的效率。Transformer 层有如下几个核心的组成部分。

- 编码器和解码器：一个完整的 Transformer 模型包括多个编码器和解码器的堆叠。编码器读取输入序列并生成一系列表示，解码器则使用这些表示来生成输出序列。

在解码器中，有一个额外的基于掩码的多头注意力层，它被用来防止模型在生成当前位置的输出时“看到”未来的位置。

- 基于位置的词嵌入（Positional Encoding）：由于注意力机制并不考虑元素的顺序，Transformer 模型使用位置编码来注入序列中的顺序信息。位置编码是一个维度与输入序列相同的向量，它被添加到输入序列的每个元素中。
- 多头注意力（Multi-head Attention）层：简单地说，多头注意力计算一句话里的多个单词与句子中其他单词的匹配程度，并基于学习的知识来找到最匹配的单词。

Transformer 模型相比之前的 CNN 和 RNN 有明显的优势，如能处理长距离依赖，可大规模地并行计算，灵活性更强，具有可解释性，并且，Transformer 模型有成功的案例，如 Google 的 BERT 模型和 OpenAI 的 GPT-3 模型。不仅如此，Transformer 模型先天对多模态训练友好，原因如下。

- 自然处理序列数据：Transformer 模型天然适合处理序列数据，这对于处理文本、音频和视频等多模态数据非常有利。例如，文本可以被视为词或字的序列，音频可以被视为声音帧的序列，视频可以被视为图像帧的序列。
- 处理异构输入：通过设计不同的输入编码策略，Transformer 模型可以处理各种类型的输入数据，包括文本、图像、音频等，这对于多模态学习任务非常重要。
- 建模交互性：在多模态学习中，不同模态之间的交互通常包含重要的信息。Transformer 模型的自注意力机制可以有效地模拟不同模态之间的交互关系。
- 强大的表示能力：Transformer 模型能够学习到深层次、丰富的表示，这对于理解和整合来自不同模态的信息是非常重要的。
- 可扩展性：Transformer 模型可以被轻松地扩展为更大的模型和处理更复杂的任务。这是多模态学习中的一个关键优势，因为多模态任务通常需要处理大量的数据和复杂的模式。

ViT（Vision Transformer）是一个将 Transformer 模型应用于图像处理的例子，它首先将图像切分为多个小块（像是一个序列），然后用 Transformer 模型来处理这些序列。ViT 已经在一些图像分类任务中取得了与最先进的 CNN 模型相媲美的性能，其整体架构如图 1-8 所示。其中，MLP（Multilayer Perceptron）是多层感知机，是神经网络和深度学习的基础，被广泛用于各种机器学习任务，包括分类、回归、图像识别、语音识别等。

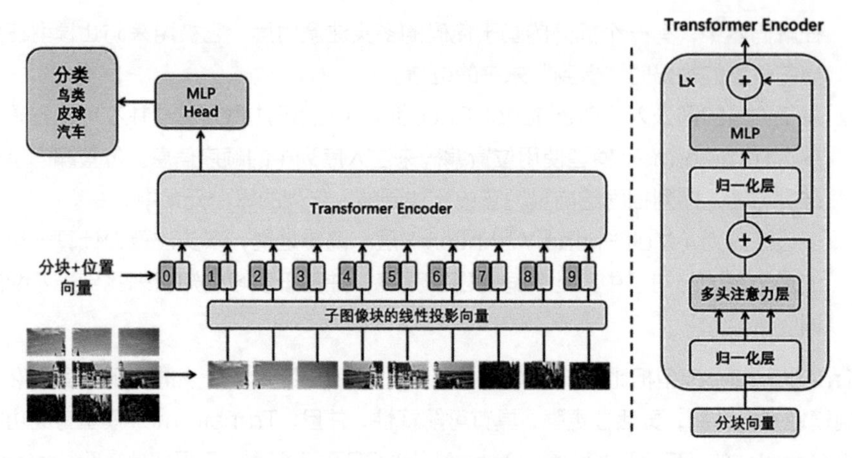

图 1-8　ViT 模型架构图

1.3.2　多模态模型理解力涌现

相较于图像、语音、文本等多媒体数据划分形式，“模态”是一个更为细粒度的概念，在同一种媒介下可以存在不同的模态。比如，我们可以把两种不同的语言当作两种模态，甚至在两种不同情况下采集到的数据集也可以被认为是两种模态。

多模态可能有以下 3 种形式。

- 描述同一个对象的多媒体数据。如在互联网环境中描述某个特定对象的视频、图片、语音、文本等信息。
- 来自不同传感器的同一类媒体数据。如医学影像学中不同的检查设备所产生的图像数据，包括 B 超、计算机断层扫描（CT）、核磁共振等；物联网背景下不同传感器所检测到的同一个对象的数据等。
- 具有不同的数据结构、表示形式的符号与信息。如描述同一个对象的结构化、非结构化的数据单元；描述同一个数学概念的公式、逻辑符号、函数图及解释性文本；描述同一个语义的词向量、知识图谱及其他语义符号单元等。

人与人交流时的多模态信息形式通常可以总结为 3V，即文本（Verbal）、语音（Vocal）、视觉（Visual），如图 1-9 所示。

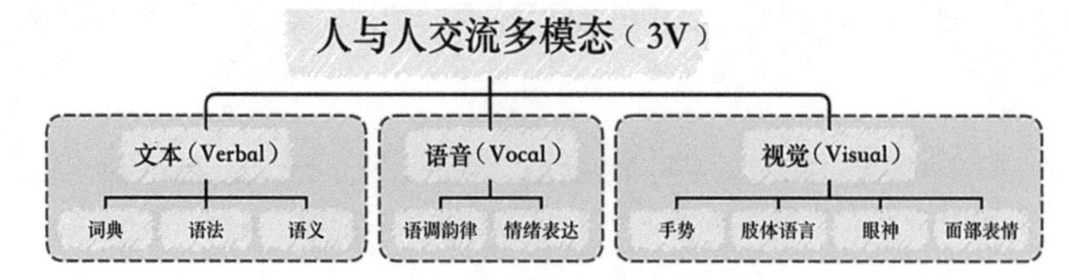

图 1-9　人与人交流时的多模态信息形式

多模态机器学习（MultiModal Machine Learning，MMML）是近几十年来的一个重要研究领域。多模态机器学习是从多种模态的数据中学习并提升自身的算法，它不是某一个具体的算法，它是一类算法的总称。

从语义感知层面看，多模态数据涉及不同的感知通道（如视觉、听觉、触觉、嗅觉）所接收到的信息。从数据层面看，多模态数据则可被看作多种数据类型的组合，如图片、数值、文本、符号、音频、时间序列，或者集合、树、图等不同数据结构所组成的复合数据形式，乃至来自不同数据库、不同知识库的各种信息资源的组合。对多源异构数据的挖掘分析可被理解为多模态机器学习。多模态机器学习的基本流程如图 1-10 所示，其关键步骤有 4 个：模态表示、模态对齐（包含模态无关、模态相关）、模态融合和结果预测/生成。

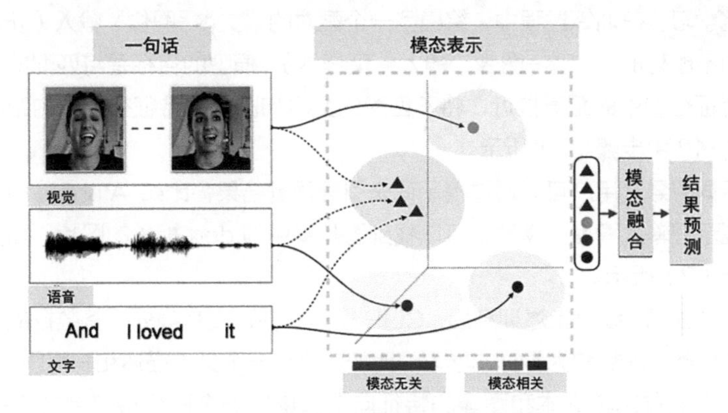

图 1-10　多模态机器学习的基本流程

Google 发布的 VideoBERT 模型是第一个将 Transformer 模型扩展到多模态上的。VideoBERT 展示了 Transformer 模型在多模态环境中的巨大潜力，如图 1-11 所示。VideoBERT 可以将文字转为视频，如图 1-11（a）所示；还可将视频转为视频特征，此特征可以与文字匹配，如图 1-11（b）所示。

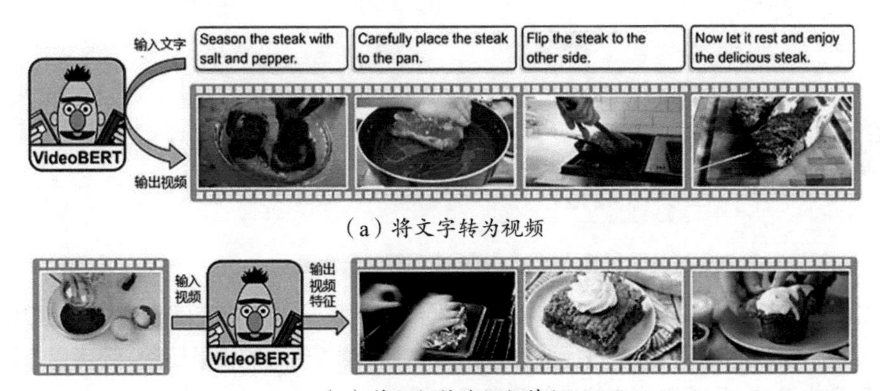

（a）将文字转为视频

（b）将视频转为视频特征

图 1-11　VideoBERT 模型功能示意图

2021 年，OpenAI 提出的 CLIP（Contrastive Language–Image Pre–training，对比性语言–图像预训练）开启了一个新的里程碑，它使用多模态预训练将分类任务转换为检索任务，使预训练模型能够进行零样本识别。它可以处理文本和图像输入，并在这两种模态之间建立关联。CLIP 模型的核心思路如下。

- 训练目标：CLIP 模型的训练目标是使模型学会将相关的图像和文本靠近（即在特征空间中的距离近），并将不相关的图像和文本远离（即在特征空间中的距离远）。
- 模型结构：CLIP 模型包含两个主要组成部分，一个是用于处理文本的 Transformer 模型，另一个是用于处理图像的 Vision Transformer 或 CNN 模型。这两个模型都会将其各自的输入转换为高维特征向量，如图 1–12 所示。
- 对比学习：在训练过程中，给模型一个配对的“文本–图像”输入（正样本）和一系列不配对的“文本–图像”输入（负样本）。模型的目标是将匹配的文本和图像在特征空间中的距离拉近，将不匹配的文本和图像在特征空间中的距离拉远，如图 1–12 中步骤（1）所示。
- 提示词引导：用户可以通过提示词来引导预测结果，比如 A photo of a dog，将该提示词输入模型，模型就可以找到图片集中与 dog 相关的图片，如图 1–12 中步骤（2）所示。
- 零样本预测：经过上述训练后，CLIP 模型能够在没有额外标签数据的情况下完成各种任务，这被称为零样本学习。比如，给定一个文本描述和一组图像，CLIP 模型可以通过比较文本和图像的特征向量来确定哪个图像最符合文本描述，如图 1–12 中步骤（3）所示。

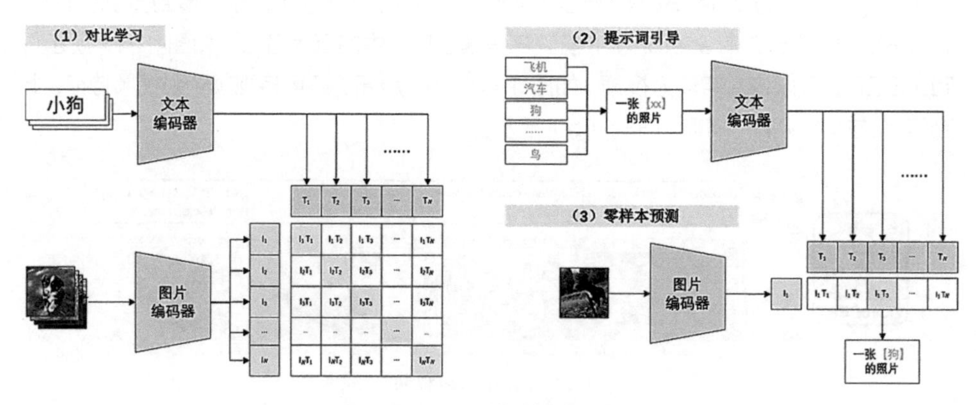

图 1-12　CLIP 模型算法示意图

CLIP 模型算法的核心作用是将文字与图像映射到统一的向量空间计算距离函数中，所以 CLIP 模型算法不仅可以进行图像分类和对象检测等传统的视觉任务，还可以进行文本到图像的生成、图像到文本的描述等多模态任务。

随着近年来在自动驾驶汽车、图像和视频理解、文本到图像生成，以及机器人和医疗健康等应用领域中传感器融合方面的发展，我们现在比以往任何时候都更接近能够集成许多感官形态并从中学习的智能体。

1.3.3　多模态是通往 AGI 路上的又一座“圣杯”

人工智能的发展致力于实现一个宏伟的目标——通用人工智能（Artificial General Intelligence，AGI）。这种系统旨在拥有全面的智能能力，以胜任人类或其他动物所能执行的各种智力任务，从而推动科技进步和社会变革。然而，目前的 AI 技术大多只能在某个特定的领域或任务上表现出智能，而不能像人类那样具备广泛和灵活的智能。这是因为单一模态的数据往往不能提供足够丰富且全面的信息，也不能适应不同的场景和需求。例如，仅通过语音或图像就很难理解一个复杂的情境或问题。

多模态机器学习能够赋予系统更丰富、更全面的知识库与理解能力，也可以让系统与人类和环境进行更自然、有效的交互，还可以提高系统的泛化性和健壮性，让系统能够适应不同的场景和任务。最终，多模态机器学习可以让系统模仿人类的感知和认知过程，从而更接近人类的智能水平。

因此，多模态是通往 AGI 的一座重要的“圣杯”，并且已经在多个领域和场景中得到了应用和发展，例如：

- 情感计算。利用多模态（比如语音、面部表情、生理信号等）来识别和分析人类的情绪和情感状态。
- 工业决策和控制系统。通过利用多模态数据（如图像、视频、声音、温度、压力等），实现对工业设备和过程的全面监测与精准控制，从而提高了工业生产的效率和安全性。
- 多媒体。利用多模态（比如文本、图像、音频、视频等）来创建和处理多媒体内容，比如图像检索、视频摘要、语音识别等。
- 自主系统。利用多模态（比如雷达、激光、摄像头、GPS 等）来实现自主导航和避障，比如无人驾驶汽车和无人机。
- 医疗系统。通过综合利用多模态数据（如医学影像、基因组学、蛋白质组学、临床记录等），实现对疾病的精准诊断、预后评估和治疗方案的制定，尤其在癌症检测和配制个性化药物方面取得了显著进展，为患者提供了更加高效和个性化的医疗服务。

1.4 商业应用日新月异

下面将展开介绍 AIGC 商业的应用。

1.4.1 创意内容生产引爆社交媒体

2022 年 8 月，在美国科罗拉多州博览会上举办了一项绘画比赛，数字艺术类别的一等奖获奖作品 *Théâtre D'opéra Spatial*（《太空歌剧院》）在赛后被证实是 AI 自动生成的画作。

这幅画获得一等奖后争议不断。

有人认为这幅画是对艺术的亵渎，因为它是通过 AI 技术生成的，而不是出自人类艺术家的创意和情感。他们认为，AI 绘画只是模仿和复制，没有真正的创造性和审美观，不能被称为艺术作品。

也有人认为这幅画是对艺术的创新，因为它展示了 AI 技术在绘画领域的可能性和潜力。他们认为，AI 绘画是一种新的艺术形式，可以给人类带来新的视角和灵感，也可以与人类艺术家合作和互动。

还有人认为这幅画是对艺术的一种挑战，因为它引发了关于 AI 绘画的伦理、版权、价值等问题。他们认为，AI 绘画会对人类艺术家造成威胁，引起竞争，也会影响艺术市场和审美标准。他们呼吁对 AI 绘画进行规范和监管。

无论如何，这件事带火了 AI 绘画，AIGC 一时风靡全网，备受瞩目。

刘润是国内著名的商业咨询顾问，他在 2022 年 11 月 1 日的《进化的力量》年度演讲中，自曝自己短视频中的主角“不是本人”，而是使用了长相和声音与自己一样的数字人，他表示，数字人可以大幅降低短视频创作的人力成本和时间成本，可以避免真人出镜的种种麻烦，也可以避免因真人形象崩塌而对品牌造成负面影响。数字人分身可以应用于直播带货、短视频、教育培训、企业宣传等多个领域，具有成本低、效率高、灵活多变等优势。

刘润数字人事件引发了网友们的广泛关注和讨论，有些网友对数字人分身的技术感到惊叹和好奇，有些网友则对数字人分身的真实性和道德性提出了质疑和担忧。一些专家也对数字人分身的发展前景和潜在风险进行了分析和评价。

综上所述，AIGC 不仅可以帮助用户节省时间和精力，还可以为用户提供更多的选择和可能性。AIGC 也可以激发用户的灵感和想象力，让用户与 AI 进行合作和互动，共同创造出更加精彩和有趣的内容。AIGC 已经成为社交媒体领域的一股新兴力量，引爆了一场创意内容生产的热潮。

1.4.2　自然语言交互打开新天地

人与机器的交互方式被称为人机交互（Human-Computer Interaction，HCI）。人机交互涉及计算机科学、心理学、设计、人为因素工程等多个学科领域。

2022 年 11 月 30 日，ChatGPT 横空出世，它具有强大的自然语言理解和内容生成能力，可以根据用户的需求和背景，生成各种类型和风格的文本，并提供有用的信息和建议。它不仅可以用于聊天，还可以用于自动生成文本、自动问答、自动摘要等多种任务。ChatGPT 可以扮演生活中各种各样的角色，如医生、翻译员、办公助手、程序员、历史学家、情感分析师、心理咨询师、写作润色师等，这给了人机交互一个新的想象空间：基于语言用户界面（Language User Interface，LUI）的时代来了。

相较于图形界面交互，自然语言用户界面进一步降低了人们学习和使用的门槛。用户不需要了解复杂的界面操作流程，只要说出自己的意图，机器就会自动识别或者确认用户的意图，经过不断的对话，机器明确用户的目标后，就会操作应用完成任务。比如：

- ChatGPT 与 Wolfram Alpha 结合，可以让用户通过自然语言查询数学、科学、历史等领域的知识和数据。
- ChatGPT 与 Expedia、KAYAK、OpenTable、携程国际版等结合，可以让用户通过自然语言规划旅行、订机票、订酒店、订餐等。
- ChatGPT 与 Speak、多邻国（一款语言学习软件）结合，可以让用户通过自然语言学习外语，获取语言导师的指导和反馈。
- ChatGPT 与 Zapier 结合，可以让用户通过自然语言与超过 5000 个应用程序交互，如 Google Sheets、Trello、Gmail、HubSpot、Salesforce 等，创建专属自己的智能工作流。

1.4.3　AI Copilot 提升十倍效率

大语言模型在归纳总结、文本生成、意图识别和编码等方面虽然有着超强的能力，但它也会出现信息不准、胡编乱造、结果随机的问题。这就意味着，目前的大语言模型仍然无法独立胜任要求较高的工作，还需要与人类配合。

为了进一步发挥大语言模型的优势，降低其副作用，微软首次提出了 AI Copilot 的概念。Copilot 表示“副驾驶”，即希望 AI 以“副驾驶”的定位辅助人类“驾驶员”快速、有效地完成复杂的工作。

微软的 Copilot 于 2023 年 9 月 26 日正式发布。它是一种基于大语言模型的人工智能辅助工具，可以将用户输入的自然语言转化为高效的生产力。微软的 Copilot 以两种方式被整合到 Microsoft 365（包括 Word、Excel、PowerPoint、Outlook、Teams 等）中，以释放创造力、提高生产力和增强技能。

> 提示　微软的 Copilot 还提供了一种全新的接入方式：商务聊天（Business Chat），它可以跨越大语言模型、Microsoft 365 应用程序和用户的数据，根据用户输入的自然语言生成文本内容。其功能包括：摘要长篇电子邮件、快速草拟建议回复、总结讨论要点、建议下一步行动、创建漂亮的演讲简报、分析趋势并创建专业的数据可视化、生成文章草稿、重写或缩短语句等。

GitHub Copilot 是一种基于大语言模型和 GitHub 上庞大代码数据集的 AI 驱动的代码补全扩展。它能够智能地根据用户输入的自然语言描述或当前正在编辑的代码上下文，为用户提供精准的代码建议和代码片段，甚至能生成完整的函数，从而极大地提升了编程效率和便捷性。GitHub Copilot 的最新版有 4 大功能：自动补齐代码、智能重构代码、生成文档和生成测试用例。GitHub Copilot 生成的代码可直接使用的概率为 30%～70%，有效提升了程序员的编码效率。

XMind Copilot 是结合思维导图和大语言模型的一种辅助工具，它可以将用户输入的任务拆解为思维导图。它集成了 XMind 的基本思维导图功能和节点操作，同时利用 GPT-3.5/4 等大语言模型为用户提供智能的内容生成和拓展。XMind Copilot 有 4 大功能：一键生成思维导图、一键拓展新思路、一键总结文章思路、一键高效生成文章。

2

第 2 章 AI 和 AIGC 的价值洞见

AI 和 AIGC 这两个概念有很强的关联性。

- AI 是指通过计算机系统模拟人类智能的能力。它涵盖了多个领域，包括机器学习、自然语言处理、计算机视觉等。
- AIGC 是 AI 在生成内容方面的应用。它利用机器学习和自然语言处理等技术，使计算机能够生成各种形式的内容，如文章、音乐、图像等。

2.1 AIGC 应用价值思辨

20 世纪以来，依托于互联网和移动互联网技术的发展，中国出现了一波波典型的互联网创新产品。回顾中国互联网的发展历程，大致分为以下几个阶段。

- 门户时代：以门户网站为代表，把报纸、杂志搬上了网络平台，以静态信息线上化为主。典型企业有新浪、网易、搜狐、腾讯等。这个时代的机会是做网站站长。
- 互联网时代：以线上广告、电子商务和线上社交为代表，把更丰富的商品和互动式的信息进行了线上化重做，颠覆了一大批广告、实物零售和交友中介企业。典型企业有百度、阿里巴巴、腾讯、京东等。这个时代的机会是做淘宝卖家。
- O2O 时代：进一步把线下生活服务转为线上化重做，互联网渗透到信息服务、餐饮外卖和达成等领域。典型企业有字节跳动、美团、滴滴等。这个时代的机会是运营公众号和利用小程序做线上线下的快速对接。
- 短视频时代：随着网络带宽增强，网络上的信息从文字和图片变为视频。网络的重构能力已经从信息、商品、服务扩大到了娱乐内容。典型企业有抖音、快手、小红书等。这个时代的机会是做短视频 UP 主（即上传视频/音频文件的人）和直播主播。

综上所述，基于中国移动互联网的商业创新是在新网络平台上的“软创新”，是基于门户网站、电商平台、公众号和短视频平台等新载体上的内容和信息迁移。

2.1.1 社会的底层技术变革

“软创新”只是在用户交互上的创新，新的交互通常只与特定的行业方向匹配，所以其影响范围一般在单一行业内。

从更宏观的角度看，我们一直处在第三次工业革命中，如图 2-1 所示。第三次工业革命的典型创新包括：个人计算机（简称个人电脑）、互联网、移动通信技术和大数据技术等。

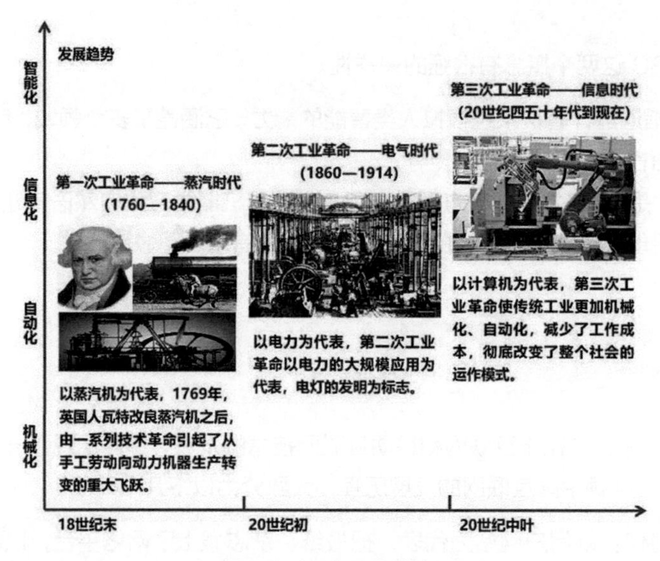

图 2-1　三次工业革命

- 个人电脑的出现，使得信息技术得以普及，它目前已经成为人们日常生活和工作中必不可少的工具。代表载体有：台式电脑和笔记本电脑，以及运行在个人电脑上的操作系统和软件。以 Office 为代表的电子化办公工具替代传统的纸质化办公工具。同期的典型创新企业行为是在个人电脑上开发软件。
- 互联网的发展，使得信息的传递和共享变得更加容易和快捷，同时也促进了电子商务的兴起。代表载体有：浏览器和电子邮箱，以及通过浏览器访问的网站。以网易、搜狐和新浪为代表的网站和论坛替代了传统的社区看板和报刊。同期的典型创新企业行为是在浏览器上开发网站。
- 移动通信技术的发展，使得人们可以随时随地进行信息交流和信息获取，同时也催生了移动互联网的兴起。代表载体有：智能手机和 5G 网络，以及运行在手机上的应用。以淘宝和微信为代表的手机应用逐步替代个人电脑时代的网站。同期的典型创新企业行为是在手机上开发 App。

- 大数据技术的发展，使得人们可以更好地理解和利用数据，从而提高了生产效率和经济效益。代表载体有：分布式数据库和服务器，以及运行在服务器上的 SaaS 服务。以阿里云和亚马逊云为代表的云服务逐步替代中小企业的私人服务。同期的典型创新企业行为是在云平台上开发服务接口。

总的来说，第三次工业革命的特点是：信息技术的广泛应用和普及，以及电子化、网络化和数字化的发展。这些创新用信息技术改变了生活的方方面面，使得人们的生活和工作方式发生了巨大的变化，同时也为经济和社会的发展带来了新的机遇和挑战。

我们认为，AI 技术不应被简单地类比为交互创新或在新技术平台上开发软件的互联网式创新。相反，它更像蒸汽技术、电力技术和信息技术一样，具有深远而划时代的意义。AI 技术正重塑着一切生产力，从而催生出新时代的生产关系和新型企业。这个变革不仅将彻底改变我们的工作方式，还将对社会经济格局产生深远影响，引领我们进入一个全新的“智能时代”。

现在拥抱 AI 技术就像在原始时代少部分人先拥抱石器工具；在蒸汽时代用蒸汽机代替帆船；在电气时用电灯代替蜡烛；在信息时代用微信代替书信。

在一个时代的初期，通常无法预见到最终形态，就像马车公司无法想象今天的高速公路。同样，在智能时代的初期，我们也无法预见最终的技术形态，但先进的生产力会替代落后的生产力是确定的。

2.1.2　企业的生死转型窗口

当下处于智能时代初期。随着 AI 技术的发展，它将在各个领域中发挥越来越重要的作用。在日趋激烈的商场和职场竞争中，那些能够理解并利用 AI 的企业和个人将能够从中受益，而那些不能或不愿适应这种新技术的企业和个人可能会被边缘化。在这种趋势下，大企业和投资机构都开始纷纷投入 AI 赛道。

1. AI 与 AIGC 的市场规模

预计到 2025 年，全球人工智能产业规模将达到 6.4 万亿美元。

随着 AI 技术的不断发展和游戏行业的持续繁荣，AIGC 市场规模也在不断扩大。中国 AIGC 市场作为全球最具发展潜力的市场之一，展现出了蓬勃的发展活力。

2. AIGC 商业模式

目前 AIGC 企业主要有以下几种商业模式。

- 作为底层平台接入其他产品对外开放，按照数据请求量和实际计算量计算：GPT-3 对外提供 API，4 种模型分别采用不同的按量收费方式。

- 按产出内容量收费：包括 DALL · E、Deep Dream Generator 等 AI 图像生成平台大多按照图像张数收费。
- 直接对外提供软件：例如，个性化营销文本写作工具 AX Semantics 以约 1900 元/月的价格对外出售，并以约 4800 欧元/月的价格提供支持定制的电子商务版本。大部分 C 端 AIGC 工具则以约 80 元/月的价格对外出售。
- 模型训练费用：适用于 NPC 训练（游戏领域）等个性化定制需求较强的领域。
- 根据具体属性收费：例如，版权授予（支持短期使用权、长期使用权、排他性使用权和所有权多种合作模式，拥有设计图案的版权）、是否支持商业用途（个人使用、企业使用、品牌使用等）、透明框架和分辨率等。

提示 基础层最先受益，中间层巨头占优，长期会有新商业企业崛起。

- 在商业化初期，模型和算法的迭代始终是核心主线。因此，具备 AI 模型、算法技术优势的科技公司有望在未来 AI 商业化浪潮中保持核心竞争优势。
- 在商业化中期，为模型和算法提供基础算力的 AI 芯片将成为竞争战略的关键，硬件优势将直接决定算法和模型优势。因此，未来具备 AI 硬件优势的厂商（如英伟达）或将迎来广阔的发展空间。
- 随着商业化的深入，由于众多开源平台的存在，以及软件技术的可复制性，单纯的技术和算法很难成为 AIGC 行业的主要竞争壁垒。在细分场景中，AIGC 企业需要在业务场景的深度理解、AI 赋能的一体化解决方案（侧重广度，如素材采集、生产、媒资管理、分发消费等全生命周期）、行业深度绑定（侧重深度，不仅限于应用场景，更好的是接入平台或底层系统）等领域持续提升竞争力。因此，未来理解 AI 商业化实际应用场景和具备业务优势的厂商将具有竞争优势。

3. 大厂的 AI 布局

国内外各大科技企业都在积极布局 AI 技术，从底层能力到上层应用，抢占 AI 技术能力。

（1）OpenAI 公司。

OpenAI 是一家非营利性人工智能研究公司，成立于 2015 年，总部位于美国旧金山。该公司的目标是：推动人工智能技术的发展，同时确保人工智能的安全性和可控性，以避免其对人类造成潜在的威胁。OpenAI 的研究领域涵盖自然语言处理、计算机视觉、机器学习等多个方向，包括领域内著名的 ChatGPT 和 GPT-4。

GPT-4 相比于 ChatGPT 在以下方面有了显著的提升：创造力有所提升，可以与用户一起生成、编辑、迭代创造；视觉输入有所提升，支持图片输入，并能够生成标题、分类和分析报告等；文本处理能力有所提升，能够一次处理超过 25 000 个单词的文本，是 GPT-3.5 文字处理速度的 12 倍多；推理性有所提升，与 ChatGPT 相比，GPT-4 的推理性有显著提升；专业和叙述水平更接近人类，GPT-4 通过了模拟的律师资格考试，其成绩在考生中排名前 10%，GPT-3.5 的成绩则排在后 10%。

OpenAI 的中期目标是创造出通用人工智能（AGI）。AGI 的目标是要在智能上达到与人类相同的水平——几乎可以胜任人类所有的工作，并且比人类做得更有效率和质量。

OpenAI 的长期目标是创造出远比 AGI 强大的超级人工智能（Artificial Super Intelligence，ASI）。ASI 不仅可以达到与人类相同的水平，而且可以远远超过人类的水平。

（2）微软公司。

微软公司早已与 OpenAI 公司合作：在 ChatGPT 火爆之前就一直为 OpenAI 提供超大的 GPU 集群。后来微软也进行了一段时间的摸索，它们的最后一个模型 Tuing-NLG 在 GPT-2 之后，当时其语言理解能力是 GPT-2 的 10 倍之多。

2023 年 2 月，微软宣布追投数十亿美元给 OpenAI，同时微软产品先后深度集成了 ChatGPT 和 GPT-4 的能力。例如，在 Bing（必应）搜索引擎集成 ChatGPT 一个月的时间中，微软宣布 Bing 搜索引擎每日活跃用户突破 1 亿人，每天大约有 1/3 的 Bing 搜索引擎用户与 Bing Chat 进行交互。Bing 搜索引擎不仅可以满足简单的搜索需求，而且可以回答旅游行程、定制咨询等复杂问题，如图 2-2 所示。

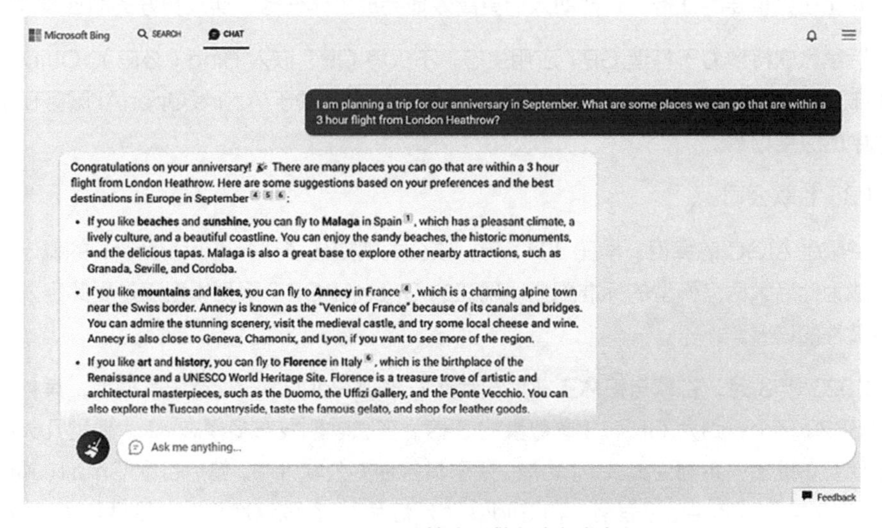

图 2-2　Bing Chat 搜索引擎制定行程规划

微软将 GPT-4 全面接入 Office，新功能名叫 Microsoft 365 Copilot，如图 2-3 所示。

Copilot 的能力不只是可以接入 PPT、Word 和 Excel 软件，而是打通了整个微软的办公生态。邮件、联系人、在线会议、日历、工作群聊……所有的数据全部被接入大语言模型，构成新的 Copilot 系统。

例如：你正在开会，AI 就把会议纪要都记好了。它不仅可以记录，还可以总结，并且清楚写出待解决的问题。如果你因为开会错过了群里的重要信息，那么 AI 也可以自动帮你汇总成一份报告。如图 2-3 所示。

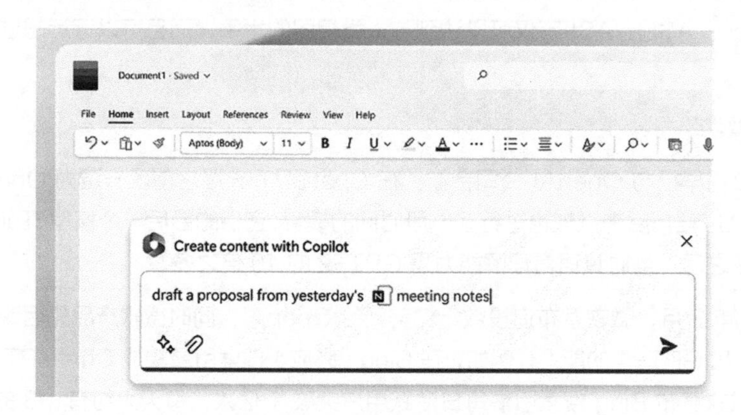

图 2-3　Word Copilot 提取会议摘要

微软总结了 AI 对人类未来工作的影响，表明 AI 可以让人类在更高起点上开始工作，将时间花在更重要的任务上，帮助人们更高效地完成工作任务，实现更好的职业发展。

后续微软将致力于打造 GPT 应用生态，不仅将 GPT 嵌入 Bing（必应）、Office 中，还发布了第 35 届游戏开发者大会全球点播页面，分享了关于 Azure OpenAI 服务在游戏开发中的应用场景。

（3）谷歌公司。

谷歌是 AIGC 的鼻祖。早在 2017 年，该公司就提出了“Transformer”的概念，该概念成为此后大语言模型的标准配置。现在的 OpenAI GPT 系列模型正是受此启发取得了突破性的进展。

2023 年 3 月，谷歌与柏林工业大学合作发布了 PaLM-E 视觉语言模型，其参数量高达 5620 亿个，约为 GPT-3 参数量的 3 倍。在微软刚发布多模态 AI 大模型几天后，谷歌就宣布推出一系列生成式 AI 功能，用于其各种办公软件中，包括谷歌 Gmail（邮件）、Docs（文档）、Sheets（表格）和 Slides（幻灯片）。谷歌这次将办公软件与 AI 集成，其实与微软刚刚发布的内容大同小异。

（4）百度公司。

搜索功能本身就是 AI 的产物，无论是文字、语音，还是图片搜索。从最早的小度智能音响，到小度智能机器人，再到百度自动驾驶，最后到如今的“文心一言”，百度一直坚持在人工智能领域进行探索。

2023 年 3 月 16 日，百度发布“文心一言”大模型，该模型基于百度自研的知识增强大语言模型，能直接与人对话互动、回答问题、协助创作。当天李彦宏演示了 5 个场景的视频 Demo，包括文学创作、商业文案创作、数理推算、中文理解、多模态生成。其中，利用“多模态生成”功能可以生成文本、图片、音频和视频等，如图 2-4 所示。

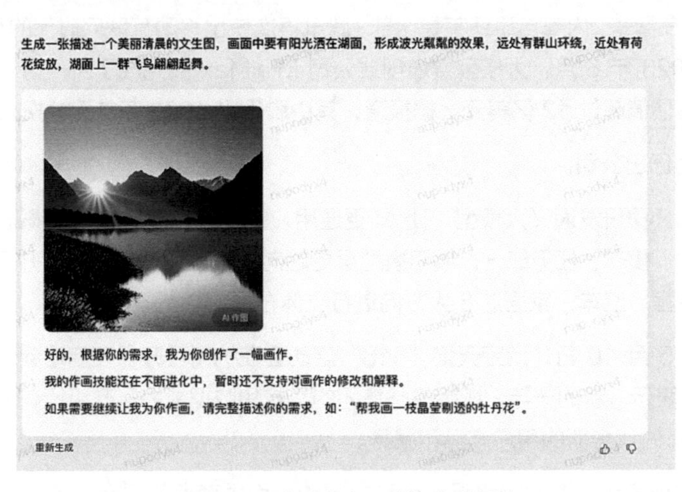

图 2-4　百度“文心一言”生成图片

百度的 AIGC 逐步走向大模型化、平民化和普惠化。

- **大模型化**：ChatGPT 和“文心一言”带来的不仅是自然语言处理技术的跃升，更是算力时代大模型变革到来的昭示。百度其实早就在进行大模型化布局，百度 AI 底层计算平台、中层飞桨平台都是为“文心一言”大模型打下坚实底座的，最终形成“不断应用、不断吸纳数据、不断训练、不断增加能力、继续扩大应用”的大模型能力“滚雪球”发展路线。
- **平民化**：随着各种 AIGC 工具的发布，以及 AIGC 学习热度的提升，越来越多的人加入 AIGC 使用中。百度希望打造人人能用的 AI 开发平台，并计划设计一整套高效易用的 AI 规范与标准、工具平台，而这需要“产学研”多方力量共同努力。
- **普惠化**：百度希望在搭建 AI 中台后，将其“反馈驱动创新”的科学方法论赋能给企业，更将其 AI 普惠价值传达给行业。

（5）腾讯公司。

腾讯公司拥有开发和应用 AI 技术的长期历史，早期以各事业群 AI 团队为主。从 2016 年开始，腾讯从公司层级投入 AI 基础研究，于 2017 年提出了“基础研究—场景共建—能力开放”的三层战略架构。2019 年，腾讯人工智能和前沿科技两大实验室矩阵成型，并将 AI 研究聚焦于更高层级的多模态研究和通用人工智能。2022 年，腾讯首次披露了混元大模型的研发进展，并在 2022 年年末推出混元 NLP 万亿级参数的大模型。2023

年 3 月，腾讯管理层在业绩会上将 AI 技术看作未来重要的增长乘数，表示正在快速推进混元 AI 大模型。未来前端应用可以与现有业务结合以提升商业化效率，推进人机交互业务也可带来新增长机遇。

目前，腾讯已经明确表态不会错过大模型浪潮，内部已经展开以混元助手为代表的项目研发，但现在看来，内部自研还不是全部，腾讯再次使出移动互联网时代的秘诀——“投研”并举。2023 年 6 月，大模型赛道创业公司 MiniMax 又完成了新一轮 2.5 亿美元的融资，其整体估值超过 12 亿美元。据报道，其中腾讯以 4000 万美元参投。

（6）阿里巴巴公司。

阿里巴巴公司研发通义大模型，让 AI 更通用，并提出“产业 AI”的概念，将大模型底座层的架构、模态、任务统一。通用模型层更趋向统一大模型的演化，并且在金融、工业、城市、零售、汽车、家居这 6 大方向进行立体布局。

2023 年 5 月 10 日，淘宝天猫“618”启动会在杭州召开。在启动会现场，淘天集团 CEO 戴珊表示，新的一年，淘宝将举集团的科技和数据能力，升级所有现有商家的工具，并创造 AI 时代全新的用户产品和服务。

此外，戴珊表示，淘宝始终是一个科技驱动、引领商业的平台，接下来，淘宝要让 AI 普及、普惠，爆发真正改变行业、推动社会进步的生产力，如图 2–5 所示。

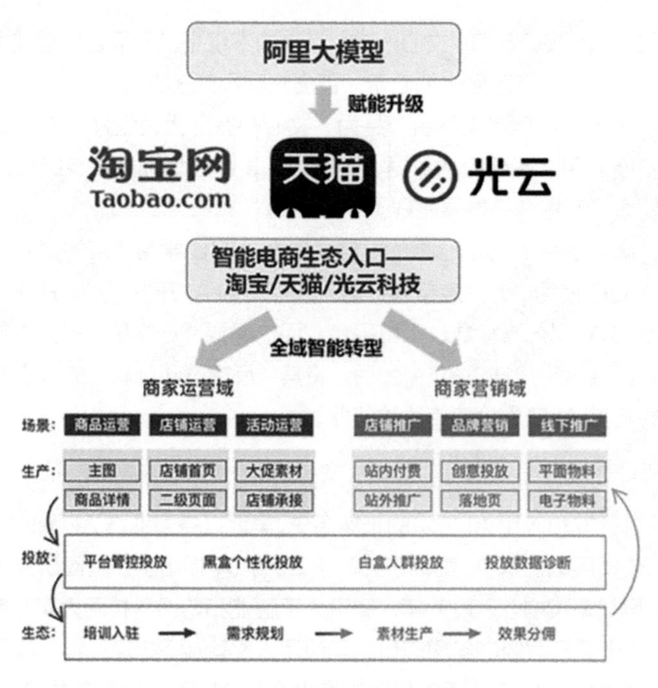

图 2-5　淘宝天猫大模型改造

阿里选择的 AI 改造路径与本书 2.1.1 节中描述的“AI 技术是社会的底层技术革命”的论断相同，在短期内，AI 将首先作为商家和运营端的生产力工具，显著提升工作效率。然而，真正的变革将发生在“AI 时代的用户端 iPhone 时刻”，届时 AI 将与用户端的新交互方式全面融合，为企业带来前所未有的发展机遇。这是企业做 AI 改造的关键路径。

2.1.3　个人的“十倍大杀器”

在一个越来越依赖 AI 技术的世界中，不会使用 AI 技术的人可能会在职业市场、经济竞争等方面处于劣势。反之，则可能带来新的机遇，实现超越。因此，不论是企业还是个人，都应该赶上这波 AI 技术的浪潮。

1. 十倍员工

十倍员工指的是那些比普通员工的业绩更出色、工作更高效、创造力更强的员工。这个概念最早由 PayPal 的创始人彼得 · 蒂尔提出。他认为十倍员工可以比普通员工创造更多的价值。因此，十倍员工在公司中非常宝贵。

十倍员工通常具备以下特点。

- 出色的技能：十倍员工通常在某个领域拥有非常出色的技能，能够比其他员工更快、更准确地完成任务。
- 创造力强：十倍员工通常能够提出独特的想法和解决方案，能够为公司带来更多的创新和价值。
- 自我驱动力强：十倍员工通常具备强烈的自我驱动力，能够自主地完成任务并不断提高自己的能力。
- 团队合作力强：十倍员工通常能够与其他员工良好地合作，共同完成任务并为公司创造更多的价值。

个人充分使用 AI 技术是领先成为十倍员工的重要时机。随着人工智能技术的不断发展，越来越多的企业开始使用 AI 技术来提高工作效率和质量。因此，掌握和使用 AI 技术已经成为现代员工必备的技能之一。

- 提高工作效率：AI 技术可以自动化一些重复性、烦琐的工作，让员工可以更快地完成任务。
- 提高工作质量：AI 技术可以帮助员工更准确地完成任务，减少错误率，提高工作质量。
- 提高创造力：AI 技术可以帮助员工更快地获取信息和数据，从而更好地进行分析和判断，提高创造力和决策能力。
- 增强竞争力：掌握和使用 AI 技术可以让员工在职场上更具竞争力，更容易获得晋升和更好的薪酬待遇。

因此，个人充分使用 AI 技术可以帮助自己成为十倍员工，提高自己的工作效率和质量，同时也提高了自己在职场上的竞争力。

2. AIGC 工具集

表 2-1 中按照应用场景列出了 AIGC 的常见工具。

表 2-1　AIGC 应用场景

场　景	代表产品	场景说明
文本生成	ChatGPT、Notion AI 等	结构化写作（新闻播报等，有比较强的规律）；非结构化写作（剧情续写、营销文本等，需要一定的创意和个性化）；辅助性写作（推荐相关内容、帮助润色）；闲聊机器人（虚拟男女友、心理咨询等）；文本交互游戏（AI dungeon 等）；文本生成代码（Copilot、OpenAI 的 Codex 模型可将自然语言翻译成代码）
音频生成	MusicLM（Google）	语音克隆；根据文本生成特定语言（生成虚拟人歌声和播报等）；乐曲/歌曲生成（包含作曲及编曲，在实际应用中常包含自动作词）
图像生成	Midjourney、Stable Diffusion 等	图像编辑（去水印、提高分辨率、特定滤镜等）；图像自动生成、创意图像生成（随机或按照特定属性生成画作等）；功能性图像生成（根据指定要求生成营销类海报、Logo 等）
视频生成	Topaz Video Enhance AI 等	视频属性编辑（删除特定主体、生成特效、跟踪剪辑等）；视频自动剪辑（对特定片段进行检测及合成）、视频部分编辑（视频换脸等）
图像、视频、文本间跨模态生成	文心一格等	文生图（根据文字生成创意图像）；文生视频（拼接图片素材生成视频）；文生创意视频（完全从头生成特定主题的视频）；根据图像/视频生成文本（视觉问答系统、自动配字幕/标题等）
策略生成	AlphaGO	NPC（Non-Player Character，非玩家角色）逻辑剧情生成；数字资产生成
数字人生成	D-ID（De-identification）、腾讯智影等	虚拟人视频生成、虚拟人实时交互

（1）文本生成。

文本生成主要包括以下几种。

- 应用型文本：大多为结构化写作，以客服类的聊天问答、新闻撰写等为核心场景。最典型的是基于结构化数据或规范格式，在特定情景类型下的文本生成，如体育新闻、金融新闻、公司财报、重大灾害等简讯写作。如图 2-6 所示，在选择文体风格和面向的读者受众，并输入故事的开头后，AIGC 工具就可以输出续写的内容。

- 创作型文本：主要适用于剧情续写、营销文本等细分场景，具有更高的文本开放度和自由度，需要一定的创意和个性化，对生成能力的技术要求更高。AIGC 工具在处理长篇幅文字时仍存在明显的问题，并且生成稳定性不足，尚不适合直接进行实际使用。由于人类对文字内容的理解并不是单纯理性和基于事实的，所以，创作型文本还需要特别关注情感和语言表达艺术。

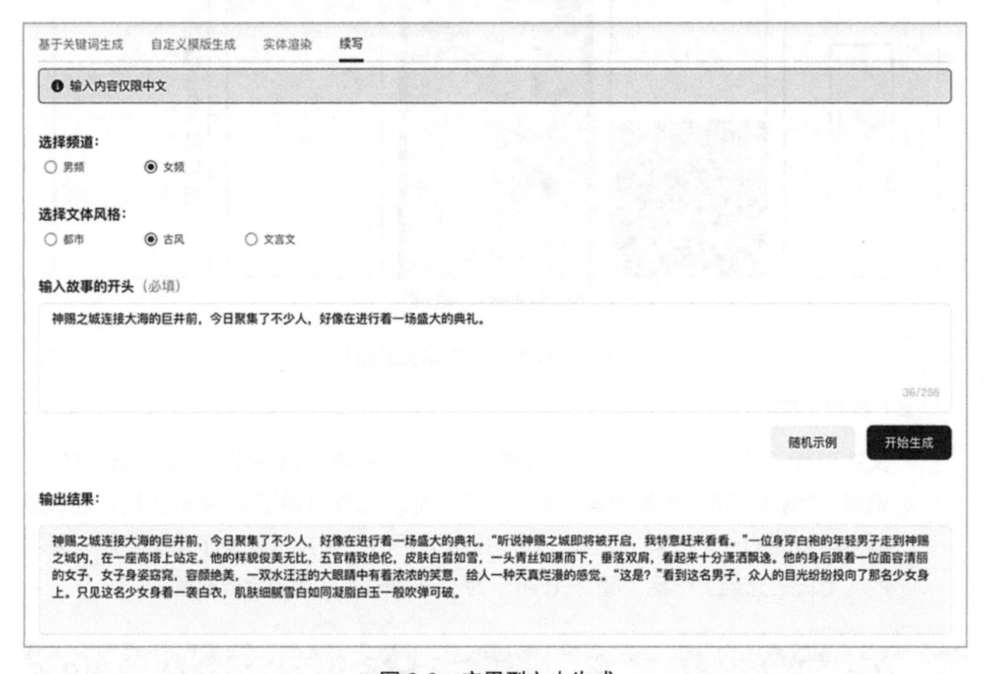

图 2-6　应用型文本生成

- 辅助文本：基于素材爬取的 AI 写作工具，能定向采集信息素材、文本素材预处理、自动聚类去重，并根据创作者的需求提供相关素材。辅助文本写作是目前国内供给及落地最广泛的场景。
- 文本交互游戏：微软与小冰公司合作发布了小冰岛 App，每个用户均可创建自己的岛屿，同时拥有一个功能类似于微信和 LINE 等社交产品的完整社交交互界面，如图 2-7 所示。

爱、友情与艺术
史诗、科幻还是偶像剧？虚拟世界由你决定

图 2-7　小冰岛 App 文本交互游戏

（2）音频生成。

- 文生声音：它被广泛应用于客服及硬件机器人、有声读物制作、语音播报等任务。例如，“倒映有声”与音频客户端“云听”App 合作打造了 AI 新闻主播，提供音频内容服务的一站式解决方案；喜马拉雅运用 TTS 技术重现了单田芳声音版本的《毛氏三兄弟》作品。图 2-8 所示为“一视同人”音频合成界面。

图 2-8　“一视同人”音频合成界面

- 配音生成：随着内容载体的变迁，短视频内容配音已成为重要的应用场景。AI 音频软件能够基于文档自动生成解说配音。目前线上的 AI 音频工具提供了大量 AI 智能配音主播，它们可以用不同的方言和音色完成配音。代表公司有九锤配音、加音和剪映等。图 2-9 所示为“加音”的智能配音界面，在用户输入要配音的文字并选择主播后，就可以自动完成配音。

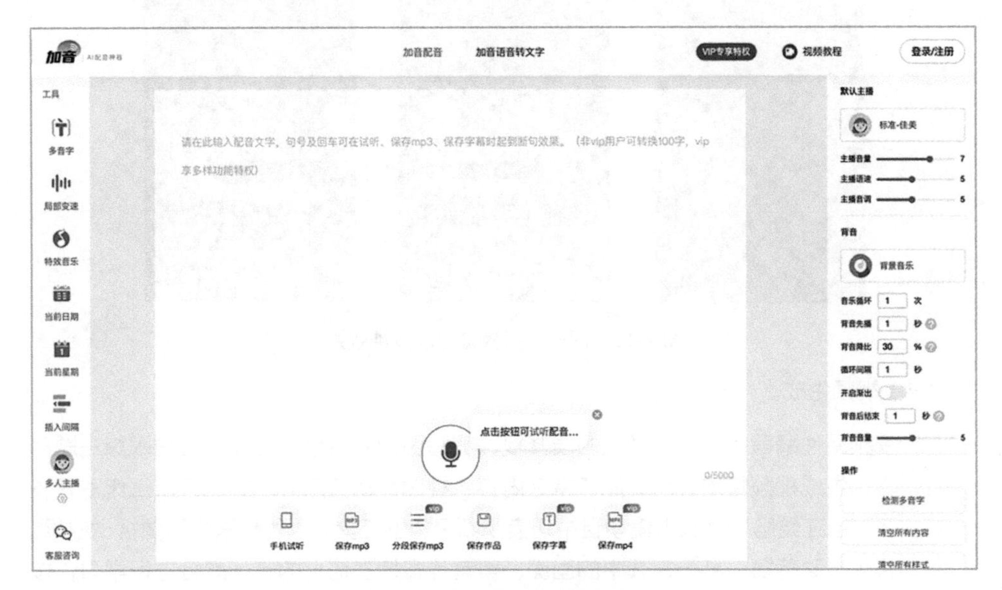

图 2-9　“加音”智能配音界面

- 乐曲/歌曲生成：AIGC 在词曲创作中的功能可被拆解为作词（NLP 中的文本创作/续写）、作曲、编曲、人声录制和整体混音。目前，AIGC 已经支持基于开头旋律、图片、文字描述、音乐类型、情绪类型等生成特定乐曲。通过这个功能，创作者可以得到 AI 创作的纯音乐或乐曲中的主旋律。例如，2021 年年末，贝多芬管弦乐团在波恩首演 AI 谱写完成的贝多芬未完成之作《第十交响曲》。

（3）图像生成。

- 图像属性编辑：该功能可以被理解为经 AI 降低门槛的 Photoshop。目前，图片去水印、自动调整光影、设置滤镜、修改颜色纹理、复刻/修改图像风格等应用已经非常常见。
- 图像部分编辑：更改图像的部分构成（如英伟达的 CycleGAN 支持将图内的斑马和马进行更改）、修改面部特征（如调节照片人物的情绪、年龄、微笑表情等）。
- 图像端到端生成：基于草图生成完整图像、线稿上色、有机组合多张图像生成新图像、根据指定属性生成目标图像（如 Rosebud AI 支持生成虚拟的模特面部）等。
- 功能性图像生成（即模板生图）：根据指定要求生成营销类海报、Logo 等。该工具的系统中预设了一些模板，用户根据需求选择模板，并对模板进行更改后，即可形成所需图片，如图 2-10 所示。

图 2-10　同一个模板输出的多种效果

（4）视频生成。

- 视频属性编辑：例如，视频画质修复、删除画面中特定的主体、自动跟踪主题剪辑、生成视频特效、自动添加特定内容、视频自动美颜等。腾讯天衍工作室开发了可以在结肠和直肠内镜项目中切换视频风格的工具，以优化医学影像视觉效果。
- 视频自动剪辑：基于视频中的画面、声音等多模态信息的特征融合进行学习，按照环境氛围、人物情绪等高级语义限定，对满足条件的片段进行检测并合成。目前该功能还处于技术尝试阶段。
- 视频部分生成：视频到视频生成技术的本质是，基于目标图像或视频对源视频进行编辑和调试。其中人脸生成技术已被用到刑侦领域中。通过基于语音等要素逐帧复刻，能够完成人脸替换、人脸再现（人物表情或面部特征的改变）、人脸合成（构建全新人物），甚至全身合成、虚拟环境合成等功能。

（5）图像、视频、文本间跨模态生成。

- 文本生成图像：多款模型/软件证明了基于文本得到效果良好的图像的可行性。因此目前 Diffusion Model（扩散模型）受到广泛关注。
- 文本生成视频：可以被看作是文本生成图像的进阶版技术，目前其还处于技术尝试阶段。按照生成难度和生成内容不同，文本生成视频可以分为拼凑式生成和完全从头生成两种方式。
    - 拼凑式生成是指，基于文字搜索合适的配图、音乐等素材，在已有模板的参考下完成自动剪辑。这类技术本质是“搜索推荐 + 自动拼接”，其门槛较低，背后授权素材库的体量、已有模板数量等成为关键因素。
    - 完全从头生成是指，由 AI 模型基于自身能力（不直接引用现有素材），生成最终视频。
- 图像/视频到文本：具体应用包括视觉问答系统、配字幕、标题生成等。

（6）策略生成。

- 游戏运营工具：以腾讯 AI 实验室在游戏制作领域的布局为例，AI 在游戏前期制作、游戏中运营的体验及运营优化、游戏周边内容制作的全流程中均有应用。
- 游戏操作决策生成：可以将其简单理解为 AI 玩家，重点在于生成真实对战操作。2016 年，Deepmind 的 AlphaGO 在围棋领域取得了令人瞩目的成就，随后 AI 在德州扑克、麻将等游戏领域也展现出了强大的实力，这为 AI 在游戏领域的发展奠定了坚实的基础。
- NPC（Non-Player Character，非玩家角色）逻辑及剧情生成：由 AI 生成底层逻辑。此前，NPC 具体的对话内容及底层剧情需要由人工创造驱动脚本，由制作人主观联想不同 NPC 所对应的语言、动作、操作逻辑等，创造性及个性化相对有限。NPC 逻辑自动生成技术已经被应用在《黑客帝国：觉醒》、*Red Dead Redemption* 2、*Monster Hunter: World* 等大型游戏中。

（7）数字人生成。

- 数字人视频生成：是目前计算驱动型虚拟人应用最广泛的领域之一。不同产品间主要的区分因素包括：唇形及动作驱动的自然程度、语音播报的自然程度、模型呈现效果（2D/3D、卡通/高保真等）、视频渲染速度等。
- 数字人的实时互动：被广泛应用于可视化的智能客服，多见于 App、银行大堂等。

2.2 AIGC 行业应用洞见

AIGC 技术正在发挥着越来越重要的作用，推动着行业的数字化转型和智能化发展。下面将从三个方面进行探讨。

2.2.1 数字化基础改造

AI 技术可以帮助企业提高效率、降低成本、提升创新能力，从而在激烈的市场竞争中获得更大的优势。然而，在进行 AI 改造之前，企业需要先进行数字化改造，建立完善的数字化基础设施，以便更好地管理和利用数据，为 AI 技术的应用打下坚实的基础。

因此，数字化改造已经成为企业全面拥抱 AI 的必要步骤。企业的 AI 数字化改造分为以下几部分。

1. 流程标准化

企业要做到流程标准化，就需要先明确自己的数字化战略，并确定数字化改造的方向和重点。当然，其前提是企业领导层具备数字化认知能力。

纵观企业内部，其平台的发展过程就是不断地将信息进行标准化，对现有的业务流程进行优化，以提高效率，降低成本。这需要企业对业务流程进行全面分析和评估，找出优化空间和机会。平台一直致力于提升信息获取成本标准化、体验过程标准化、服务标准化。在日常生活中，我们经常会见到酒店宣传图中的第一张图会选择放一张夜景图，房间的图片都会选择放大床房45°的照片；酒店也会指明是否有停车场和Wi-Fi。这就是信息的标准化。

平台做的所有事情都是在把信息标准化、内容标准化、体验过程标准化、服务标准化。例如：预订KTV房间时，原来按房间大小计费，现在按小时计费。平台标准化的过程就是将流程提取出来，或将某部分客群提取出来进行标准化，或者将标准化的信息前置/标准化的履约后移。

标准化对平台的重要价值是：可交易、可重复积累、可扩展。

- 可交易：是标准化最重要的衡量标准之一，意味着双方信任和理解，支付简单。
- 可重复积累：服务体验需要具有一致性，平台才能重复地积累数据。例如，买房子这件事，对大部分人而言，交易的谈判过程和交易体验都是千差万别的，但是经纪人的服务体验是类似的，是可以标准化的。
- 可扩展：如团购，就是将原来非标准的商品和服务包装成一个标准的套餐，让消费者的需求进行集约化。类似的还有网约车打车服务。

2. 运营数据化

企业需要收集和整合各种数据（包括内部数据和外部数据），以便对这些数据进行深度分析和挖掘。这需要企业建立完善的数据采集和整合系统，以确保数据的准确性和完整性。

按照亚马逊的方法，团队首先要定义业务增长飞轮。图2-11所示是亚马逊的业务增长飞轮图。

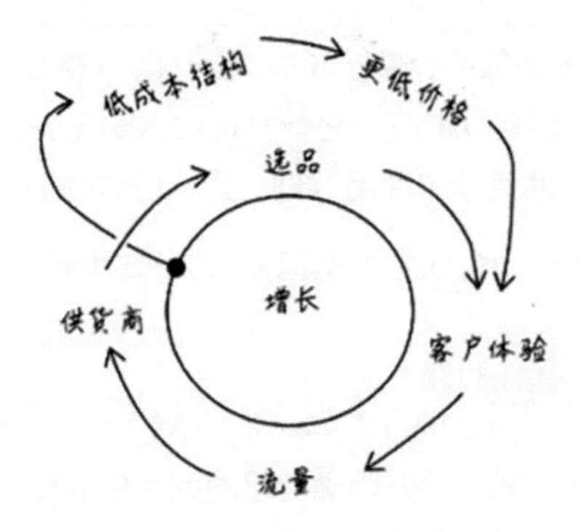

图2-11 亚马逊的业务增长飞轮图

大家只有深刻理解了自己的业务和“飞轮效应”的价值，才能画出自己的业务增长飞轮。根据增长飞轮图中的组成要素，先想明白什么是输出指标，要能够区分个人的输出和所负责的组织的输出的差异。个人的输出就是把个人能做的贡献清晰、结构化地梳理出来。如果你管理的是一个完整闭环的业务，那么你的输出就是实现业务增长。

为了实现业务增长这个输出目标，接下来要明确应该在哪些关键要素上做功——这就是你的关键输入。亚马逊业务增长飞轮的关键输入有 4 个，分别是客户体验、流量、供货商、选品。建议关键输入的数量一般不要超过 6 个或 7 个。

通过增长飞轮图可以梳理哪些输入要素是关键的，哪些输入要素相对而言不是关键的。这里要注意输入与输入指标的区别。

> 提示　输入是高度抽象的要素描述，而输入指标是具体的、明确的、可衡量业绩产出的数字目标。
>
> 例如，“卖家”是一个输入，不是一个输入指标，因为它是一个元素或者一个方向，可以是更多或者更少；类似“当月动销的卖家数”才是输入指标。
>
> 输入指标是反映输入的，它会根据业务的变化而变化——业务刚启动时，关于“卖家”的输入指标可能是“动销卖家数”；当业务逐步发展后，“卖家数”的输入指标可能就会变成“年销售额超过 100 万元的卖家数”。

最后构造指标树，并选取可控输入指标。一般来说，建议画一个输入指标树，其中需要一层层地列清楚，确定哪一个输入指标分布在哪一层比较重要。输入指标树要能反映业务逻辑（在输入指标树上加注释会更加清晰，相当于在代码中写注释）。假设我们有一个飞轮图，从顶点的输出可以不断向下拆解，理论上可以无穷地拆解，但是也不用拆那么多，这与管理层级有关，或者说与管理半径有关。我们的管理半径最多到下面两层。确定输入指标和这个逻辑类似，并不是所有的输入指标都要写上，我们要选择最重要的、在快速变化的、做功多的、消耗资源大的指标，而不是选择状态相对稳定的、不受干扰的指标。亚马逊的指标树如图 2-12 所示。

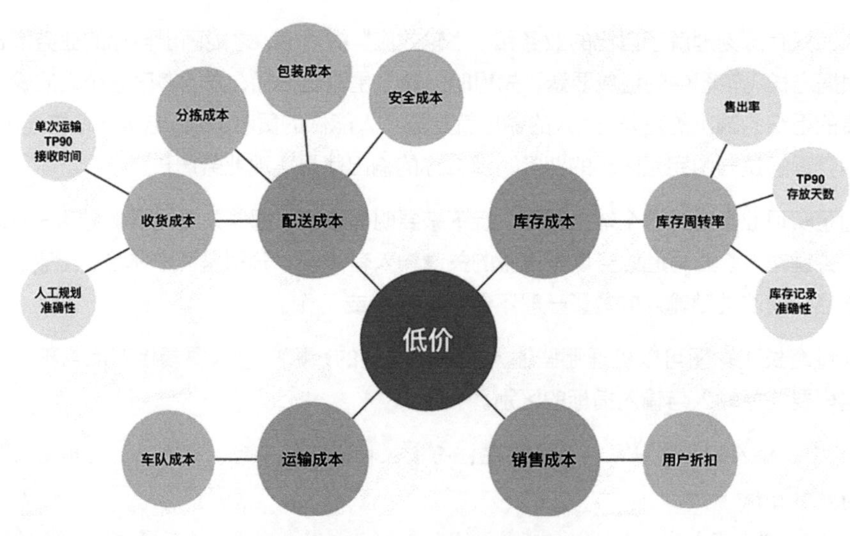

图 2-12　亚马逊的指标树

3. 决策数据化

有了大量的业务数据和指标体系以后，企业需要运用各种数据分析和挖掘技术（如机器学习、数据挖掘、自然语言处理等）对数据进行深度分析和挖掘，发现潜在的商业机会和风险。为实现这一目标，企业必须构建与之相适应的管理指标体系与决策机制，并配备相应的技术平台和工具，以确保数据分析的高效性、准确性和实用性。

数据决策的核心内容是数据分析，其核心的理论基础是统计过程控制（Statistical Process Control，SPC）。正确的数据决策需要有 3 个关键要素。

（1）选择并掌握正确的数据：核心关注点应放在对输入指标的深入分析上，通过不断迭代和优化输入指标，我们发现输出指标的占比通常小于 10%。在保留输入指标足够细化的同时，我们可以画输入指标树，确保指标可以逐级下钻，同时避免对数据进行过度聚合。通过全面审视业务中“端到端”、全链条的指标，并将这些指标“连点成线”，我们能够发现单独观察某个环节时难以察觉的问题，从而实现指标体系的迭代。指标体系是持续迭代的，对于发现的问题应立即通过修改指标体系沉淀下来，最后形成的相对稳定和有效的指标体系是业务最宝贵的资产之一。

（2）数据需要采用恰当的呈现方式：要使用周期较长的时间序列数据，可以采用折线图把近 6 周和 12 个月的数据放在一张图中，用两条线分别代表当年和上一年的数据年。

（3）采用简单有效的分析方法：第一，找到指标变化中的“信号”；第二，分析变化背后的根本原因；第三，针对根本原因制订行动计划。

以上是全面拥抱 AI 的数字化基础，企业需要建立相应的技术团队、技术平台和工具，以及丰富的数据资源，才能更好地实现数字化转型和创新。

2.2.2 AIGC 全面应用的前沿领域——电子商务

电子商务是全面应用 AIGC 技术的前沿领域。在电子商务领域，利用 AIGC 技术对用户数据进行分析，可以提高用户个性化推荐的准确率和效率；对销售人员的对话内容进行分析，可以提高销售人员的工作效率和客户诉求识别的精准度。此外，利用 AIGC 技术对供应链数据结构进行学习，可以提高运营和商家的上单（将商品信息上传到商家系统中）体验。

可以预见，未来 AIGC 技术将会在电子商务领域中发挥越来越重要的作用，进而推动电子商务的数字化转型和智能化发展。

1. AIGC + 营销

（1）生成营销推荐语。

在电子商务领域，商品的营销文案以前需要大量的人力进行文案设计和润色，这里所说的营销文案包括商品的标题、简介、说明，以及配合不同人群、不同季节、不同活动的特色营销标签等。如图 2-13 所示的餐饮文案，使用 AIGC 可以根据系统中菜品信息和用户评价等信息，自动生成菜品的特色推荐语。

牛肉粒
口感鲜嫩多汁，肉质丰腴富有嚼劲
烹制过程中，可以根据个人口味需求进行加工，将肉丁炒熟的同时加入鲜蔬菜等营养配料，增加食用的营养价值。

图 2-13 餐饮文案

AIGC 生成推荐语的具体处理过程是：按照评分、长度等规则，为每件商品选出 10 条评价信息。

> **提示词** 你是餐饮行业的产品运营人员，现在需要你基于真实用户给出的评价，提炼出正向信息，进而概括为推荐语，需满足以下要求：
>
> 1. 字数严格控制在 12 个汉字以内。
> 2. 言辞要优美，是情绪积极的，使用有趣、个性化、网络化的语言。
> 3. 可以适当润色：使用一些修辞手法来吸引人，如比喻、夸张、对比。
>
> 推荐语示例：鲜美多汁，鲍鱼，正宗涮锅。肉质细嫩，富含优质蛋白。

按照上述思路，运用恰当的提示词，我们也可以完成商品标题的改写，如表 2-2 所示。

表 2-2 AIGC 标题改写效果

商品原始名称	AIGC 修改后
鸡尾酒双人套餐	鸡尾酒双人餐，享受舒适酒吧氛围
【经济实惠】肩背舒缓 SPA|60 分钟	轻松舒缓 60 分钟肩背 SPA，享受养生之美
网费充值 501 元赠 550 元	网费充值 501 元赠 550 元，畅享无限游戏乐趣
【心动五一】单人洗浴 1 次	夏日福利单人洗浴+自助餐，享受清凉一夏

（2）设计营销图片。

在营销活动中经常需要设计大量的宣传图，这些宣传图以前都需要设计师手绘，通过 AI 技术可以大幅提升宣传图的生产效率。

以设计师的工作流程为例，一张主题海报的生产通常分为 3 步：线稿→铺色→终稿。一名经验丰富的设计师通常需要 1.5 天完成。如果通过 Midjourney 生成主题海报，则分为 3 步：编写提示词→利用 AI 生图→设计版式，如图 2-14 所示。同样一名设计师，只需 1.5 小时即可完成。

图 2-14 利用 Midjourney 生成主题海报

另外，利用 AI 还可以提高图片质量，即通过 AI 美化商品图片、对于一些拍摄不完整或商品信息展示不全的图片进行智能补全。

（3）智能问答。

商品的问答模块一直都是用户购买该商品的重要决策依据，其中很多常见问题是关于商品基础信息和规则的，如图 2-15 所示。

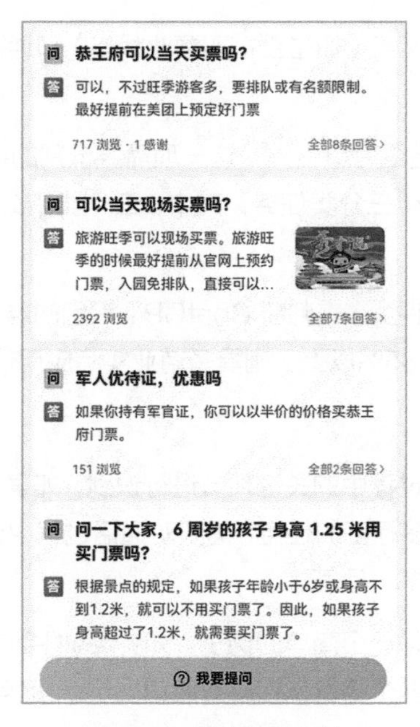

图 2-15　景点规则问答

所以，在商品问答模块中回复的准确性和及时性就非常重要。下面以景点规则问答为例进行说明。

首先，将线上用户关心的问题进行分类。例如，在 2023 年线上旅游景点的问答中，排名前三的问题分别是：入园规则、门票基础信息和攻略信息。

然后，针对入园规则和门票基础信息的问题，只需要将少量的基础信息输入大模型，就能得到相对准确的基础回答。

接下来，再从用户评价等信息中补充人流量、寄存、停车和季节活动等信息，用来训练大模型，攻略信息也就得到了完善。

有了以上信息的学习，AI 的回答就可以同时做到覆盖面广、准确率高、回复快。再进一步优化问题回复的实时性，就可以生成线上旅行或购物的小助手。

2. AIGC + 销售助手

在电商领域，企业团队的管理效率和员工培训效果是其核心竞争力。AI 技术可以从多个方向为销售和客服团队打造自动化、智能化的先进工具，从而帮助企业在竞争中取得优势。

（1）话术质检。

话术质检任务是对销售人员与商家通话过程中的话术进行语义点的识别。语义点有多种类型，包含句子级别的语义点（如是否核实营业状态）和通话级别的语义点（如是否为负责人、商户合作意愿等）。

在话术质检任务中，“是否为负责人”这一项需要识别的内容是销售人员的沟通对象是否为店铺负责人。这是一个三分类任务，其中，三个类别分别为“是负责人”“不是负责人”“未核实负责人身份”。

我们可以通过对问答的评测，来判断 ChatGPT 识别的准确率和召回准确率。通常情况下，如果识别准确率达到 85%以上，则具备商业实际应用价值。

（2）过程分析。

过程分析任务是对销售过程中的关键环节进行识别，如确认门店信息、产品介绍、案例分享等。这是一个多分类多标签的任务，需要对通话过程中说话人为销售人员的句子进行识别，一个句子可以对应多个标签。

为了更好地理解，我们举一个简单的例子。如：“我们会收取 5800 元的合作费用，并且同步在美团和大众点评两个平台做相应的店铺展示。”这句话包含“产品介绍”“讲解合作模式及费用”两条内容。

实验表明，当提示词（Prompt）中的标签定义比较具体且与测试句子内容关联度高的时候，ChatGPT 的识别效果较好（如“产品介绍”）。当提示词中的标签定义太过抽象或业务性较强时，ChatGPT 的识别效果较差（如“讲解合作模式及费用”）。

（3）通话摘要。

通话摘要任务是从通话内容中自动识别和提取出具有特定意义的关键词（如时间、竞对公司等）。

实验选择了特定场景下——销售人员与商户约定下一次沟通时，对沟通内容、约定沟通方式、沟通时间进行提取。如“销售人员：那我明天上午十点半电话联系您可以吗？”这句话中的“沟通时间”是“明天上午十点半”。

实践表明，ChatGPT 在“约定时间”场景中抽取关键词的准确率能达到 100%。

3. AIGC+智能上单

在电商领域，销售人员与商家签订合作合同后，商家最多也是最重要的工作是通过运营后台把商品信息录入电商交易系统中。这个上传商品信息的过程在行业内叫作上单，即通过上单系统把线下产品信息标准化后上传。一件商品通常需要大量的结构化字段填写工作，如图 2-16 所示。

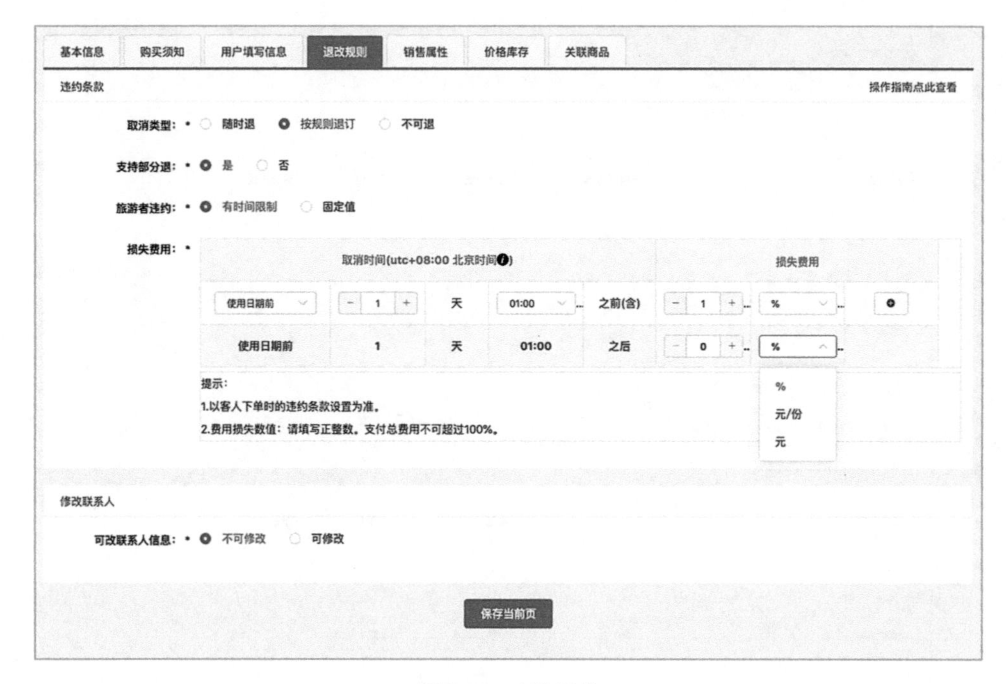

图 2-16　上单系统

由于大型电商系统中的商品数量能达到千万级甚至亿级，并且需要实时维护、更新商品的价格和库存等关键交易信息。所以这些电商企业都有一支庞大的运营队伍，保证商品信息的实时更新。另外，由于大量商家的线上化操作水平较低，提供给运营人员的信息很多时候是多张截图或者一大段语音。如果把大段的语音信息和多张图片信息整理到结构化的系统中，则通常需要几天时间。

利用 AI 可以解决销售人员和商家在上单过程中遇到的上述问题。

第一步：AI 通过 NLP 技术和 OCR（文字识别）技术将语音和图片全部转换成文本信息。

第二步：首先将文本信息输入 ChatGPT，并通过提示词输入需要识别的结构化信息，然后分析上面的文本，将对应的信息映射到指定字段中，最后返回 JSON 结构数据。

> **提示词**　有一个菜品结构关系：×××；有一份菜品数据：凉菜：大拌菜 19 元；热菜：三杯鸡 42 元，峨嵋山笋回锅肉 48 元；饮品：青柠冰爽两杯 16 元。米饭两碗 4 元，餐包两份两元。按照上面的菜品结构关系从菜品数据中提取结构化信息，并以 JSON 结构输出。

第三步：通过程序自动化将 JSON 结构数据填入上单系统中，如图 2-17 所示。

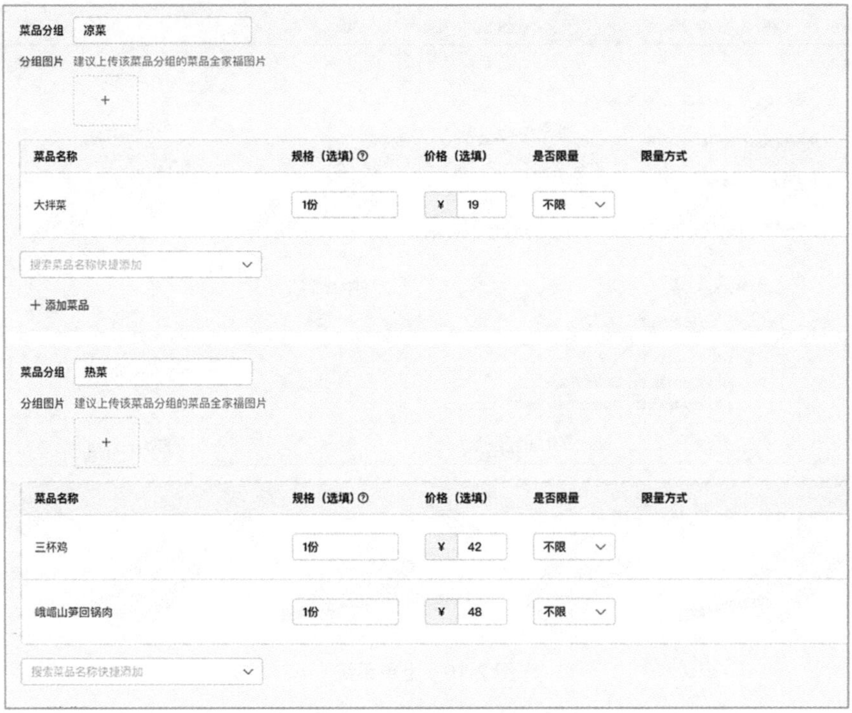

图 2-17　上单系统自动填写

第四步：人工校验信息，填写准确后提交，完成上单。

经验证，智能上单系统将零散的信息统一处理后，可以将原本需要 3 到 4 天完成的工作缩短到 10 分钟就完成了。

2.2.3　AIGC 引领各行业转型

如今，各行业对数字内容的需求呈现出井喷态势，数字内容的供给与消耗之间存在巨大的缺口。AIGC 具备真实性、多样性、可控性和组合性等特点，可以提高企业的内容生产效率，并为其提供更加丰富、多元、动态且可交互的内容。因此，在数字化程度高、内容需求丰富的行业，例如，传媒、电商、影视和娱乐等领域，AIGC 均有望实现重大创新和发展。

1. AIGC + 传媒

AIGC 作为一种新型的内容生成方式，正在为媒体的内容生产全面赋能。随着相关应用的不断涌现，如写稿机器人、采访助手、视频字幕生成、语音播报、人工智能合成主播等，AIGC 已经渗透到媒体内容生产的各个环节，包括采编和传播等，并深刻地改变着媒体的内容生产模式。AIGC 已经成为推动媒体融合发展的重要力量，为媒体行业带来更多的创新和机遇。

（1）采编环节。

在新闻采编环节中，AIGC 的语音识别技术为传媒工作者带来了极大的便利。通过将采访录音转换为文字，它有效地减轻了传媒工作者在录音整理方面的工作负担，避免了烦琐的手动转录过程。这不仅提高了传媒工作者的工作效率，还进一步保障了新闻的时效性。AIGC 的应用在新闻行业中发挥了重要作用，为传媒工作者提供了更高效、精准的工作体验。

当然，AIGC 还实现了智能视频剪辑。视频剪辑人员通过使用视频字幕生成、视频拆条、视频超分等视频智能化剪辑工具，可以节省人力成本和时间成本，最大化版权内容价值。

（2）传播环节。

在传播环节，AIGC 的应用主要集中于以 AI 合成主播为核心的新闻播报等领域。AI 合成主播开创了新闻领域实时语音及人物动画合成的先河，用户只需要输入所需要播发的文本内容，计算机就会生成相应的 AI 合成主播播报的新闻视频，并确保在视频中人物的音频和表情、唇动保持自然一致，展现与真人主播无异的信息传达效果。

传媒机构通过引入 AIGC 技术，可以更好地适应数字化时代的发展趋势，提高生产效率，降低成本，提高内容质量，增强用户体验。

总的来说，AIGC 作为新型的内容生成方式，正在深刻地改变着传媒行业的内容生产模式和传播方式，成为推动传媒融合发展的重要力量。随着技术的不断发展和应用场景的不断拓展，相信 AIGC 将会在未来的传媒行业中发挥越来越重要的作用，为传媒行业的数字化转型和智能化发展注入新的动力。

2. AIGC + 游戏

AI 在游戏前期制作、游戏运营的体验及优化、游戏周边内容制作的全流程中均有应用，我们将其中的核心要素提炼为 AI Bot、NPC 相关生成和相关资产生成。目前，由于国内大型游戏厂商在数年前就开始广泛尝试在其游戏制作过程中应用 AIGC 技术，因此从整个行业的视角来看，游戏领域已成为 AIGC 技术实现商业变现最为明确和成功的领域之一。

游戏 AI 目前在行业领域中算是技术最成熟、行业接受度最高的部分，代表机构或实验室包括腾讯 AI Lab、启元世界、超参数等。

（1）游戏内容生成。

AI 生成游戏配乐，更实时、更高效。2022 年 10 月，动视暴雪申请了新专利，致力于探索“基于游戏事件、玩家资料和玩家反应动态生成音乐的想法”，其在多人游戏中，借助 AI 技术将能创建与玩家的游戏环境，选择和进度相匹配的独特配乐，而不是预设的动态配乐。动视暴雪初步计划将该专利用于类似《使命召唤：现代战争 3》（*Call of Duty: Modern Warfare III*）的多人游戏中。同年 11 月，微软也提交了一项“用于合成音频的人工智能模型”的专利，通过 AI 为电影、电视、游戏等媒体生成声音，并且可以配合玩家的实时行为生成。

AI 生成 3D 模型，赋能开放游戏突破产能限制。2020 年，微软上线了全球最大的仿真游戏《微软模拟飞行 2020》，还原了全球 200 万个城镇和 3.7 万座机场，让玩家体验到在真实世界里开飞机的感觉。微软通过与初创公司 Blackshark.ai 合作，借助 AI 技术和云计算资源，从 2D 图像生成 3D 建筑模型，从而提高了产能。

（2）游戏策略生成。

2016 年，谷歌旗下 Deepmind 推出的 AlphaGO 在围棋比赛中战胜了围棋世界冠军李世石。随后，决策型 AI 在 Dota2、StarCraft2、德州扑克、麻将等游戏领域中均展现出了良好的实力。

“绝悟”是腾讯 AI Lab 研发的决策型 AI，它通过强化学习的方法来模仿真实玩家，包括发育、运营、协作等指标类别，以及每分钟手速、技能释放频率、命中率、击杀数等具体参数，让 AI 玩家的表现更接近“正式服玩家”（特指在游戏的正式运营版本中进行游戏的玩家）的真实表现。

启元世界的 AI Being 被应用于掉线托管、AI 势力、AI Bot 陪玩、智能 NPC 等领域，以提升用户的游戏体验。AI Being 具备更高的认知和决策能力，表现更逼真，战斗水平更智能，不仅对 3D 开放世界有更全面、敏锐的感知，对听声辨位、多人配合、索敌、绕后、找掩体、补状态等任务也能更好地完成。它已经被应用到莉莉丝的 FPS 大作 *Farlight 84* 中。

3. AIGC + 影视

由于影视和内容的关联性较强，AIGC 对这一行业的整体影响更明显。

具体受影响的细分领域包括电影及长视频（换脸、背景渲染、广告自动植入等）、网络直播（虚拟人）、短视频（影视作品剪辑）、在线音乐（自动编曲、作曲、AI 唱歌）、图片版权（AI 生图、AI 修图）、网络文学（小说续写）等。

随着影视行业的快速发展，从前期创作、中期拍摄到后期制作的过程性问题也随之显现。这些问题包括高质量剧本相对缺乏、制作成本高昂，以及部分作品质量有待提升等，亟待进行结构升级。AIGC 技术的应用能够激发影视剧本创作思路，扩展影视角色和场景的创作空间，极大地提升影视产品的后期制作质量，实现影视作品的文化价值与经济价值最大化。

（1）AIGC 为剧本创作提供了新思路。

经过对庞大的剧本数据集进行深度分析与归纳，我们能够依据预设风格迅速生成多样化的剧本初稿。创作者随后可以根据自己的需求对这些初稿进行筛选和精细化的二次加工，这一流程不仅能够有效地激发创作者的灵感，拓宽他们的创作视野，还能显著缩短剧本创作的整体周期，实现高效且富有创意的产出。对此，国外率先开展相关尝试，早在 2016 年 6 月，纽约大学利用人工智能编写的电影剧本 *Sunspring*，经拍摄和制作后，入围伦敦科幻电影 *Sci-Fi London* 48 小时挑战前十强。2020 年，美国查普曼大学的学生利用 OpenAI 的大模型 GPT-3 创作剧本并制作短片《律师》。

国内部分垂直领域的科技公司开始提供智能剧本生产相关的服务，如海马轻帆推出的"小说转剧本"智能写作功能，服务了包括《你好，李焕英》《流浪地球》等爆款作品在内的剧集/剧本 30000 多集、电影/网络电影剧本 8000 多部、网络小说超过 500 万部。

（2）AIGC 扩展角色和场景创作空间。

- 通过 AI 技术合成人脸、声音等相关内容，可以实现"数字复活"已故演员、多语言译制片音画同步、演员角色年龄的跨越、高难度动作合成等，减少由于演员自身局限对影视作品的影响。如在央视纪录片《创新中国》中，央视和科大讯飞利用 AI 算法学习已故配音员李易过往纪录片的声音资料，并根据纪录片的文稿合成配音，配合后期的剪辑优化，最终让李易的声音重现。
- 通过 AI 技术合成虚拟物理场景，将无法实拍或成本过高的场景生成出来，大大拓宽了影视作品展现力的边界，给观众带来更优质的视觉效果和听觉体验。如 2017 年热播的《热血长安》，剧中的大量场景便是通过 AI 技术虚拟生成的。工作人员在前期进行大量的场景资料采集，经由特效人员进行数字建模，制作出仿真的拍摄场景。演员则在绿幕影棚中进行表演。后期结合实时抠像技术，将演员动作与虚拟场景进行融合，最终生成视频。

（3）AIGC 赋能影视剪辑，升级后期制作。

- AIGC 可以实现对影视图像进行修复、还原，提升影像资料的清晰度，保障影视作品的画面质量。例如，国家中影数字制作基地和中国科技大学共同研发的基于 AI 技术的图像处理系统"中影 · 神思"，成功修复《厉害了，我的国》《马路天使》等多部影视剧。利用"中影 · 神思"系统，修复一部电影的时间可以缩短四分之三，成本可以减少一半。同时，爱奇艺、优酷、西瓜视频等流媒体平台都开始将 AI 修复经典影视作品作为新的增长领域开拓。
- 实现影视预告片生成。IBM 旗下的 AI 系统 Watson 在学习了上百部惊悚预告片的视听手法后，从 90 分钟的 *Morgan* 影片中挑选出符合惊悚预告片特点的电影镜头，并制作出一段 6 分钟的预告片。尽管这部预告片需要在制作人员的重新修改下才能最终完成，但预告片的制作周期从一个月左右缩短到 24 小时。

- 实现将影视内容从 2D 向 3D 自动转制。聚力维度（北京聚力维度科技有限公司的简称）推出的人工智能 3D 内容自动制作平台“峥嵘”支持对影视作品进行维度转换，将院线级 3D 转制效率提升了 1000 多倍。

综上所述，AIGC 技术在影视行业中的应用不仅能够解决影视行业的痛点问题，还能够提升影视作品的文化价值和经济价值。未来，随着 AIGC 技术的不断发展和应用场景的不断拓展，相信 AIGC 技术将会在影视行业中发挥越来越重要的作用，为影视行业的数字化转型和智能化发展注入新的动力。

4. AIGC + 娱乐

在数字经济时代，娱乐行业不仅在拉近产品服务与消费者之间的距离方面发挥着重要作用，而且间接满足了现代人对归属感的渴望，因此其重要性与日俱增。借助 AIGC 技术，娱乐行业可以通过生成趣味性图像或音/视频、打造虚拟偶像、开发 C 端用户数字化身等方式，迅速扩展自身的辐射边界，以更加容易被消费者所接纳的方式，获得新的发展动能。

（1）实现趣味性图像或音/视频生成，可以激发用户的参与热情。

在图像、视频生成方面，以 AI 换脸为代表的 AIGC 应用可以极大地满足用户猎奇的需求。例如：

- FaceApp、ZAO、Avatarify 等图像视频合成应用一经推出，就立刻病毒式地在网络上引发热潮，登上 App Store 免费下载榜首位。
- 2020 年 3 月，腾讯推出化身游戏中的“和平精英”与“火箭少女 101”同框合影的活动，这些互动的内容极大地激发出了用户的情感，带来了社交传播的迅速“破圈”。

（2）打造虚拟偶像，可以释放 IP 价值。

一方面，通过 AI 技术实现与用户共创合成歌曲，可以不断增强粉丝黏性。以初音未来和洛天依为代表的“虚拟歌姬”，都是基于 Vocaloid 语音合成引擎软件创造出来的虚拟人物，由真人提供声源，再由软件合成人声。以洛天依为例，任何人通过声库创作词曲，都能达到“让洛天依演唱一首歌”的效果。从 2012 年 7 月 12 日洛天依出道至今十多年的时间里，音乐人和粉丝已为洛天依创作了超过一万首作品，这类应用在为用户提供更多想象和创作空间的同时，与粉丝建立了更深入的联系。

另一方面，通过 AI 技术合成音/视频动画，可以支撑虚拟偶像在更多元的场景进行内容变现。随着音/视频合成、全息投影、AR、VR 等技术的成熟，虚拟偶像变现场景逐步多元化，目前可通过演唱会、音乐专辑、广告代言、直播、周边衍生产品等方式进行变现。同时随着虚拟偶像商业价值被不断发掘，品牌方与虚拟 IP 的联动意愿随之提升。例如，由魔珐科技与次世文化共同打造的网红翎 Ling 于 2020 年 5 月出道至现在，已先后与 Vogue、特斯拉、Gucci 等品牌展开合作。

（3）开发 C 端用户数字化身，可以布局消费元宇宙。

自 2017 年苹果手机发布 Animoji 以来，“数字化身”技术经历了由单一卡通动物头像，向 AI 自动生成拟真人卡通形象的迭代发展，用户拥有更多创作的自主权和更生动的形象库。各大科技巨头均在积极探索与“数字化身”相关的应用，加速布局“虚拟数字世界”与现实世界大融合的“未来”。例如，百度在 2020 年世界互联网大会上展现了基于 3D 虚拟形象生成和虚拟形象驱动等 AI 技术设计动态虚拟人物的能力。在现场只需拍摄一张照片，就能在几秒内快速生成一个可以模仿“我”的表情、动作的虚拟形象。

在可预见的未来，作为用户在虚拟世界中个人身份和交互载体的“数字化身”，将进一步与人们的工作和生活相融合，并将带动虚拟商品经济的发展。

综上所述，随着技术的不断发展和应用场景的不断拓展，相信 AIGC 将会在未来的娱乐行业中发挥越来越重要的作用，为娱乐行业的数字化转型和智能化发展注入新的动力。

除了传媒、电商、影视和娱乐等数字化程度高、内容需求丰富的行业，AIGC 在教育、金融、医疗和工业等各行各业的应用也在快速发展。

- 在教育领域，AIGC 为教育材料赋予了新的活力，使课本更加具体化、立体化，以更加生动、令人信服的方式向学生传递知识。
- 在金融领域，AIGC 助力金融机构实现降本增效，通过自动化生产金融资讯和产品介绍视频等方式提升金融机构内容运营的效率，同时通过虚拟数字人客服为金融服务注入温度。
- 在医疗领域，AIGC 赋能诊疗全过程，提高医学图像质量、录入电子病历等，提升医生群体的业务能力，同时为患者提供人性化的康复治疗。
- 在工业领域，AIGC 助力工厂提升产业效率和价值，缩短工程设计周期，加速数字孪生系统的构建，实现与其他各类产业深度融合的横向结合体。

总之，与 AIGC 相关的应用正加速渗透到经济社会的方方面面。

第 2 篇

个人应用

第 3 章
AI 聊天对话

GPT 是一种预训练的生成式变换器模型，而 ChatGPT 则是其中一个领域，专门用于与用户进行对话和交互，即我们常说的 AI 聊天对话。

本章将从 AI 聊天对话的实际应用展开，逐步揭开 ChatGPT 的底层原理。

3.1 ChatGPT 大揭秘

ChatGPT 通过大规模的无监督学习，从大量的互联网文本数据中进行训练，以便能够理解和生成自然语言文本。它可以回答问题、解决问题、提供解释、进行闲聊、进行文本摘要、翻译等。ChatGPT 的优势在于其功能强大且通用，它可以适应各种不同领域和主题的对话，并且无须进行特定领域的训练。

为了更好地理解 ChatGPT，接下来，我们将带领读者做一些简单的尝试和体验。

3.1.1 ChatGPT 的基本使用

下面将从以下 3 个方面介绍 ChatGPT 的使用方法。

1. 操作界面简介

通过浏览器访问 OpenAI 官方网站，可以看到，ChatGPT 的操作界面如图 3-1 所示。

- 创建会话：读者可以通过单击界面左上角的“New chat”按钮，开启一个聊天对话。
- 聊天窗口：在该窗口中可以输入用户想与 AI 对话的内容。

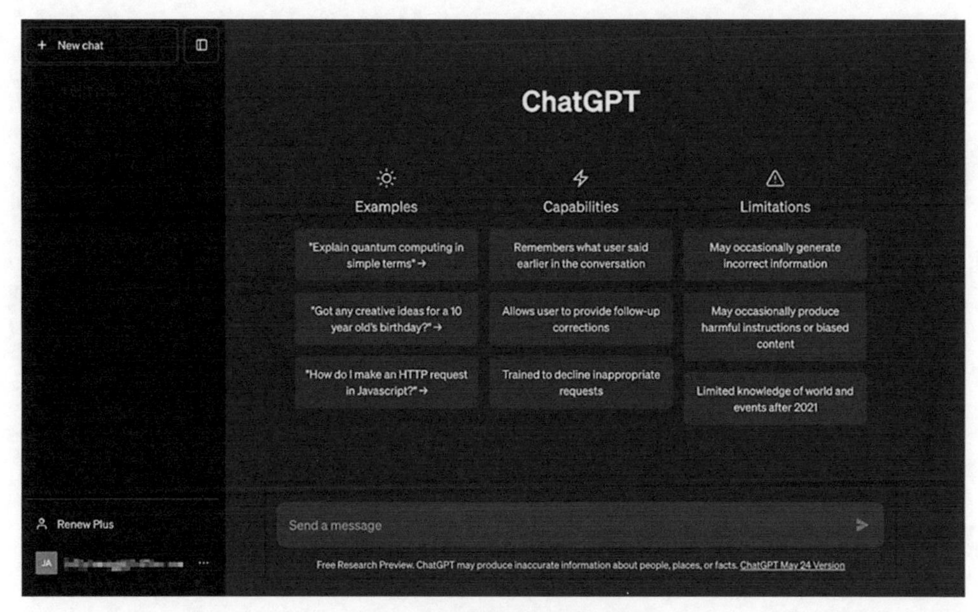

图 3-1 ChatGPT 操作界面

2. 第一个聊天对话

在聊天窗口中输入“你是一位专业的表演艺术家，请模仿周星驰的口吻来一段精彩的 ChatGPT 简介”，并单击▶按钮，如图 3-2 所示。

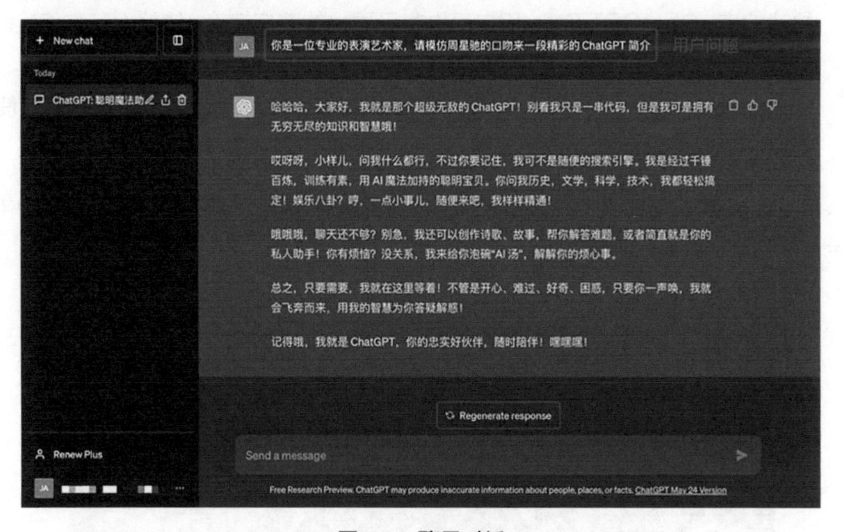

图 3-2 聊天对话

可以看到，ChatGPT 给出了一段周星驰风格的响应，基本符合我们的聊天预期。当然，读者也可以自行尝试，如编剧本、写脚本、分析问题等。

3. 升级 ChatGPT Plus

为了更好地服务用户，OpenAI 提供了两种会话选择——Free plan（免费计划）和 ChatGPT Plus，如图 3-3 所示。Free plan 是普通版本，“ChatGPT Plus”则是会员付费版本。

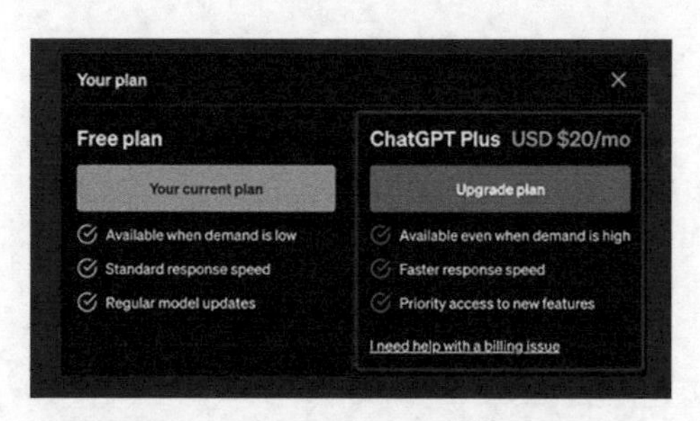

图 3-3　ChatGPT 提供的会话选择

与普通版本相比，ChatGPT Plus 版本有哪些差异呢?

- 价格：ChatGPT Plus 是付费版本，用户需要支付一定的费用来订阅该服务，而免费版本是免费提供的。
- 访问优先权：ChatGPT Plus 用户拥有优先访问权，这意味着，在高峰时段或用户需求多的情况下，付费用户将优先获得服务，而免费版本用户则可能在访问时有延迟。
- 快速响应：ChatGPT Plus 用户可以享受更快的响应速度，使他们在与 ChatGPT 进行对话时能够更快地获得回复。
- 新功能先行：ChatGPT Plus 用户可以优先体验并访问新推出的功能，这使得付费用户可以更早地尝试并受益于 OpenAI 不断改进和更新的服务。

> 提示　ChatGPT Plus 版本用户可以在“Settings&Beta”中开启测试版功能，如图 3-4 所示，以体验新版本的特性。

图 3-4　ChatGPT Plus 开启测试版功能

在弹出的页面中，读者按需开启扩展能力，如图 3-5 所示。

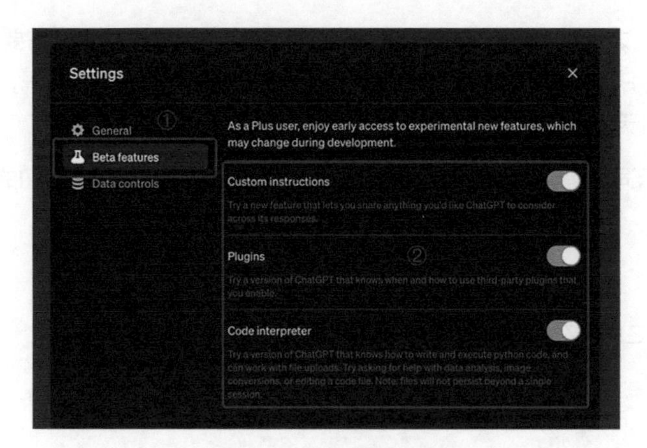

图 3-5　开启扩展能力

按照上述引导开启扩展能力后，就可以返回主页面体验新的特性了，如图 3-6 所示。

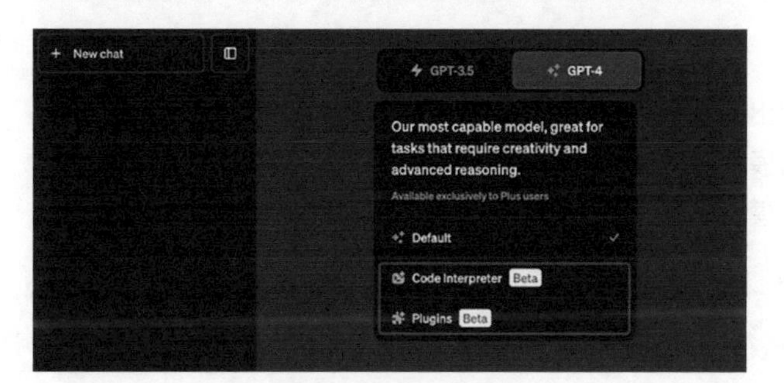

图 3-6　体验新的特性

例如，选择 Plugins 模式后，系统会引导用户进入“插件商店”选择需要的插件，如图 3-7 所示。

图 3-7　插件商店

3.1.2 用提示词（Prompt）与AI对话

正如人与人之间通过语言和文字进行沟通一样，人与AI对话也需要通过特定的方式——提示词（Prompt）——来进行。比如，我想知道北京的天气情况，可以使用提示词“请告诉我今天北京的天气”，就是我们给机器的提示词。

恰当的提示词对得到准确和有用的回答很重要，有助于机器理解我们的意图并提供有意义的回应。

1. 交互流程

用户与AI之间的交互流程如图3-8所示。

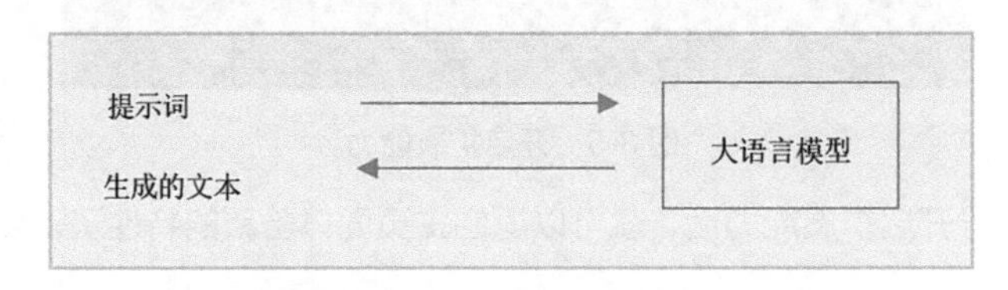

图3-8 用户与AI之间的交互流程

- 用户提出问题——输入提示词（Prompt）。
- 大语言模型进行语义分析。
- 大语言模型输出生成的文本，即给出问题的答案。

2. 标准的提示词结构

在与机器进行交流时，使用结构化的提示词不仅可以降低沟通成本，还能加强机器的理解，从而得到更高效的问题答案。

标准的提示词从结构上通常可以被拆分为4部分。

- Instruction（必选）：指令，即用户希望模型执行的具体任务。
- Context（选填）：背景信息，或者说是上下文信息，这可以引导模型做出更好的反应。
- Input Data（选填）：输入数据，告知模型需要处理的数据。
- Output Indicator（选填）：输出指示器，告知模型我们要输出的类型或格式。

> 提示 在大多数情况下，我们在写提示词时并不需要包含完整的4个元素，可以根据实际需求灵活组合。如：推理场景的推荐采用“Instruction + Context + Input Data”结构，信息提取场景则推荐采用“Instruction + Context + Input Data + Output Indicator”结构。

业界比较流行的提示词框架（Prompt Framework）叫作 CRISPE。该框架的复杂度更高，适合作为 Prompt 的基础模板进行拓展，对读者有一定的启发性。

- CR：Capacity and Role（能力与角色），用户希望 ChatGPT 扮演什么角色。
- I：Insight（洞察力），背景信息和上下文。
- S：Statement（指令），用户希望 ChatGPT 做什么。
- P：Personality（个性），用户希望 ChatGPT 以什么风格或方式回答。
- E：Experiment（尝试），要求 ChatGPT 提供多个答案。

> 提示　提示词还有一个最佳实践——“ChatGPT 中文 Prompt 调教指南”。我们可以从 GitHub 中搜索关键字 ChatGPT-Prompt，找到一些参考。

3. 对话 AI

下面来写一条结构化的提示词，具体如下：

> Prompt：我想让你充当 Linux 终端。我将输入命令，你将回复终端应显示的内容。我希望你只在一个唯一的代码块内回复终端输出，而不是其他任何内容。不要写解释。除非我指示你这样做，否则不要输入命令。当我需要用英语告诉你一些事情时，我会把文字放在中括号内[就像这样]。我的第一个命令是 pwd。

准备就绪后，打开 ChatGPT，并将上述提示词通过聊天窗口发送给它，如图 3-9 所示。

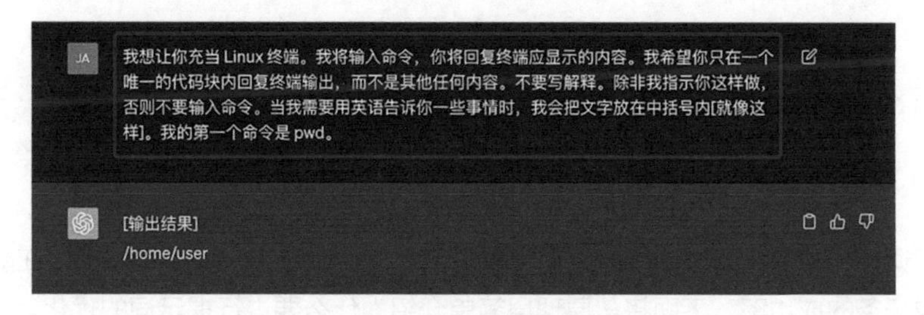

图 3-9　设定 AI 角色和任务

完成 AI 角色和任务的设定后，ChatGPT 给出了“/home/user”的回复，说明它已经成功理解了我们的要求——使用 pwd 命令输出了当前的工作目录。

接下来进行验证，在聊天窗口中输入“tree”，即希望以树形结构展示目录结构，如图 3-10 所示。可以看到，实验结果还是相对准确的。

掌握标准的提示词（Prompt）结构能够激发 ChatGPT 的最佳表现，使得它更好地满足我们的需求，并给予准确的反馈，从而提升我们的学习和工作效率。

图 3-10　树形展示目录结构

3.2　提示词优化——让 ChatGPT 更懂你的提问

前面介绍了 ChatGPT 的基本使用，本节将介绍优化提示词的相关策略和技巧。

3.2.1　什么是提示词优化

提示词优化是指，通过调整与大语言模型的“交流”方式来挖掘模型的内在能力，提高其完成任务的成功率。下面将从原理层简单介绍为什么要进行提示词的优化。

1. 大语言模型的泛化能力

大语言模型的泛化能力是指，大语言模型在处理未见过的数据或任务时，能够表现出良好性能的能力。

打一个比喻：某人从小就开始阅读各种各样的书籍，包括文学、历史、科学、艺术等，他积累了大量的知识和词汇，也掌握了不同的语言风格。这个人就像一个大语言模型，他可以用语言来表达和理解各种事物。现在，我们给这个人一个新的任务（如写一篇文章、翻译一段话、回答一个问题等），他可能会遇到如下两种情况。

- 他已经做过类似的任务，或者有相关的知识和经验，这样他就可以很容易地完成这个任务，而且做得很好。我们就说他有**很强的数据泛化能力**，即他可以在训练集之外的数据上保持较高的准确性和鲁棒性。
- 他没有做过类似的任务，或者没有相关的知识和经验，但是他可以根据任务的要求和提示，利用自身的知识，把解决其他问题的思路迁移过来，并创造性地完成这个任务，而且效果还不错。我们就说他有**很强的任务泛化能力**，即他可以在没有专门针对某个任务进行微调的情况下，仅通过输入的一些提示词或示例，就可以完成各种类型和难度的任务。

> 提示　对于上述两种情况，我们都说这个人有很强的泛化能力，但仔细观察会发现，在两种情况下所具有的能力是不同的：
>
> 第一种情况，他在知道解题思路的前提下，能够运用新数据去完成任务。这种情况下所具有的能力被称为“数据泛化能力”；第二种情况，他在不知道解题思路的前提下，根据任务的要求和提示创造性地完成任务。在这种情况下所具有的能力被称为“任务泛化能力”。

这两种能力对应着大语言模型的两个重要的能力。

（1）上下文学习（In Context Learning）能力。

使用者可以通过提示词让大语言模型进入某种状态。当出现这种情况时，大语言模型似乎进入了一种角色状态，在这个角色或者环境下，它能够调用更多相关的知识和信息，基于新的数据来完成与这个角色相关的任务。

（2）思维链（Chain of Thought，CoT）能力。

大语言模型会呈现出一定的逻辑推理能力和指令跟随能力，它可以按照提示词一步步地完成任务。

2. 使用自然语言编程

在过去很长一段时间里，自然语言处理的研究者为每个独立的“任务”训练一个独立的模型，这个模型只为完成这个任务。比如，为中英翻译、中日翻译、中俄翻译各训练一个模型。在这样的背景下，新增一个任务就需要训练一个新模型。训练模型需要专业的能力，普通人是无法通过训练模型提高自己的生产效率的。

大语言模型的出现彻底改变了这一现状。

- 大语言模型学习的知识多，泛化能力强。从目前的研究来看，大语言模型在能力上已经赶超或者正在赶超领域模型。我们在使用时大多数时候不需要针对领域训练特有模型。

- 大语言模型可以通过基于自然语言的提示词与人进行交互，这使得以往需要专业编程经验的工作，现在可以使用自然语言向大语言模型直接下达指令，并得到令人满意的结果。对于一些复杂任务（如文本摘要、翻译、情感分析等），之前就算通过编码的方式也很难实现，而现在可以很容易地实现它。

3.2.2 提示词优化的基础

本节介绍提示词优化的基本工具、概念和常识。

1. 体验提示词调试工具 Playground

下面使用 OpenAI 的 Playground 作为提示词调试工具。

（1）打开 OpenAI 官方网站并登录，如图 3-11 所示。

（2）登录后会有 ChatGPT、DALL · E、API 共 3 个主要选项，如图 3-12 所示，这里选择 API。

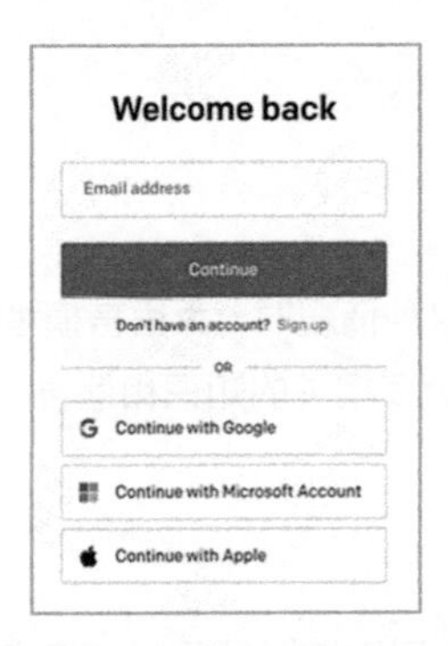

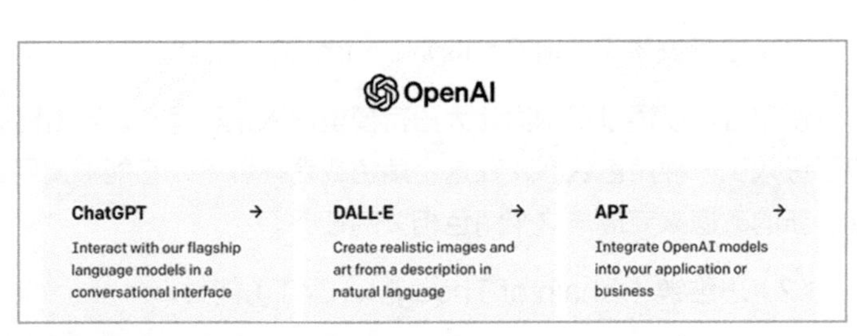

图 3-11　登录 OpenAI 官网

图 3-12　OpenAI 的 3 个主要选项

（3）进入如图 3-13 所示的页面，这里选择顶部的 Playground 选项。

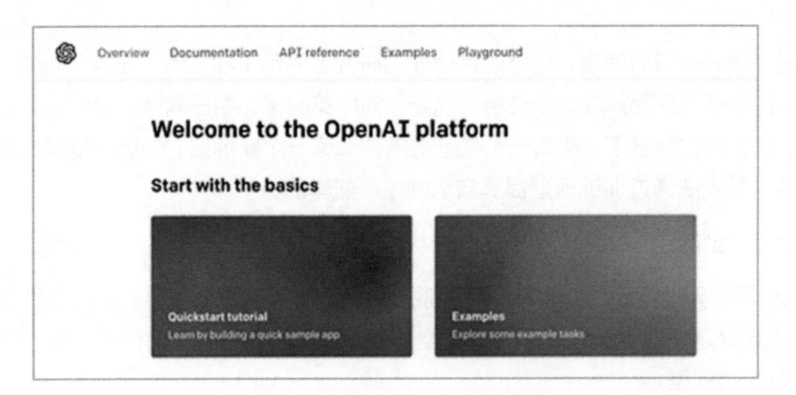

图 3-13　OpenAI 的 API 功能首页

（4）进入 Playground 页面，如图 3-14 所示。

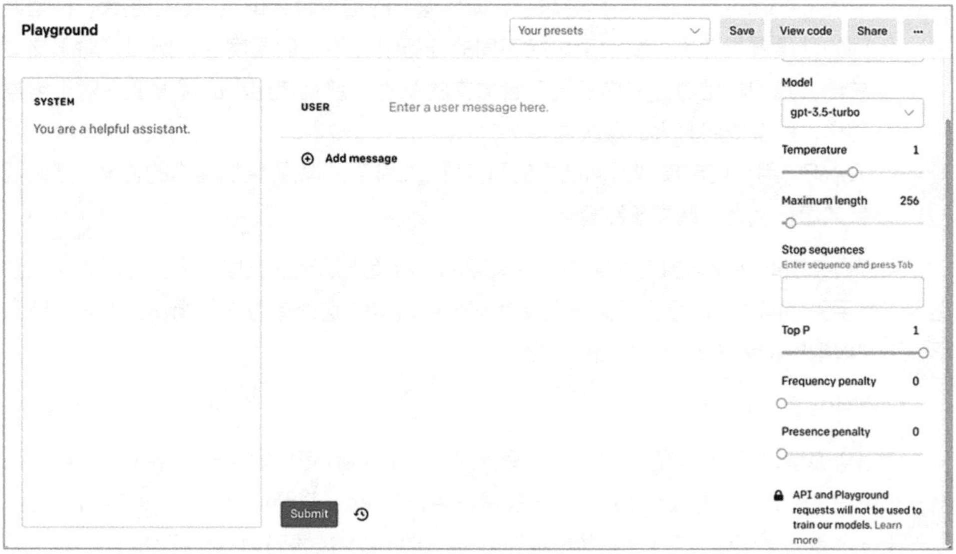

图 3-14　OpenAI 的 Playground 页面

下面介绍一下 Playground 页面中的相关参数。

2. 与模型有关的重要参数

Playground 页面分为以下 3 个部分。

- 上面的工具栏：包括保存（Save）、查看代码（View code）、分享（Share）等功能。
- 左侧的交互区：包括 SYSTEM 输入框、USER 输入框和 Submit 按钮。
- 右侧的设置区：包括模型（Model）、温度（Temperature）、Top P 等选项。

> **提示**　ChatGPT 和 OpenAI Playground 都是 OpenAI 开发的工具，但两者存在一些差异。
>
> - ChatGPT 的主要目的是提供一个简单且对用户友好的聊天界面，用于 GPT-3.5/GPT-4 生成文本。用户输入提示词，模型根据提示词生成文本。ChatGPT 最适合需要快速、轻松地开发文本的用户。
> - OpenAI Playground 是一个更高级的工具，它提供了用于自定义模型行为的各种选项和设置。用户可以从多个 GPT 模型中选择某个模型、调整模型的大小、选择不同的输出格式等。OpenAI Playground 非常适合“想要尝试不同设置，以了解它们如何影响模型行为”的用户。

下面介绍与模型有关的一些重要参数。

- 温度（Temperature）：其值越小，模型返回的结果就越确定；其值越大，模型返回的结果就越随机。我们可以给不同的任务设置不同的温度值，例如，对于文本总结，我们希望总结的内容更符合原文的意思，那就使用小的温度值；对于创意写作，那就使用更大的温度值。
- Top P：用来控制模型返回结果的真实性。如果我们需要更加准确的答案，则调低参数值，反之，调高参数值。

大语言模型能够理解的上下文长度是有限的，若超出规定的长度，模型在对话中就会出现信息丢失等问题。这个上下文长度使用 Token（块）这个单位进行衡量。下面简单介绍一下“模型的最大 Token 数”的概念。

（1）什么是 Token。

大语言模型以 Token 的形式读取和写入文本。Token 可以短至一个字符，也可以长至一个单词（例如，a 或 apple）。在某些语言中，Token 甚至可以短于一个字符，也可以长于一个单词。例如，字符串“ChatGPT is great!”被编码为 6 个 Token：“Chat”“G”“PT”“is”“great”“!”。一个 Token 不一定是一个单词，它可能只是一个单词的一部分，或者是一个字母、符号。根据 OpenAI 的粗略估计，1 个 Token 大约相当于 4 个字符或英文文本的 0.75 个单词。

（2）最大 Token 数。

大语言模型在与用户进行交互时，需要保留上下文，以便获得更好的结果，这与人类的记忆类似。“最大 Token 数”就是大语言模型能够记忆上下文的 Token 长度。

不同模型的上下文长度限制是不同的。上下文越长的模型，其能力越强，这一点在文本总结方面的表现尤为明显，比如，如果一个模型的上下文长度限制为 10 万个 Token，大约 7.5 万个英文单词，那么我们可以给出一篇 7.5 万字的文章让它总结，而不需要担心其丢失上下文信息。

OpenAI 不同模型的上下文长度如下。

- GPT-4：8192 个 Token。
- GPT-4-32k：32768 个 Token。
- GPT-3.5-turbo：3096 个 Token。
- GPT-3.5-turbo-16k：16384 个 Token。

> 提示　ChatGPT 是根据对话过程中使用的 Token 量计算收费的。不同模型的单 Token 价格是不同的，模型越先进，收费越高。

3. 尝试大语言模型“补全”能力

大语言模型的基本原理是，通过大规模的无监督学习来对下一个可能出现的 Token 进行“补全”。

举个例子：大规模无监督学习，可以类比为“让一个记忆力超强的小孩阅读大量的书籍，他读完后总结了一些规律”，比如，在他阅读的所有信息中，单词“a”后面出现“dog”的概率最大，现在，给这个小孩一个单词“a”，让他“补全”后面的信息，他最有可能补全的是“a dog”。

（1）设置 Playground，输入内容，查看补全结果。

下面设置 Playground：Mode 选择为“Complete”，Model 选择为“text-davinci-003”（达芬奇模型，这是 InstructGPT 模型的一种），Temperature 选择为 0.7，Top P 选择为 1。

输入“The sky”作为提示词后，模型补全的内容（图中带有底色的文字）如图 3-15 所示。

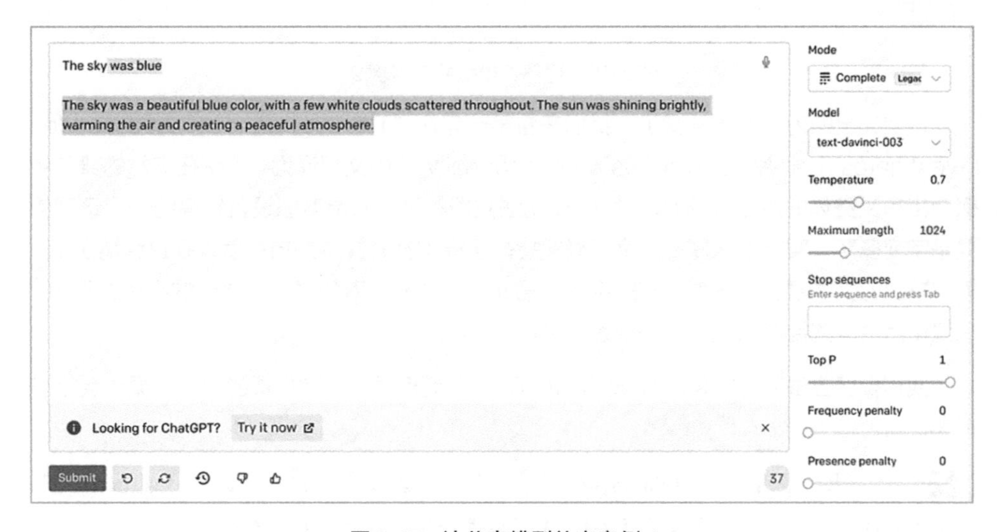

图 3-15　达芬奇模型补齐案例 1

我们来看一下补齐过程。

首先，模型将“The sky”补全成了“The sky was blue”，之后，模型又发挥了创造性，把这句话扩写成为：“The sky was a beautiful blue color, with a few white clouds scattered throughout. The sun was shining brightly, warming the air and creating a peaceful atmosphere.”（中文翻译为：天空是美丽的蓝色，散落着几朵白云。阳光明媚，温暖着空气，营造出一种宁静的气氛。）

（2）将温度值调高，看看补全结果。

如果想让补全的结果更加有创造性，则调整温度值，比如将温度值调整到 1.5，效果如图 3-16 所示。

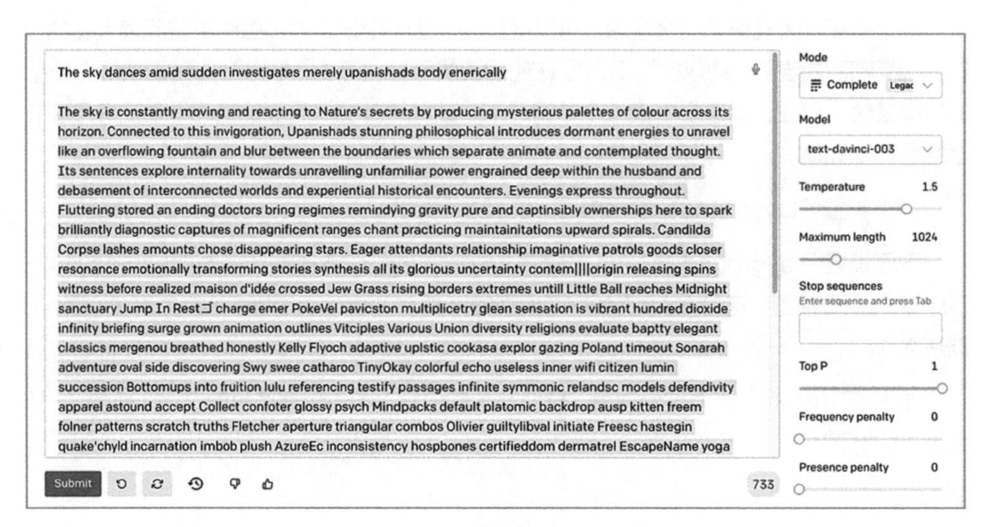

图 3-16　达芬奇模型补齐案例 2

这次补全的内容就非常多了。我们来看第一句话“The sky dances amid sudden investigates merely upanishads body enerically”（中文翻译为：天空在突然的舞动中探查出奥义身体的活力），语义已经完成无法被理解了。将温度值设置较高的一个直观效果是字变多了。实际上，提高温度值确实提高了模型补齐文本的自由度。在这种情况下，模型输出的文本甚至是多种语言的组合，语义上就更无法斟酌了。在具体的应用过程中，探索使用合理的温度值是每个使用者的基本功。

我们多多尝试就会发现，就算温度和 Top P 值相同，多次生成的内容结果也会相差很大。

> **提示**　上面使用的“text-davinci-003”（达芬奇模型）是 OpenAI 推出的“InstructGPT”模型的最新版本，实质上是基于 GPT-3 模型进行了一定微调后得到的。
>
> 那么，GPT-3 模型和 InstructGPT 模型有什么区别呢？
>
> - GPT-3 模型是最基础的预训练模型。
> - InstructGPT 在 GPT-3 模型的基础上使用了指令学习和基于人类反馈的强化学习，其结果更符合人类预期。
>
> 所以，相比 GPT-3 模型，InstructGPT 的结果更好，更符合自然对话场景。

这就是大语言模型的基本能力——“补全”能力。下面我们来了解一下更加常用的对话能力。

3.2.3　提示词优化的策略

在 Playground 设置面板中，Mode 选择为 Chat，Model 选择为 GPT-3.5-turbo，Temperature 设置为 0.7，Top P 设置为 1，Maximum length 设置为 1024，如图 3-17 所示。

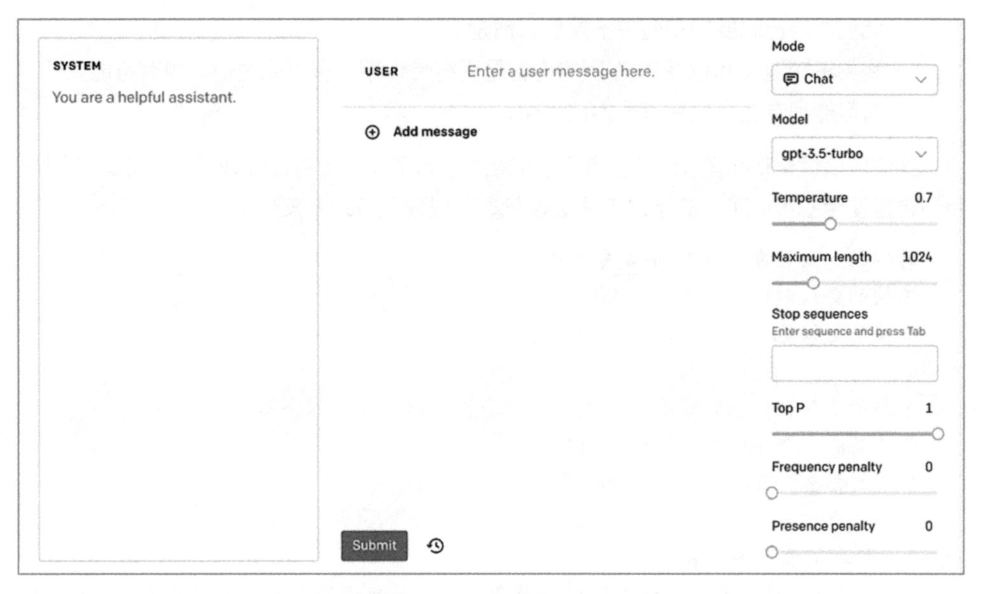

图 3-17　聊天模式的设置

在 Chat 模式下，系统的设置界面有了较大的变化，出现了两个输入框，分别是 SYSTEM 和 USER。

> 提示　SYSTEM（系统）和 USER（用户）都是 Chat 模式下的角色。除这两个角色外，在用户与模型交互的过程中还有一个角色——ASSISTANT。

下面将详细介绍 Chat 模式下 3 个角色的功能。

- SYSTEM：设置助手的行为。例如，可以修改助手的个性或提供有关其在整个对话过程中应如何表现的具体说明。系统消息是可选的，没有系统消息的模型的行为可能类似于使用通用 SYSTEM 信息："你是一个有用的助手"。
- USER：用户的输入，例如，"帮我创作一首现代诗"。
- ASSISTANT（助手）：它记录模型每次返回的信息。为了保障对话的上下文能够持续存在，在每次对话时都需要把之前对话的 USER 信息和 ASSISTANT 信息一并传入模型，以便产生新的回答。

本节将通过举例的方式介绍 3 条最常用的提示词优化策略：清楚明确的提示词、将复杂的任务进行拆分、给模型思考的时间。

1. 清楚明确的提示词

当我们向 ChatGPT 下达任务时，可能存在以下两个问题，这两个问题非常影响结果的质量：

- 我们对自己想要的东西并不是那么清楚。
- 我们不知道 ChatGPT 返回的内容是否符合预期，有可能太长，也有可能太短，有可能很专业，也有可能很口语化。

我们应该优化提示词，以便获得满意的结果。为了让读者更好地理解，下面举例说明。我们希望使用 ChatGPT 总结以下的会议纪要，以便更好地开展后续工作。

```
喜悦的会议日期：2022 年 4 月 1 日
愉快的会议时间：上午 10：00
心安的会议地点：咖啡厅，小小角落

参与的小伙伴们：张小花，李大石，王晓云，赵铁柱，陈小明
张小花在上午 10：05 开启了会议
1.热烈欢迎我们的新伙伴，陈小明

2.讨论我们最近的野餐活动：
- 张小花："总体来说，大家玩得都很开心，但是我们的食物准备得有点少。我们需要提前做好计划。"
- 李大石："我同意，下次我可以带更多的三明治。"
- 王晓云："我觉得我们可以试试新的游戏，比如飞盘。"

3.解决公园的垃圾问题
- 赵铁柱："我们需要更好的策略来处理这些垃圾。我们应该带着垃圾袋，把垃圾带走。"
- 张小花："我会跟公园管理员反映这个问题，看看他们能不能多放一些垃圾桶。"

4.回顾一年一度的烘焙大赛
- 王晓云："我很高兴地报告，我们的队伍在比赛中获得了第二名！我们的草莓蛋糕大受欢迎！"
- 陈小明："明年我们要争取第一名。我有一个巧克力饼干的秘密配方，我觉得可能会赢。"

5.计划即将到来的慈善义卖活动
- 张小花："我们需要一些创新的想法来布置我们在义卖活动的摊位。"
```

- 赵铁柱："我们可以搞一个'猜猜我是谁'的游戏吗？我们可以让人们猜猜扮成动物的人是谁。"
- 李大石："我可以设置一个'你知道这首歌吗'的问答游戏，并为赢家提供奖品。"

6.即将进行的团队建设活动
- 陈小明："我建议我们可以组织一个到动物园的团队建设活动。这是一个很好的机会，让我们在完成最近的活动后能够有机会放松和加强团队的凝聚力。"
- 张小花："听起来是一个超级好的主意，我会查看预算，看看我们能否实现。"

7.下次会议的议程
- 更新野餐食物准备的进度（李大石）
- 垃圾问题的反馈结果（张小花）
- 义卖活动的最后准备（所有人）

上午 11：15 时，大家欢快地结束了会议。下次会议定于 2022 年 4 月 15 日上午 10：00，在咖啡厅小小角落进行。

我们可以通过提示词来指导 ChatGPT 进行会议纪要整理，但是不同写法的效果差别很大，具体步骤如下。

（1）输入提示词。

在 SYSTEM 输入框中输入以下提示词：

SYSTEM：为我们提供会议纪要

首先，在 Playground 设置面板中输入最基本的设置，输入 SYSTEM 和 USER 的内容，如图 3-18 所示，然后单击下面的"Submit"（提交）按钮。

结果如图 3-19 所示。模型返回的结果并不理想。首先，我们希望突出会议重点结论，而不是罗列会议内容且放在最上面；其次，我们希望明确给出会后参会人的待办，以及下次会议待讨论的内容。现在的结果中没有这些内容。

（2）第一次优化提示词。

我们将提示词改为如下内容：

SYSTEM：你是一个专业会议记录员，你将为我们总结会议纪要，首先帮我们对会议进行重点概述，然后总结会议的待办，以及下次会议的议题。

可以看到结果好了不少，如图 3-20 所示。

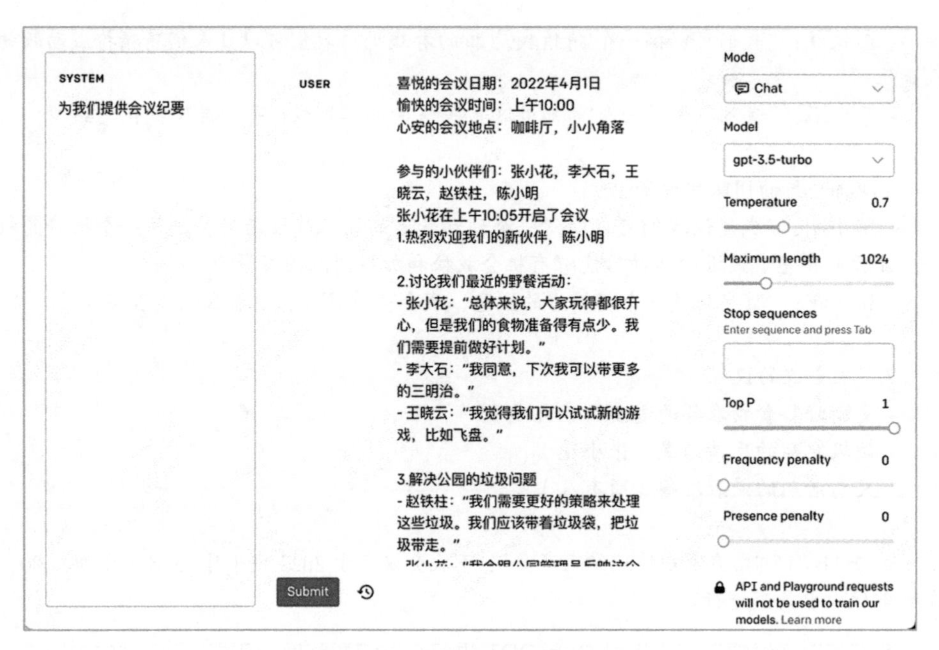

图 3-18　会议纪要提示词设置

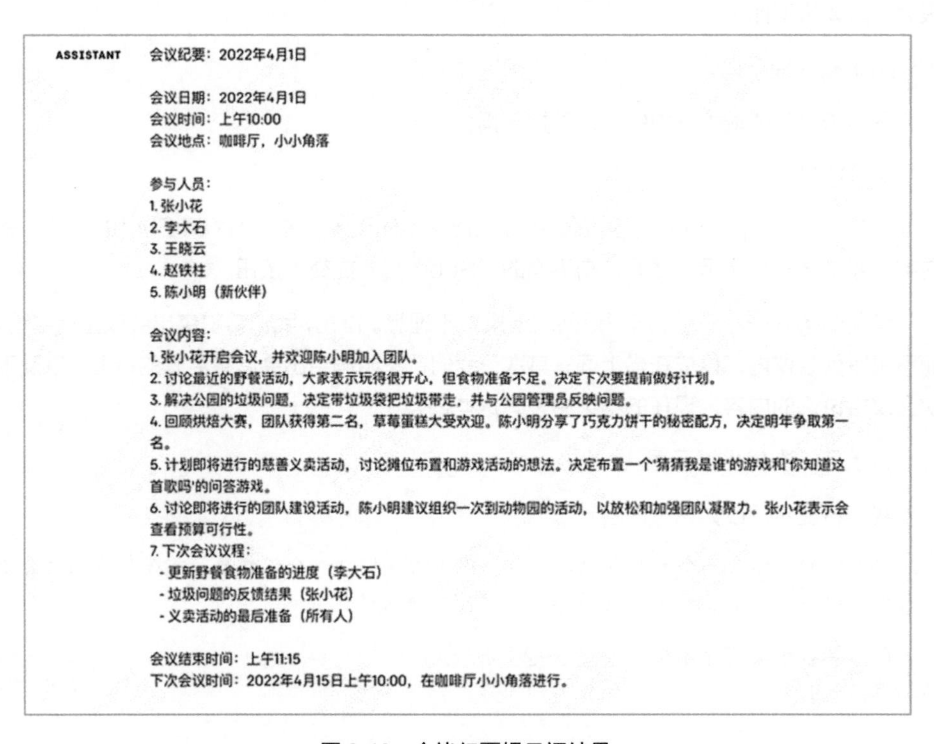

图 3-19　会议纪要提示词结果

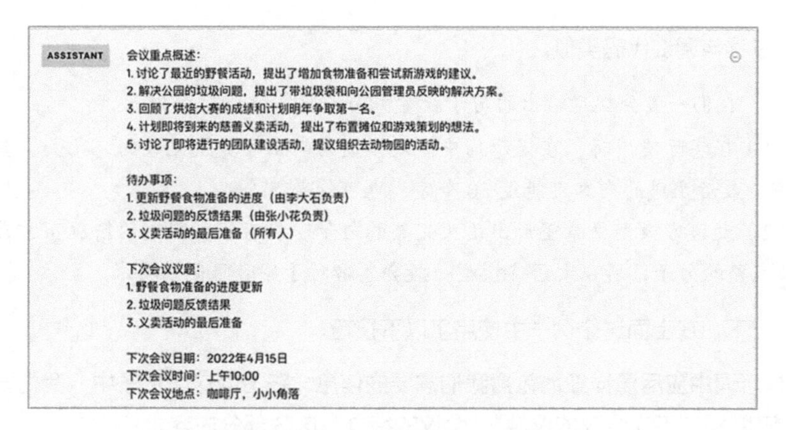

图 3-20　第一次优化提示词的结果

（3）第二次优化提示词。

我们有了新要求：①会议重点概述通过两句话介绍清楚，重点突出。②在内容顺序上，下次会议议题放在待办事项上面。

为了得到更好的结果，我们会要求模型的输出格式如下。

SYSTEM：你是一个专业会议记录员，你将为我们总结会议纪要，首先帮我们对会议进行重点概述，然后总结下次会议的议题和本次会议的待办，并标注下次会议的时间和地点。

最终的会议纪要需要有三个部分，分别是：
- 会议重点概述（不多于两句话）
- 下次会议议题
- 会议待办（需要做什么，以及由谁来做）

如图 3-21 所示，这次结果比较符合我们的预期：会议重点的总结很简短，能够突出重点；下次会议议题和会议待办的顺序也已经按照要求做了调整。

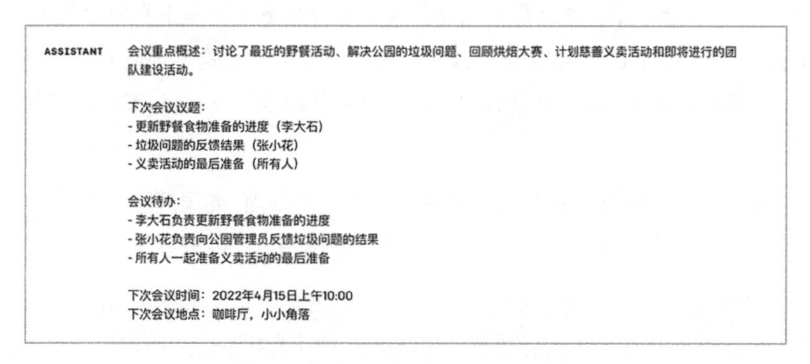

图 3-21　第二次优化提示词的结果

读者可以从这个例子体会到不断优化的过程，该过程更类似于使用自然语言编写指令，整个过程与调试代码类似。

> 提示　我们一般会规定输出的句子数量，而不是字数，原因如下。
>
> （1）在实际使用时，在提示词中规定模型的输出字数是无效的，比如，要求输出 10 个字，最后生成的内容可能是 50 个字，也可能是 5 个。
>
> （2）大语言模型更希望产出语义完整的句子。在有字数限制的情况下常常无法产生语义完整的句子，所以大语言模型一般会忽略对于字数限制的要求。

总结一下，在上面这个例子中使用了以下技巧。

- 提示词中应尽量详细地包含我们需要的信息。在上面这个例子中，我们要求“重点概述”“下次会议的议题”“会议的待办”这 3 部分内容。
- 提示词中应指定完成任务所需的步骤。在上面这个例子中，我们使用了“首先帮我们对会议进行重点概述，然后总结会议的待办，以及下次会议的议题”这样的提示词。
- 提示词中应规定输出格式及长度。在上面这个例子中，我们规定了输出的格式，以及会议重点概述不多于两句话。
- 提示词中应规定模型的角色。在上面这个例子中，我们要求模型是一个“专业会议记录员”。使用不同的角色，会有不同的输出效果，比如，可以要求模型是一个“俏皮的会议记录员”，有兴趣的读者可以尝试一下。

2. 将复杂的任务进行拆分

将复杂的任务进行拆分的核心思路与编写代码中子问题分解的思路类似。

子问题分解是指，首先将复杂的问题拆分成更简单的独立的子问题，然后将这些子问题再次拆分。当子问题足够简单时，我们就可以解决子问题了。当所有的子问题都被解决后，复杂问题也就得以解决。

> 举例　有一台计算器，它只能一次计算两个整数的乘法。如果我们希望计算 5 的阶乘（即 5×4×3×2×1），直接在计算器内输入 5 个数字相乘是不可能的，但如果把 5 的阶乘看作“5 与 4 相乘，结果与 3 相乘，结果再与 2 相乘”，那么就可以使用这个计算器了。

大语言模型的能力限制的瓶颈主要存在于上下文的长度。如果超过最大上下文 Token 数，则模型就会对超出的部分“失忆”，并极大地影响完成任务的效果。

> 提示　在文本摘要任务中，如果文本内容超过模型的最大上下文 Token 数，则总结出的内容往往会出现重点内容的缺失。这时我们可以采取子问题分解的思路：将长文章的每段内容进行总结（即将长文章变为摘要内容），在此基础上，对所有的摘要再做摘要，避免遗漏重要的内容。

我们对维基百科中的“南极洲”这个词条做一个摘要，如果输入的内容超过了 CPT-3.5 的最大上下文 Token 数量（4097 个 Token），则系统会出错，如图 3-22 所示。

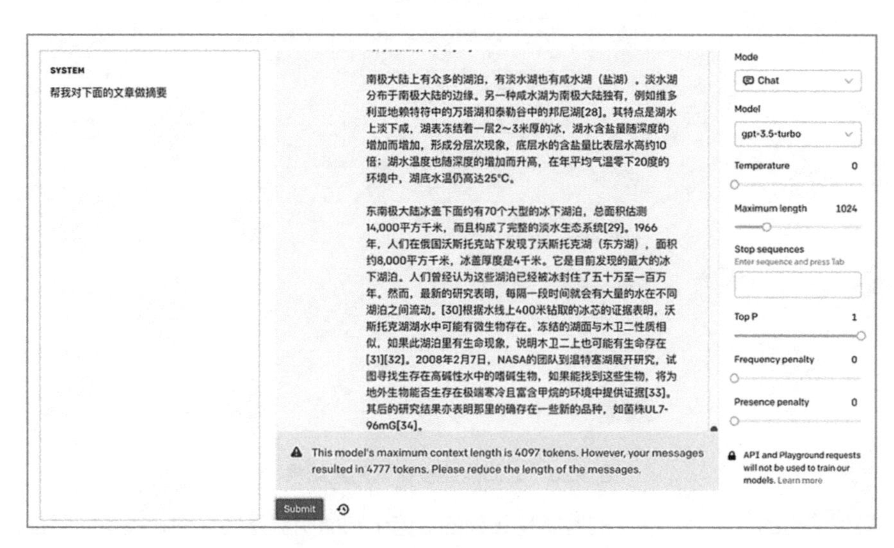

图 3-22　文本摘要任务内容过长报错

接下来我们可以尝试将子问题分解。“南极洲”这个词条中包括：序言、命名和辞源、地理、地质、人口和经济等多个目录。其中，地理目录下又有多个子目录：地形、水文水系、气候、生物等二级目录。生物二级目录下又包括动物、植物和其他生物等三级目录。

我们针对下一级的每个目录进行摘要，组合成由摘要组成的文章，再进行二次摘要。其详细操作过程在这里就不赘述了。

最终生成的摘要中涉及南极洲在地理、地质、人口、经济等多个维度的总结和抽象，避免出现重点信息的遗漏。

3. 给模型思考的时间

在使用模型处理一些复杂的任务时，模型在进行简单尝试后无法给出正确的结果，这很多时候不是因为模型的能力不足，而是因为模型没有掌握正确的方法，因此需要我们引导。

我们来看下面这个例子。在这个例子中，我们给出问题和学生的答案，希望模型能够帮我们判断学生的解答是否正确，如图 3-23 所示。

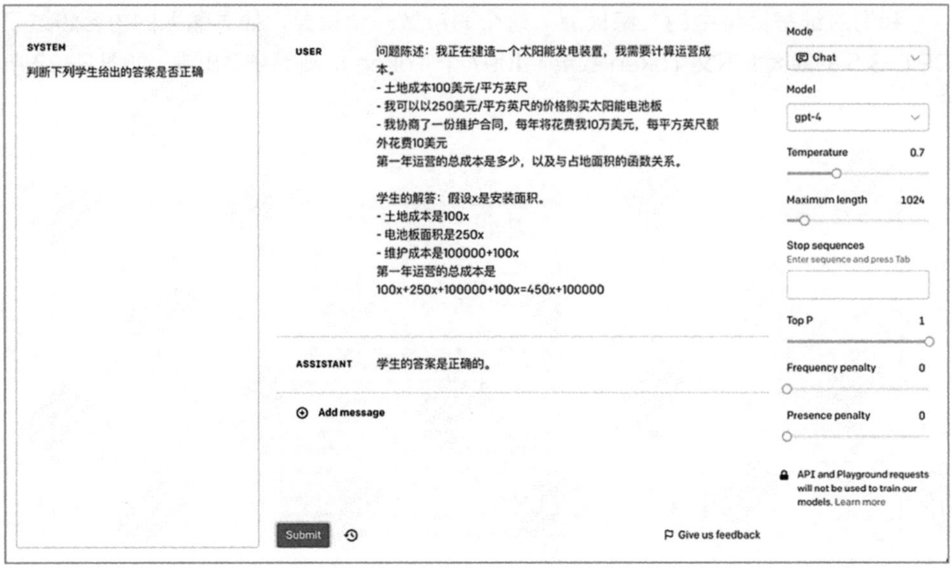

SYSTEM
判断下列学生给出的答案是否正确

USER
问题陈述：我正在建造一个太阳能发电装置，我需要计算运营成本。
- 土地成本100美元/平方英尺
- 我可以以250美元/平方英尺的价格购买太阳能电池板
- 我协商了一份维护合同，每年将花费我10万美元，每平方英尺额外花费10美元
第一年运营的总成本是多少，以及与占地面积的函数关系。

学生的解答：假设x是安装面积。
- 土地成本是100x
- 电池板面积是250x
- 维护成本是100000+100x
第一年运营的总成本是
100x+250x+100000+100x=450x+100000

ASSISTANT 学生的答案是正确的。

Add message

Submit

Give us feedback

Mode: Chat
Model: gpt-4
Temperature 0.7
Maximum length 1024
Stop sequences
Enter sequence and press Tab
Top P 1
Frequency penalty 0
Presence penalty 0
API and Playground requests will not be used to train our models. Learn more

图 3-23　太阳能建设花销问题结果

模型给出的结果为：学生的答案是正确的。这个判断明显是错误的，模型的回答很干脆，也没看出有逻辑推理的动作。我们尝试先让模型自己算一遍，再与 USER 的结果进行对比，试试模型是否能够发现其中的问题。我们将提示词进行修改，要求模型先计算。修改后的提示词如下：

SYSTEM：你先自己解决问题。然后将你的解决方案与学生的解决方案进行比较，评估学生的解决方案是否正确。在你自己解决问题之前，不要判断学生的解决方案是否正确。

将提示词输入工具后，得到的结果如图 3-24 所示。可以看到，这次模型给出了正确的判断。

在这次尝试中，我们给出了一个具体的判断方法，模型基于这个判断方法，一步一步地进行处理，最终给出了正确的结果，如下：

ASSISTANT: 我的解答：假设 y 是占地面积。

- 土地成本为 100y
- 太阳能电池板成本为 250y
- 维护成本为 100000+10y

因此，第一年运营的总成本是 100y + 250y + 100000 + 10y = 360y + 100000。

对比学生的解答，发现学生在计算维护成本时，每平方英尺的额外花费应为 10 美元，而不是 100 美元。所以他的计算结果 450x+100000 是错误的。正确答案应该是 360x+100000。

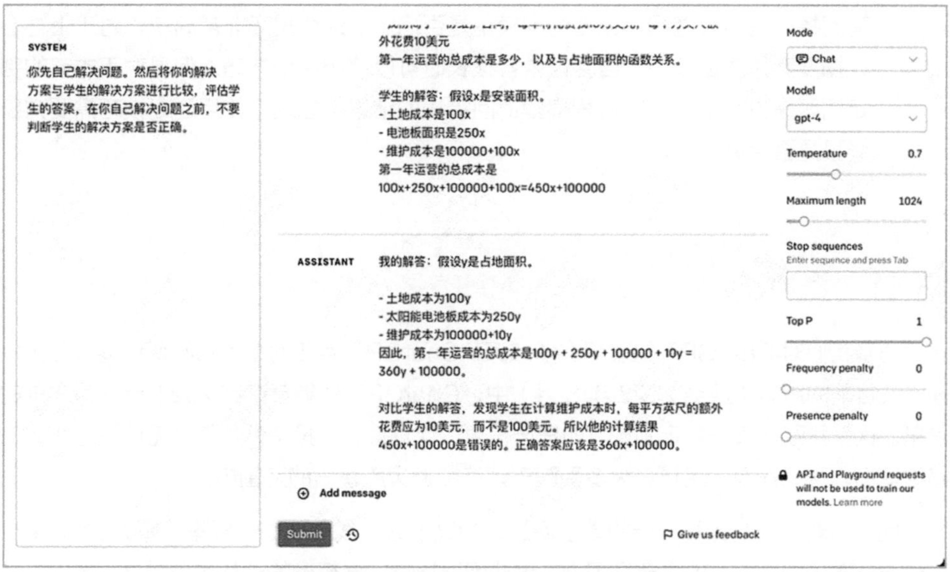

图 3-24 太阳能建设花销问题优化

我们可以看到，通过优化提示词，让模型进行思考和解决，并对比后给出结论的方式能够提高解决这类任务的成功率。虽然我们这次的尝试成功了，但细心的读者会发现我们使用了更加先进的 GPT-4 模型，主要是因为 GPT-3.5 模型的指令跟随能力较弱，它可以独立解决这个数学问题，但是无法进行有效的对比。有兴趣的读者可以自己尝试，发现 GPT-3.5 可以独立解决这道数学题并给出答案，但是在与已有答案进行对比后仍然给出了“回答正确”的错误结果。

> 提示 GPT-4 在解决几乎所有的任务时都优于 GPT-3.5，但是目前限制使用 GPT-4 的瓶颈在于推理成本和响应时间，不过相信这种情况很快就会得到改善。
>
> 另外，随着模型能力的不断提升，它能够解决的问题会越来越复杂，提示词优化主要会应用在这些复杂问题中，如复杂的学科领域知识，对于简单问题，提示词优化中很多策略的重要性会逐渐下降。

在“给模型时间思考”这个策略中，上面的例子使用了一个最常用的技巧：在判定问题中，让模型先自己解决问题，再与已有的答案进行对比，会有效地提升任务的成功率。除这个技巧外，还有一些其他的技巧，有兴趣的读者也可以深入尝试。

- 在提示词中要求模型进行内部计算而不向用户展示计算过程。这个策略适用于那些计算过程复杂的应用场景（向用户展示过于复杂的计算过程可能会对用户造成困扰或分散其注意力），简化的输出可以提供更加清晰的答案。

- 询问模型是否有遗漏，或者询问模型是否确定。这个技巧非常简单，对于上述会议摘要案例更加适用，当会议内容很长时可以使用这个技巧。但是对于本节的判定问题来说，很有可能引导模型返回错误的结果。总之，使用这个技巧需要判断场景是否合适。

3.3 使用 ChatGPT 插件扩展垂直内容

随着我们对 ChatGPT 的理解逐渐加深，ChatGPT 存在的盲点和不足也逐步浮出水面。在目前的版本（截至 2023 年 8 月）中，ChatGPT 只能查询到 2021 年 9 月之前的信息。这就导致在某些特定领域，如房产信息、饮食推荐、投资评估等，无法进行实时的网络查询，从而使得应用场景大多受限于训练数据集所覆盖的范围内。

此外，对于一些计算复杂的数学问题，如微积分、线性代数、概率论等，ChatGPT 可能无法准确地解答，这主要是因为，这些问题通常需要精确的计算和逻辑推理能力，这些能力超出了基于文本的模式识别和生成的范畴。

那么，有什么解决方案可以破除 ChatGPT 自身训练数据范围的限制呢？这就不得不提到 ChatGPT 的插件功能。

3.3.1 ChatGPT 插件的必要性

正是基于上述的种种考虑，OpenAI 宣布推出 ChatGPT 插件功能，这将包括实时数据获取、个性化的数据知识接入、精确的数学计算等能力，从而使 ChatGPT 的应用范围更广，实用性得以显著提升。现在，ChatGPT 不仅能够直接检索最新的新闻，还可以帮助用户查询航班、酒店信息，甚至协助用户规划出差行程，访问各大电商平台的数据，帮助用户进行价格比较，甚至直接下单。这标志着 ChatGPT 将在更多的领域扮演更为重要的角色。

接下来，我们将一步步揭开 ChatGPT 插件的神秘面纱。

1. ChatGPT 插件是什么

ChatGPT 插件是一种特殊的应用程序，其作用是拓展并增强 ChatGPT 的核心功能，能够执行特定的任务。换句话说，如果我们把 ChatGPT 视为一部“智能手机”，那么插件就可以被视为手机中的各种应用软件，其重要性显而易见。

ChatGPT 插件的确好用，但也有一些注意事项需要我们留心。以下是 OpenAI 官方给出的 3 条重要提醒。

- 插件由不受 OpenAI 控制的第三方应用程序提供支持。用户在安装前需要确保插件安全且可信任。

- 插件将 ChatGPT 连接到外部应用程序。如果用户启用插件，则 ChatGPT 可能会将用户的对话、自定义指令，以及用户所在的国家/地区信息发送到该插件。
- ChatGPT 会根据用户启用的插件自动选择在对话期间何时使用插件。

2. ChatGPT 插件的使用体验

接下来，让我们一起体验一下 ChatGPT 插件的魔法所在。

打开 ChatGPT 主页面，选择“Plugin store”，如图 3-25 所示。

图 3-25　插件商店

> 提示　如果读者在主页面无法看到“Plugin store”选项，则建议按照 3.1.1 节中的介绍开启对应的配置选项。

打开插件商店后，搜索“Link”并完成安装，如图 3-26 所示。

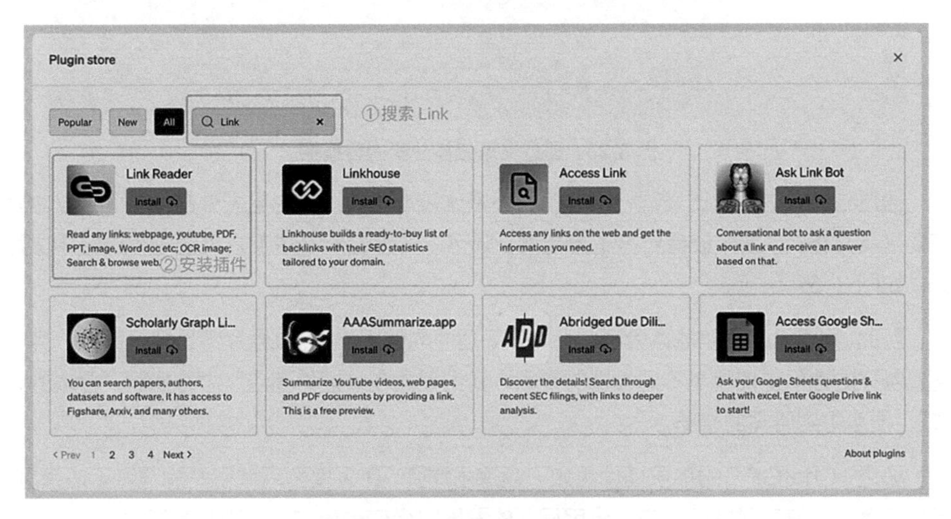

图 3-26　安装 Link Reader

接下来返回主页面，确保 Link Reader（该插件可以通过文章链接来概括主旨内容和总结要点）已经正常启用，如图 3–27 所示。

图 3-27　启用 Link Reader

准备好后，我们就可以开始使用插件了。在聊天窗口输入一个网址进行测试，如图 3–28 所示。

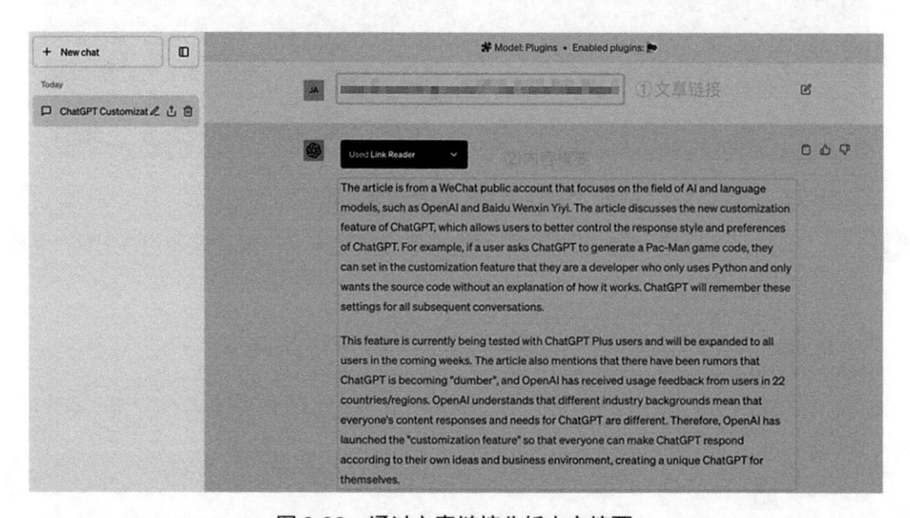

图 3-28　通过文章链接分析内容摘要

通过与原文进行对比发现，内容摘要还是比较准确的。因为是国外的插件，所以内容摘要是英文格式。如果读者觉得不容易懂，则可以要求 ChatGPT 对上述内容进行中文翻译，如图 3–29 所示。

至此，我们已经完整地体验了 ChatGPT 插件的使用流程。效果是不是令人眼前一亮？各式各样的插件仿佛就是不同领域的专家，我们只需在“插件商店”中寻找到“合适的人选”，便可得到所需的帮助。

总之，ChatGPT 的扩展插件犹如一颗深水炸弹，在大模型领域引发的涟漪无法预测。但毫无疑问，其在最贴近用户“应用层”的发展将会变得更加广泛而充满活力。

图 3-29　使用 ChatGPT 将内容翻译成中文

3.3.2　ChatGPT 插件的基本原理

顾名思义，“插件商店”提供了众多独特的“插件产品”。作为软件开发者的我们可能已经迫不及待地想要开发出一款属于自己的、独特的 ChatGPT 插件。然而，熟知“工欲善其事，必先利其器”的道理，在开始之前，我们需要先了解并掌握一些关于 ChatGPT 插件的基本原理和知识。

1. ChatGPT 插件的使用流程

通常来说，ChatGPT 插件的标准工作流程有 4 步，即安装插件、用户提问、使用插件、返回结果，其核心流程如图 3-30 所示。

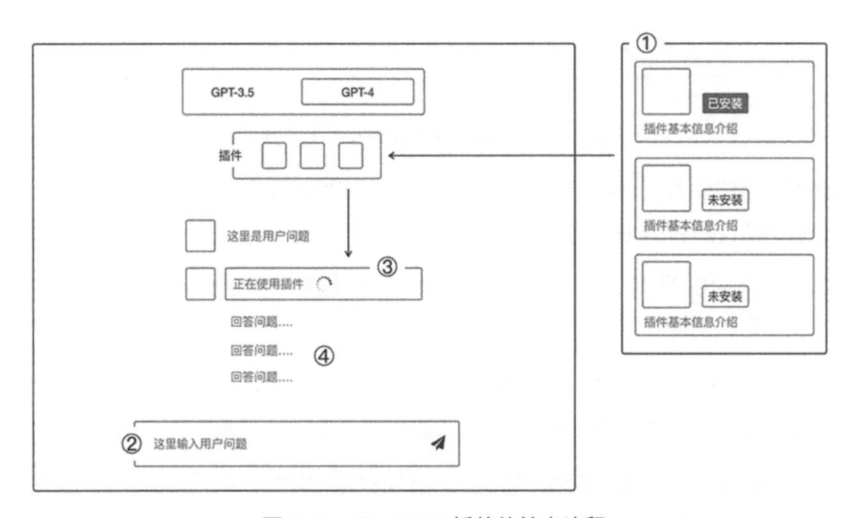

图 3-30　ChatGPT 插件的核心流程

（1）安装插件：用户可以在“插件商店”中找到所需的插件，并完成安装。

（2）用户提问：这里与标准流程完全一致，用户只需在聊天窗口输入问题，并发送给 ChatGPT 即可。

（3）使用插件：ChatGPT 会根据问题和插件文档，选择已安装的合适插件，并将用户问题作为参数传递给插件。

（4）返回结果：插件处理完成后，会将结果或者进一步的问题回传给 ChatGPT，ChatGPT 在得到结果之后对信息进行整合，最终返回结果给用户。

2. ChatGPT 插件的工作原理

细心的读者可能已经发现了，在使用 ChatGPT 插件的过程中，用户基本上不用进行额外的操作，那么这又是如何做到的呢？接下来，我们将对 ChatGPT 插件的工作原理进行逐步拆解，进一步剖析其中的奥秘，如图 3-31 所示。

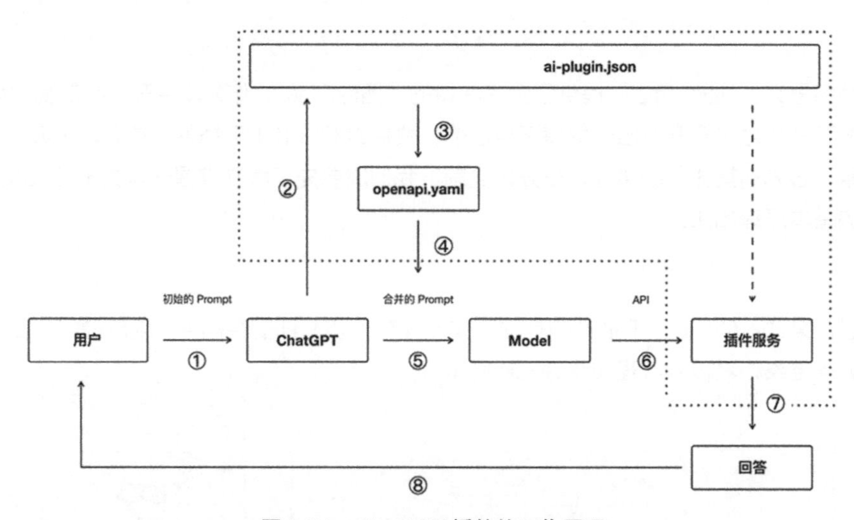

图 3-31　ChatGPT 插件的工作原理

步骤①：用户输入问题（即初始的 Prompt），ChatGPT 对问题进行分析，并查询用户已安装的插件是否有相关信息。

步骤②：ChatGPT 将从插件的 ai-plugin.json 文件中获取基础的描述信息，如：插件名称、版本号、插件介绍等。

> 提示　ai-plugin.json 文件记录插件的一些元数据（Metadata）信息，这些信息将用来在插件商店展示该插件，并用来告知 ChatGPT 这个插件的具体作用。

步骤③：如果命中了某个插件，那么 ChatGPT 会连带查询 openapi.yaml 文件，得到对应的插件服务信息。

> 提示 openapi.yaml 是一个标准化文档，向 ChatGPT 解释了 API 所提供的函数方法，并说明了如何调用函数和函数响应的具体格式等。

步骤④：ChatGPT 将步骤②和步骤③中的信息进行整合，并形成一个“合并的 Prompt”。

步骤⑤：ChatGPT 调用大语言模型，提示词使用步骤④中“合并的 Prompt”。

步骤⑥：大语言模型根据步骤⑤中传入的相关信息，直接调用“插件服务”的 API。

步骤⑦：通过“插件服务”处理之后，ChatGPT 将查询的数据结果整合。

步骤⑧：用户得到插件服务提供的数据，ChatGPT 插件调用完毕。

3. ChatGPT 插件中 API 的认证机制

在实际应用的过程中，插件可能会涉及服务鉴权等操作。为了满足该类用户场景，OpenAI 提供了 ChatGPT 插件中 API 的认证机制，主要满足以下 4 类场景。

（1）无须认证。

如果仅是信息检索类插件，则不需要认证。在清单文件（manifest）中配置如下信息即可。

```
"auth": {
  "type": "none"
}
```

（2）服务器端 Token 校验。

在该场景下，ChatGPT 在调用开发者 API 时，会在请求头中增加 Authorization 认证参数，并把清单文件（manifest）中配置的 Token 传回给开发者，由开发者完成校验。

```
"auth": {
  "type": "service_http",
  "authorization_type": "bearer",
  "verification_tokens": {
    "openai": "ab*******************66"
  }
},
```

（3）用户端 Token 校验。

这种方式与服务器端 Token 校验的区别是：用户在安装插件时，首先需要向插件开发者申请 Token，然后用 Token 激活插件。与我们使用激活码的方式类似，ChatGPT 调用 API 时同样在请求头中增加 Authorization 认证参数，并把用户申请的 Token 激活码回传给插件开发者完成校验。

```
"auth": {
  "type": "user_http",
  "authorization_type": "bearer",
},
```

（4）OAuth 认证

OAuth（开放授权）认证是一个开放标准，允许用户让第三方应用访问他们存储在另一服务提供者上的某些信息，而无须将用户名和密码提供给第三方应用。OAuth 充当了用户和服务提供者之间的桥梁，但在这个过程中，用户的登录凭据是受保护的。

```
"auth": {
  "type": "oauth",
  "client_url": "https://[server地址]/authorize",
  "scope": "",
  "authorization_url": "https://[server地址]/token",
  "authorization_content_type": "application/json",
  "verification_tokens": {
    "openai": " ab*******************66"
  }
},
```

同样，也是在清单文件（manifest）中完成配置，其中有两个字段需要注意。

- client_url：即授权地址，会调转到这个地址完成登录授权。
- authorization_url：在授权成功后，ChatGPT 会调用这个接口查询认证信息。

这种方式的好处是，用户可以控制第三方应用的访问数据（如只读访问或读写访问），并且可以随时撤销访问权限。此外，由于用户的登录信息从未直接提供给第三方应用，因此，这种方法比直接使用用户名和密码登录更安全。

3.3.3 ChatGPT 插件实战——开发一个 Todo List

下面通过 ChatGPT 插件实战来加强读者对 ChatGPT 插件的理解。

1. 申请开发权限

ChatGPT 插件现在可供所有的 ChatGPT Plus 订阅者使用，如果你是一名软件开发者，并且对使用 ChatGPT Plus 来创建插件感兴趣，则可以按照官方要求填写申请表格。插件开发权限申请方法是：进入 OpenAI 官网搜索关键字“waitlist/plugins”。

申请的内容如图 3-32 所示。

完成申请表格的填写后，用户只需等待 OpenAI 审核通过，即可开始开发 ChatGPT 插件。

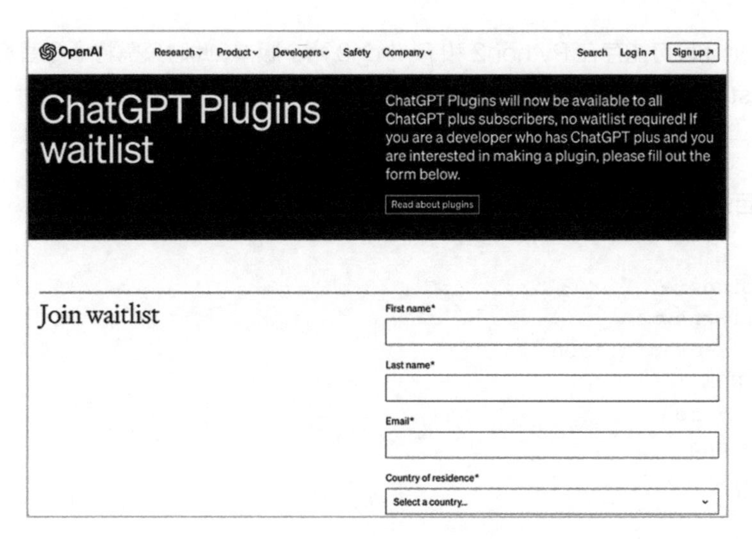

图 3-32　加入 ChatGPT 插件申请名单

2. 下载项目模板

为了便于开发者快速开发 ChatGPT 插件，OpenAI 官方提供了一个代码示例，地址如下：

```
# 项目模板地址
# 进入 GitHub 首页，搜索项目关键字：plugins-quickstart.git
# 下载项目模板
git clone https://[GitHub 地址] /openai/plugins-quickstart.git
```

如图 3-33 所示，为下载项目模板的日志信息。

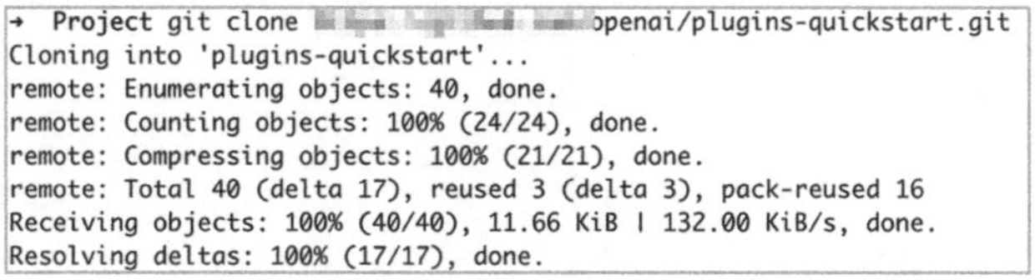

```
→ Project git clone             openai/plugins-quickstart.git
Cloning into 'plugins-quickstart'...
remote: Enumerating objects: 40, done.
remote: Counting objects: 100% (24/24), done.
remote: Compressing objects: 100% (21/21), done.
remote: Total 40 (delta 17), reused 3 (delta 3), pack-reused 16
Receiving objects: 100% (40/40), 11.66 KiB | 132.00 KiB/s, done.
Resolving deltas: 100% (17/17), done.
```

图 3-33　下载项目模板的日志信息

之后，读者通过上述 Clone 命令将项目模板复制到本地，并通过 pip 命令安装项目依赖文件。

```
pip install -r requirements.txt
```

如果在安装过程中出现“command not found: pip”问题，则需要确定以下两个问题。

- 本地环境是否安装 Python，如果没有，建议参考 Python 官网完成安装。

- 本地环境可能存在 Python2 和 Python3 两个版本，此时只需将命令替换成“pip3 install -r requirements.txt”即可。

3. 项目源码介绍

项目目录比较简单，具体如下。

```
.
├── .gitignore
├── .well-known
│   └── ai-plugin.json
├── LICENSE
├── README.md
├── logo.png
├── main.py
├── openapi.yaml
└── requirements.txt
```

我们只需要关注以下 3 个核心文件即可。

（1）.well-known/ai-plugin.json 文件。

在 3.3.2 节中提到了，ai-plugin.json 文件用于记录插件的一些元数据信息，具体如下。

```
{
  "schema_version": "v1",
  "name_for_human": "TODO List (no auth)",
  "name_for_model": "todo",
  "description_for_human": "Manage your TODO list.",
  "description_for_model": "Plugin for managing a TODO list",
  "auth": {
    "type": "none"
  },
  "api": {
    "type": "openapi",
    "url": "http://localhost:5023/openapi.yaml"
  },
  "logo_url": "http://localhost:5023/logo.png",
  "contact_email": "legal@example.com",
  "legal_info_url": "http://example.com/legal"
}
```

这些信息将用于在插件商店展示该插件，并用来告知 ChatGPT 这个插件的具体作用。

（2）openapi.yaml 文件。

该文件是一个标准化文档，用于向 ChatGPT 解释 API 所提供的函数方法，并说明如何调用函数和函数响应的具体格式等。

```
openapi: 3.0.1
info:
  title: TODO Plugin
  description: A plugin that allows the user to create and manage a TODO
list using ChatGPT. If you do not know the user's username, ask them first
before making queries to the plugin. Otherwise, use the username "global".
  version: 'v1'
servers:
  - url: http://localhost:5023
paths:
  /todos/{username}:
    get:
      operationId: getTodos
      summary: Get the list of todos
      parameters:
      - in: path
        name: username
        schema:
            type: string
        required: true
        description: The name of the user.
      responses:
        "200":
          description: OK
          content:
            application/json:
              schema:
                $ref: '#/components/schemas/getTodosResponse'
```

为列表增加一个 todo，代码如下：

```
post:
  operationId: addTodo
  summary: Add a todo to the list
  parameters:
  - in: path
    name: username
    schema:
        type: string
    required: true
    description: The name of the user.
  requestBody:
    required: true
    content:
      application/json:
```

```
        schema:
          $ref: '#/components/schemas/addTodoRequest'
  responses:
    "200":
      description: OK
```

从列表中删除一个 todo，代码如下：

```
delete:
  operationId: deleteTodo
  summary: Delete a todo from the list
  parameters:
  - in: path
    name: username
    schema:
        type: string
    required: true
    description: The name of the user.
  requestBody:
    required: true
    content:
      application/json:
        schema:
          $ref: '#/components/schemas/deleteTodoRequest'
  responses:
    "200":
      description: OK
```

定义一组协议规范，如：获取 todo 的响应（getTodosResponse）、增加 todo 的请求（addTodoRequest）、删除 todo 的请求（deleteTodoRequest）等，代码如下：

```
components:
  schemas:
    getTodosResponse:
      type: object
      properties:
        todos:
          type: array
          items:
            type: string
          description: The list of todos.
    addTodoRequest:
      type: object
      required:
      - todo
      properties:
        todo:
```

```
        type: string
        description: The todo to add to the list.
        required: true
  deleteTodoRequest:
    type: object
    required:
    - todo_idx
    properties:
      todo_idx:
        type: integer
        description: The index of the todo to delete.
        required: true
```

（3）main.py 文件。

该文件为插件服务的核心代码，它基于 quart 框架和 quart_cors 库简单的 RESTful API 服务，用于处理待办事项（todo）数据的 CRUD（创建、读取、更新、删除）操作。

> 提示　quart 是 Python 的一个异步 Web 框架，相当于异步版本的 Flask。quart_cors 库是一个用于处理跨域资源共享（CORS）的库。

quart 框架的引用和使用方式的代码如下。

```
import json

import quart
import quart_cors
from quart import request

# 创建一个 quart 应用，并允许来自“chat.openai.com”的跨域请求
app = quart_cors.cors(quart.Quart(__name__),
allow_origin="https://[openai 地址]")
```

接下来，定义一个全局的_TODOS 字典，用于存储用户的 todo 列表。此外，增加 todo 的函数（add_todo）和获取 todo 的函数（get_todos）。

```
# 保存待办事项。如果重新启动 Python 会话，则不会持续存在
_TODOS = {}

@app.post("/todos/<string:username>")
async def add_todo(username):
    request = await quart.request.get_json(force=True)
    if username not in _TODOS:
        _TODOS[username] = []
    _TODOS[username].append(request["todo"])
    return quart.Response(response='OK', status=200)
```

```
@app.get("/todos/<string:username>")
async def get_todos(username):
    return quart.Response(response=json.dumps(_TODOS.get(username,
[])), status=200)
```

定义删除（delete_todo）todo 的接口服务，并处理返回结果。

```
@app.delete("/todos/<string:username>")
async def delete_todo(username):
    request = await quart.request.get_json(force=True)
    todo_idx = request["todo_idx"]
    # fail silently, it's a simple plugin
    if 0 <= todo_idx < len(_TODOS[username]):
        _TODOS[username].pop(todo_idx)
    return quart.Response(response='OK', status=200)
```

返回 logo 文件，用于显示插件的图标。

```
@app.get("/logo.png")
async def plugin_logo():
    filename = 'logo.png'
    return await quart.send_file(filename, mimetype='image/png')
```

返回插件的 manifest 文件，其中包含插件名、版本、描述等。

```
@app.get("/.well-known/ai-plugin.json")
async def plugin_manifest():
    host = request.headers['Host']
    with open("./.well-known/ai-plugin.json") as f:
        text = f.read()
        return quart.Response(text, mimetype="text/json")
```

返回 OpenAPI 规范文件。在 3.3.2 节中已提到过，该文件主要用于描述和文档化 RESTful API 的规范。

```
@app.get("/openapi.yaml")
async def openapi_spec():
    host = request.headers['Host']
    with open("openapi.yaml") as f:
        text = f.read()
        return quart.Response(text, mimetype="text/yaml")
```

最后，定义主函数。主函数会在文件被作为脚本运行时启动 quart 服务。

```
def main():
    app.run(debug=True, host="0.0.0.0", port=5003)

if __name__ == "__main__":
    main()
```

总体而言，这段代码的作用是为一个面向用户的待办事项应用程序（Todo List）构建一套 RESTful API。通过这些 API，应用程序能够实现添加、查询和删除待办事项的功能。

4. 运行插件服务

代码编写完成后，就可以通过下述命令运行插件服务。

```
# Python 2 启动命令
python main.py
# Python 3 启动命令
python3 main.py
```

正常启动插件服务后的效果如图 3-34 所示。

```
→  plugins-quickstart git:(main) ✗ python3 main.py
 * Serving Quart app 'main'
 * Environment: production
 * Please use an ASGI server (e.g. Hypercorn) directly in production
 * Debug mode: True
 * Running on http://0.0.0.0:5023 (CTRL + C to quit)
[2023-08-01 09:16:09 +0800] [68702] [INFO] Running on http://0.0.0.0:5023 (CTRL + C to quit)
```

图 3-34　运行插件服务

5. 使用本地插件

当本地插件服务正常运行后，需要按照如下操作完成“本地插件注册”。

（1）导航至 OpenAI 官网（其网址见本书配套资料）。

（2）在“Model”（模型）下拉框中选择“Plugin”（插件）（注意，如果看不到“插件”选项，则说明没有访问权限，可参考 3.1.1 节中的介绍进行配置）。

（3）进入“Plugin store”（插件商店），选择“Develop your own plugin”（开发你自己的插件）按钮，如图 3-35 所示。

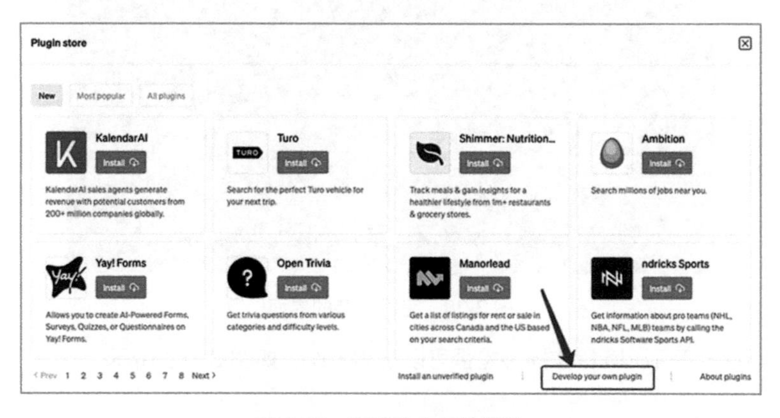

图 3-35　开发你自己的插件

（4）输入 localhost:5023（这是本地插件服务正在运行的 URL）后，单击“Find manifest file”（查找清单文件）按钮，如图 3-36 所示。

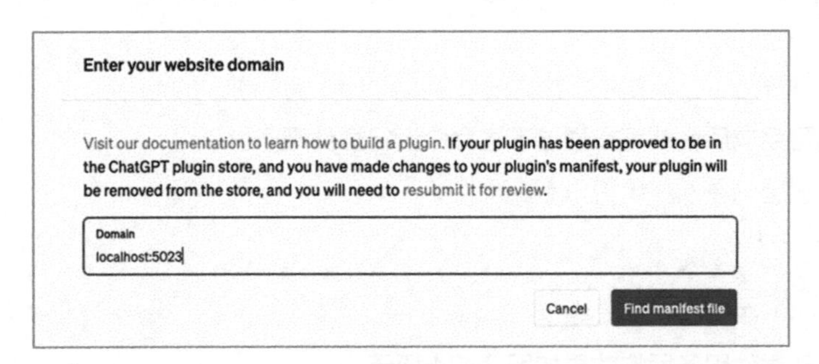

图 3-36 输入站点域名

（5）进入本地插件验证界面，单击“Install localhost plugin”（安装本地插件）按钮，如图 3-37 所示。

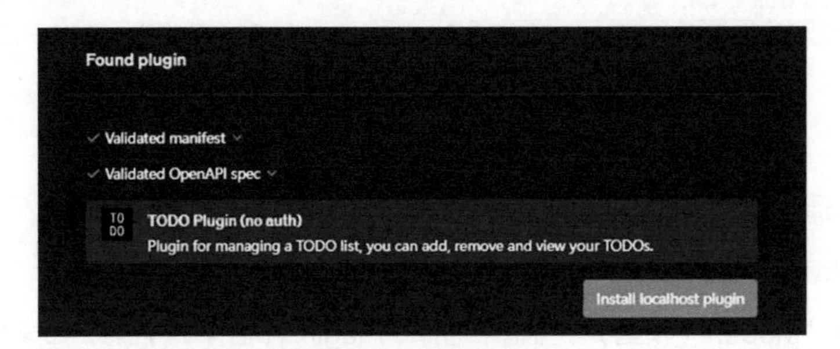

图 3-37 插件验证

（6）完成安装的界面如图 3-38 所示。

图 3-38 完成安装的界面

下面验证一下 Todo List 插件是否可以正常工作，如图 3-39 所示。

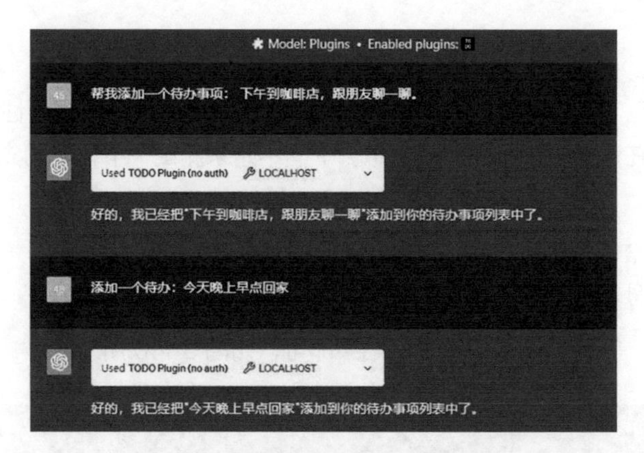

图 3-39　验证插件是否可以正常工作

最终，我们借助 ChatGPT 进行了语义分析，并成功操作了插件的服务接口。这正是大语言模型的魔力所在，即能够通过自然语言实现插件与数据服务的无缝交互。

3.4　警惕 ChatGPT 潜在问题

在利用 ChatGPT 时，也存在一些潜在问题需要我们保持警惕。

1. ChatGPT 潜在问题概要

下面探讨一些需要重视的要点。

- 数据隐私：ChatGPT 是基于用户的输入生成答案的。一般来说，这些数据应被安全地处理，并且不会用于模型的训练。然而，用户仍然需要注意不要在与 ChatGPT 的对话中共享敏感的个人信息，例如，密码、银行账户信息或者其他任何个人识别信息。
- 误解或误导：虽然 ChatGPT 的回答通常都是准确的，但它并非万能，也可能会给出错误的或者误导性的回答。用户需要对此保持警惕，并从可信赖的来源验证任何关键的信息。
- 内容滥用：有人可能会利用 ChatGPT 生成误导性、恶意或者有害的内容，例如，假新闻、诈骗信息、仇恨言论或者其他不道德的内容。
- 情感健康和人类交互：由于 ChatGPT 能够提供有趣且迅速的反馈，一些人可能过度依赖它，并减少与人类的真实交互。另外，ChatGPT 无法取代专业的心理咨询或者医疗建议，尤其在处理严重的情感健康问题时。
- 道德和责任问题：随着人工智能技术的发展，一些复杂的道德和责任问题也随之出现。例如，如果 AI 生成的内容引起了一些不利的后果，那么应该由谁负责？

2. 误导性回答示例

考虑到 GPT-4 的训练数据截止日期为 2021 年 9 月，关于“误导性回答”最好的验证方式就是问它在这个时间点之后的信息。下面不妨来测试一下，我们先来编写提示词，具体如下：

> 你是一位资深的软件工程师，请解释 JavaScript 运行时框架 Bun，并告诉我如何搭建一个起手项目。用简洁的博客风格进行展示，并使用代码块回复输出。

输入问题后，等待 ChatGPT 返回结果即可，如图 3-40 所示。

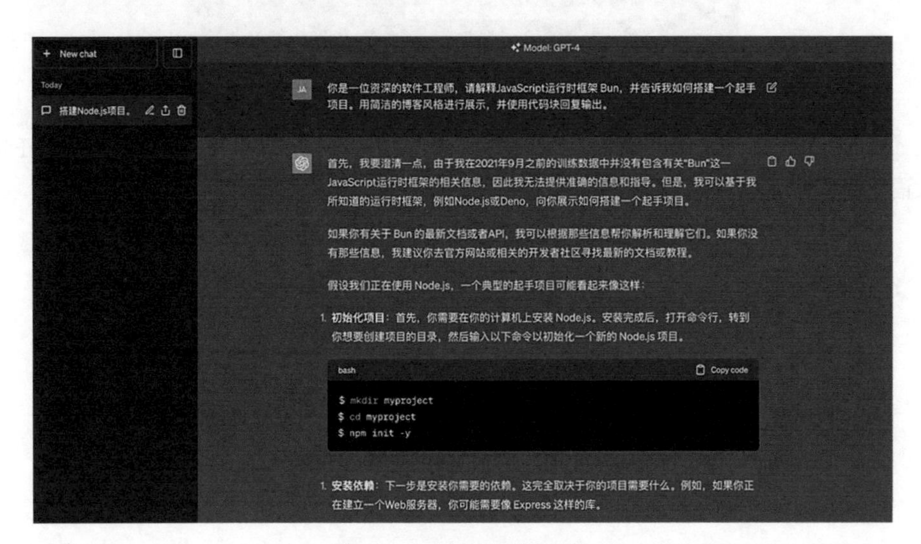

图 3-40 误导性回答示例

在上述示例中，ChatGPT 给出了提示：“我无法提供准确的信息和指导”。不难理解，尽管 ChatGPT 能够帮助我们收集和整理一些信息，但同时也对我们的信息判断能力提出了更高的要求。我们至少应该拥有基本的信息辨别和判断能力，以免被误导性的回答所影响。

3. 常规解决方案

ChatGPT 是一个由大量的文本信息训练而来的语言模型，其主要的工作原理是根据输入的文本来预测或生成最有可能的下一个单词。然而，由于它没有对现实世界的实际理解或记忆，所以有时会生成不准确或者“瞎编乱造”的内容。

（1）避免 ChatGPT“瞎编乱造”。

如果想要避免 ChatGPT“瞎编乱造”，则可以尝试使用下面的一些方法。

- 提供更具体的指导：当我们在与 ChatGPT 进行交互时，提供更明确和详细的问题或指示可以帮助它更准确地生成相关内容。

- 明确询问事实：如果我们需要的是基于事实的回答，那么请明确地询问。比如，“哪一年开始第一次世界大战？”这样的问题，ChatGPT 会更有可能提供准确的答案。
- 验证信息来源：对于重要的信息，我们应该总是尝试去找寻其他来源以验证其准确性。ChatGPT 并不是一个完美的知识来源，所以我们应该以其他更权威的来源作为信息的主要来源。
- 指定信息类型：如果我们需要的是某种特定类型的信息（比如科学事实、历史事件等），那么明确地指出这一点，这样 ChatGPT 在生成答案时就能尽可能地满足用户的要求。
- 使用纠错功能：在某些交互中，我们可以尝试明确指出 ChatGPT 的错误，并要求它纠正。这样做可以提高 ChatGPT 对问题的理解，并帮助它生成更准确的回答。

（2）明确 ChatGPT 的“未知边界”。

在实际应用的过程中，可以给 ChatGPT 一些限定条件，具体参考下面的提示词信息：

```
# SYSTEM
你是一个命令行翻译程序，可以将人类自然语言描述的指令翻译成对应的命令行语句。
1. 你只需要将翻译好的指令直接输出，而不需要对其进行任何解释。在输出的最前面加上“>”符号。
2. 如果你不明白我说的话，或不确定如何将我说的指令转换为计算机命令行，请直接输出 7 个字母，“UNKNOWN”，无须其他解释和“>”符号。
3. 如果翻译后的结果不止一行命令，则请务必将它们通过 & 或 && 合并为单行命令。
4. 如果该命令存在可能的风险或危害，请在输出的末尾另起一行，并添加“DANGEROUS”，无须其他警告或提示。
```

总之，以上所说的这些方法并不能完全保证 ChatGPT 不会“瞎编乱造”，但是可以在一定程度上减少这种可能性。

第 4 章 AI 绘画

本章将介绍 AI 绘画领域的常用工具和技巧，以帮助读者更好地理解和应用相关技术。通过对本章的学习，读者应该能够运用所学知识创作出优秀的 AI 绘画作品。

首先介绍两款主流的 AI 绘画工具——Midjourney 和 Stable Diffusion，然后介绍如何将 ChatGPT 和 Midjourney 这两个工具组合起来使用，最后介绍关于绘画的实践应用。

4.1 快速上手 Midjourney

Midjourney 是一款由文本生成图像的人工智能程序，它由 Midjourney 研究实验室开发，于 2022 年 7 月开始公开测试。其特点：对新手友好，不需要太多的专业知识和技巧，只需通过提示词（Prompt）文本指令，就可以生成各种主题和风格的高质量的图像。这种简单易用的体验让很多用户感到惊喜和满足，因此，它一经推出便得到了广泛的关注。

Midjourney 目前架设在 Discord 的频道（Channel）中。为了使用 Midjourney，读者须先注册 Discord 的账号。

> 提示　Discord 是一款在国外非常流行的新型聊天工具，它可以让用户创建或加入各种兴趣爱好、游戏、学习、艺术等方面的服务器，在服务器中可以创建或加入不同的频道，进行实时或离线的语音、视频或文本聊天。服务器可以被简单类比为群聊组，频道可以被简单类比为话题。

4.1.1 搭建 Midjourney 绘画环境

要让 Midjourney 为我们作图，则需要创建一个服务器，并且将 Midjourney 作为一个好友加入该服务器，之后就可以通过对话形式让 Midjourney 生成图像。

在完成注册并登录 Discord 后，创建 Discord 服务器的步骤如图 4-1 所示。

①单击“+”按钮创建服务器。

②单击“亲自创建”。

③单击“仅供我和我的朋友使用”。

④输入名称。

⑤单击“创建”按钮。

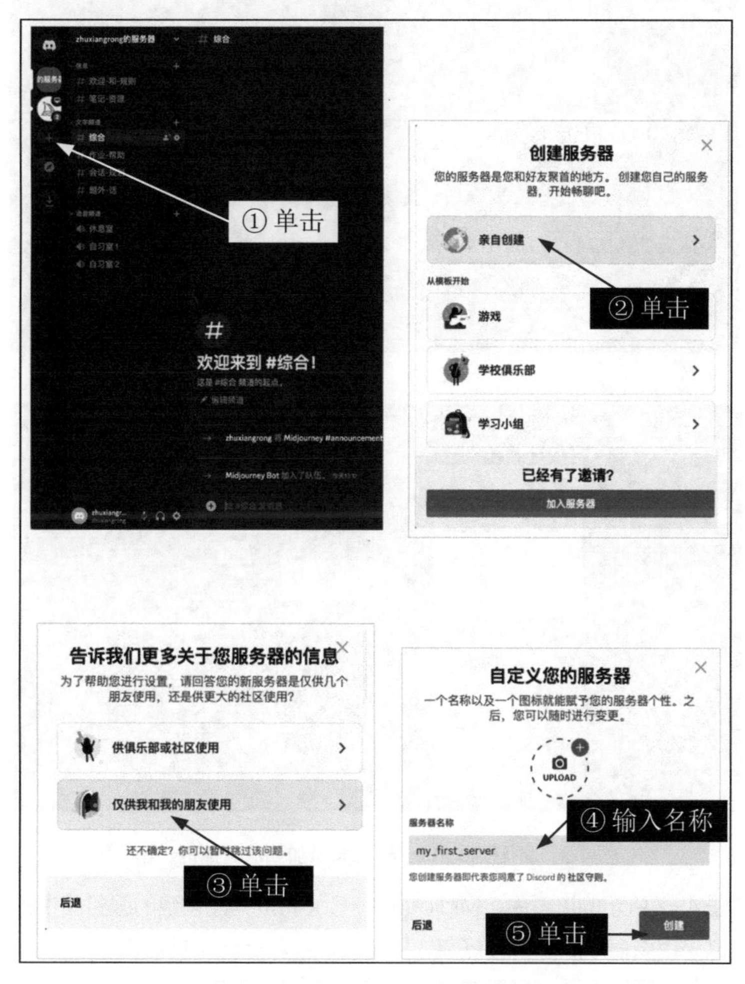

图 4-1 创建 Discord 服务器的步骤

在创建完 Discord 服务器后，还需将 Midjourney 机器人加入服务器，步骤如图 4-2 所示。

①单击“发现服务器”按钮。

②在特色社区中选择 Midjourney 服务。

③进入 Midjourney 服务器后，单击“成员名单”按钮。

④在右侧成员名单中单击 Midjourney Bot。

⑤将 Midjourney Bot 添加到上一步创建的服务器中。

图 4-2　将 Midjourney 机器人添加到服务器的过程

在完成图 4-2 所示的流程后，Midjourney Bot 将成为刚创建的服务器中的一位好友。这个过程类似于用微信添加了一位好友，只是这位好友是一个机器人。之后就可以和这位特殊的“好友”进行对话了，只不过对话过程需要遵循它的特定命令。

图 4-3 是给 Midjourney Bot 发送绘画命令的示例图。

①通过单击进入添加了 Midjourney Bot 的服务器。

②利用“/imagine”命令启动提示词输入框，并在输入框中输入提示词。例如，本例中是“a cat with a red hat”，之后按 Enter 键发送。

③稍等片刻就可以看到 Midjourney Bot 画出了一只戴着红色帽子的猫。

④利用图片下方提供的一些按钮进行简单修改。在这些按钮中，U 表示选择该图片并添加细节，V 表示更多类型的这类图片，刷新图标表示对目前生成的图片不满意，重新生成，U 和 V 后面的数字 1、2、3、4 则分别代表左上、右上、左下、右下。

图 4-3　发送绘画命令示例

4.1.2　常用的 Midjourney 绘画命令

Midjourney 的两个最常用的绘画命令是“/imagine”和“/blend”。

- “/imagine”命令用于生成图片，在其后输入提示词并按 Enter 键，即可直接生成图片。
- “/blend”命令用于合并两张或多张图片，生成一张具有不同风格的融合图片。

提示词是紧跟在“/imagine”或“/blend”命令后的文本。在 AI 绘画中，提示词是指给 AI 模型提供的一段文字描述或指示，以引导其生成特定的绘画作品。

提示词可以是简短的短语、完整的句子或者更长的段落，用于描述想要实现的绘画效果、主题、风格或其他特定要求。通过使用提示词，可以引导 AI 模型在生成绘画作品时更加准确地满足我们的需求。例如，如果希望模型生成一幅具有夏日阳光和海滩风景的绘画作品，则可以提供类似于“夏日海滩，阳光明媚，沙滩上的人们在享受悠闲时光”这样的提示词。模型会根据这些提示词的指引，生成一幅与夏日海滩场景相关的绘画作品。

> 提示　提示词在 AI 绘画中起着引导和限定模型创作方向的作用，它可以帮助模型理解用户的意图，从而生成更符合预期的绘画作品。同时，合理选择和设计提示词也是一项关键的技巧，它能够影响绘画作品的风格、内容和表现力。

4.1.3 编写 Midjourney 提示词的技巧

Midjourney 目前的提示词以英文为主，对中文的支持还不够好。以下是编写 Midjourney 提示词的一些技巧。

（1）提示词不需要太复杂，可以用逗号、括号、连字符来组织提示词。我们可以按照如下维度组织提示词的内容。

①主题：人、动物、人物、地点、物体等。

②媒介：照片、绘画、插图、雕塑、涂鸦、挂毯等。

③环境：室内、室外、月球上、水下等。

④照明：柔和（光线质感）、阴天照明、霓虹灯照明、工作室灯照明等。

⑤颜色：充满活力、明亮、单色、彩色、黑白等。

⑥情绪：稳定、平静等。

⑦构图：人像、特写、鸟瞰图等。

（2）使用更具体的词来描述想要的内容，比如，使用 gigantic、enormous、immense 会比使用 big 效果更好。

（3）使用艺术风格、主题或艺术家的名称来指定自己想要的效果，比如，surrealism（超现实主义）、cyberpunk style（赛博朋克风格）、watercolor（水彩）、Van Gogh's signature style（梵高风格）。

（4）使用图片的 URL 作为提示词的一部分，则 Midjourney 会参考 URL 链接的图片生成新图片。例如“/imagine https://xx.com, supter detail, romantic scenes, cinematic edge”（说明：“//”后面的××号代表网址），利用这个提示词，Midjourney 将会以 URL 链接中的人像为基准，将其变换为迪士尼皮克斯 3D 风格。

（5）使用 A as B 或 A made out of B 的格式来生成一些有趣的组合。例如，可以输入“a rabbit as Harry Potter”或“a fish out of colorful flowers”。

> 提示　尽管编写提示词并不复杂，但编写出一个好的提示词仍需要一定的时间和实践经验。为了能够更好地获得符合预期的图片输出，我们需要不断地在实践中积累经验，例如，可以多多学习优秀案例的提示词编写技巧。

4.1.4 Midjourney 命令的参数

除提示词外，Midjourney 还提供了一些参数来控制图片的生成。参数通常紧跟在提示词后面，如“a cat with a red hat --ar 3:2 --q 2”，其中，“--ar 3:2 --q 2”为参数。

常用的参数如下。

- --quality 或--q：代表图片质量，系统默认为 1。数字越大，则生成图的时间越长，质量越高。可选择值为<.25, .5, 1, 2>。
- --stylize 或者 --s：表示风格强度。低风格化生成的图片与提示词匹配度高，但艺术性较差。高风格化创建的图片艺术性和创意性都更强，但与提示词的匹配度低，其默认值为 100。在使用 Midjourney 4 或 Midjourney 5 时，接受 0~1000 的整数值。
- --tile：用于创造重复的图案，适合创造壁纸、纹理这种重复拼接的图案。
- --aspect 或--ar：调整图片纵横比例，默认是 1∶1。
- --no：表示不要什么，如 --no plants，表示不要生成植物。

Midjourney 还提供了一些其他参数，读者可自行查阅 Midjourney 官方文档了解。

4.2　快速上手 Stable Diffusion

Midjourney 的用户体验非常友好，它通过与用户进行对话，就能得到优秀的结果，但是它有两个明显的不足。

（1）关闭了免费渠道，仅向付费订阅用户提供服务。

（2）对用户而言是黑盒，可控性较差，难以进行细节优化。

因此，我们不得不提及另一款与其功能类似的产品 Stable Diffusion，它是一个开源的 AI 绘画工具，其内部采用与 Midjourney 相似的 AI 绘画模型，同样可以根据文本提示词绘画。

> 提示　由于开源免费属性，Stable Diffusion 吸引了大量活跃用户，并且开发者社群已经为其提供了大量免费、高质量的外接预训练模型和插件，持续进行维护更新。在第三方插件和模型的加持下，Stable Diffusion 拥有比 Midjourney 更丰富的个性化功能，经过使用者调教后可以生成更符合需求的图片，甚至在 AI 视频特效、AI 音乐生成等领域，Stable Diffusion 也占据了一席之地。
>
> 相比于 Midjourney，Stable Diffusion 更适合有一定专业基础且想更精确地控制绘画过程的用户，或者有本地私有化部署需求的用户。

Stable Diffusion 可以通过多种方式进行部署。下面基于 Stable Diffusion Web UI 对 Stable Diffusion 的使用进行介绍。

Stable Diffusion Web UI 适用于 Windows、Linux、macOS 等各种操作系统环境。

安装 Stable Diffusion Web UI 相对简单，读者可以自行参考官方网站提供的安装说明进行操作。

注意：运行 Stable Diffusion 需要较多的运算资源，最好运行在 GPU 环境中。

4.2.1 Stable Diffusion 的界面

Stable Diffusion Web UI 的主界面如图 4-4 所示，在其中可以看到 Stable Diffusion 的丰富功能。

图 4-4 Stable Diffusion Web UI 的主界面

- 文生图（txt2img）：根据文本提示词生成图片，与 Midjourney 中根据提示词生图功能类似。
- 图生图（img2img）：以提供的图片为范本，并结合文本提示生成图片，与在 Midjourney 中通过在提示词中引入图片 URL 功能类似。
- 更多（Extras）：图片优化，包括清晰度提升、尺寸扩展等。
- 图片信息（PNG Info）：显示图片基本信息。
- 模型合并（Checkpoint Merger）：把已有的模型按权重比例合并，生成新的模型。
- 训练（Train）：根据提供的图片，训练具有图片风格的模型。

4.2.2 使用 Stable Diffusion 进行绘画的步骤

使用 Stable Diffusion 进行绘画的步骤如图 4-5 所示。

①选择模型，这是对生成结果影响最大的因素，主要体现在画面风格上。

②输入提示词，描述想要生成的图片内容，这与 Midjourney 的提示词编写方法类似。

③输入负向提示词，对不想要生成的内容进行文字描述。

④设置采样方法、采样次数、图片尺寸等参数。

⑤单击“Generate”按钮进行生成。

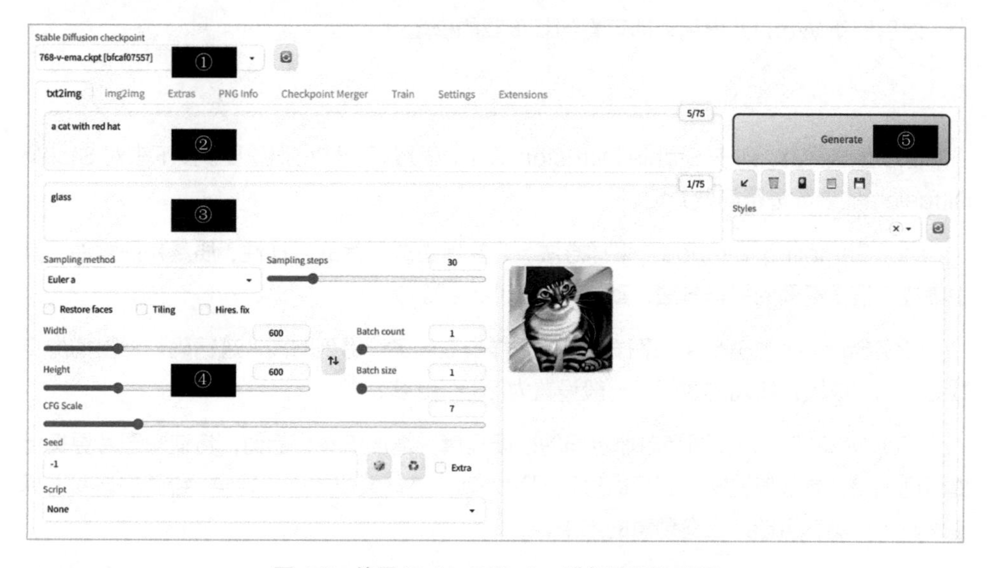

图 4-5 使用 Stable Diffusion 进行绘画的步骤

> 提示 使用 Stable Diffusion 进行绘画的基本要素与 Midjourney 类似，只是 Stable Diffusion 为用户提供了更多可操作的空间。
>
> 相对于 Midjourney 的极简操作，使用 Stable Diffusion 生成一张图片更复杂一点。

4.2.3 使用 Stable Diffusion 进行绘画的技巧

若要使用 Stable Diffusion，则首先要选好对应风格的绘画模型。这是相对于 Midjourney 更复杂的一步，Midjourney 背后的绘画模型对用户来说是黑盒，而对于 Stable Diffusion，则需要用户自己选择合适的绘画模型。绘画模型是决定最终效果最重要的因素。

> 提示 目前 CivitAI（俗称 C 站）是比较成熟的一个 Stable Diffusion 模型社区，其中汇集了上千个模型，以及上万张附带提示词的图片，这大大降低了用户学习 Stable Diffusion 的成本。

若要安装从 CivitAI 或其他网站下载的绘画模型，则需要将下载的模型文件存放在对应的本地存储路径中。

- 如果模型文件是 Checkpoint 类型的，则将其放入安装路径“/stable-diffusion-webui/models/Stable-diffusion”下。
- 如果模型文件是 LoRA 类型的，则将其放入安装路径“/stable-diffusion-webui/models/Lora”下。

之后刷新 Web UI 界面，即可看到新下载的模型。

4.2.4 Stable Diffusion 参数的设置技巧

除模型选择外，对于 Stable Diffusion 绘画，配置好参数也很重要。接下来对 Stable Diffusion 的参数进行简要介绍。

（1）Sampling Method：采样方法。它影响生成图片的多样性、质量和探索性。其中集成了很多不同的采样方法，默认为“Euler a”。

（2）Sampling Steps：采样步数。采样步数越多，得到的图片越精确。但是增加步数会增加生成图片所需的时间，一般设置为 20～50 步。

（3）CFG Scale：图片与提示词的匹配程度。增加该参数的值，将使得图片更接近提示词，但若参数值过高，则可能导致图片失真；该参数值越小，则 AI 绘画的自我发挥空间越大，越有可能产生有创意的结果。

（4）Batch count：生成多少次图片。增加这个值会多次生成图片，但生成的时间也会更长。一次运行生成图片的数量为“Batch count * Batch size”。

（5）Batch size：每次生成多少张图片。增加该参数的值可以提高性能，但也需要更多的显存。如果您的计算机显存小于 12GB，为了避免显存不足的问题，建议将 Batch size 设置为 1，以确保程序的稳定运行。

（6）Width 和 Height：指定图片生成的宽度和高度。较大的宽度和高度需要更多的显存计算资源，采用默认的 512 像素 × 512 像素即可。若需要将图片放大，则可以选择 Send to extras（如图 4-6 所示），利用更多（Extras）模块的放大算法对图片进行放大。

（7）Seed：种子。种子值决定模型在生成图片时涉及的随机性。相同的种子值会产生相同的图片集，这对于再现性和一致性很有用。如果将种子值设置为-1，则每次生成一个随机种子值。

（8）Hires Fix：高清修复。如果有该参数，则先按照指定的较小尺寸生成一张图片，再通过放大算法将图片的分辨率扩大，以实现高清大图效果。

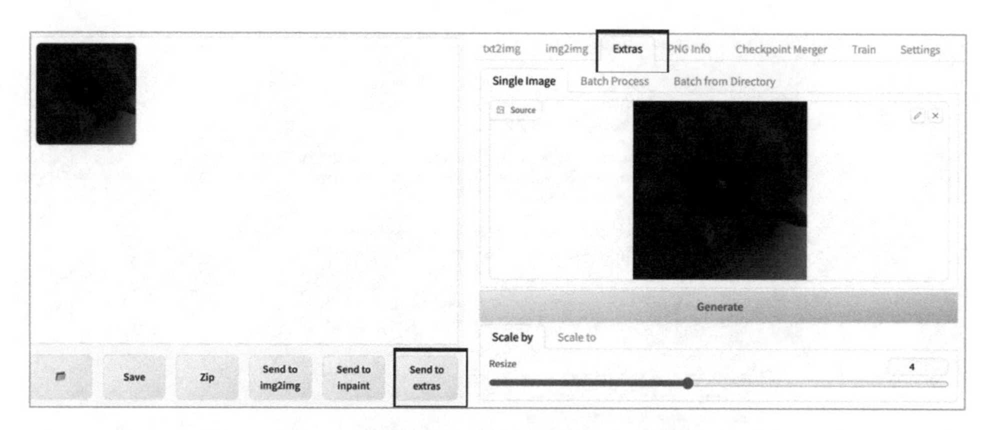

图 4-6　选择 Send to extras 放大生成的图片

（9）Restore faces：面部修复。修复画面中人物的面部，但是对于非写实风格的人物开启面部修复则可能导致面部损坏。

4.3　ChatGPT + Midjourney 让创造力加倍

编写出一个优质的提示词让 Midjourney 等 AI 绘画工具准确地绘制用户心中所想的画面并非易事。可以利用 ChatGPT 来编写绘画提示词，从而提升绘画的效果。

ChatGPT 的引入能够为绘画过程提供有力支持和更多灵感。接下来将介绍两种在 Midjourney 作图过程中引入 ChatGPT 的方法，为读者提供一些思路。

4.3.1　场景一：仅有一个大致的想法，缺乏细节

如果所需的图仅有一个大致的想法，缺乏细节，则可以利用 ChatGPT 生成详细描述，并将其转换为英文，以作为提示词提供给 Midjourney 使用。

例如，我们希望通过 Midjourney 生成一张“女孩晨跑”的图片。为了实现这个目标，使用 ChatGPT 生成了该场景的详细描述。在 ChatGPT 的协助下，我们获得了丰富的细节信息，如图 4-7 所示。

随后，让 ChatGPT 将生成的描述文字翻译成英文，并直接将其作为提示词输入 Midjourney，结果如图 4-8 所示。

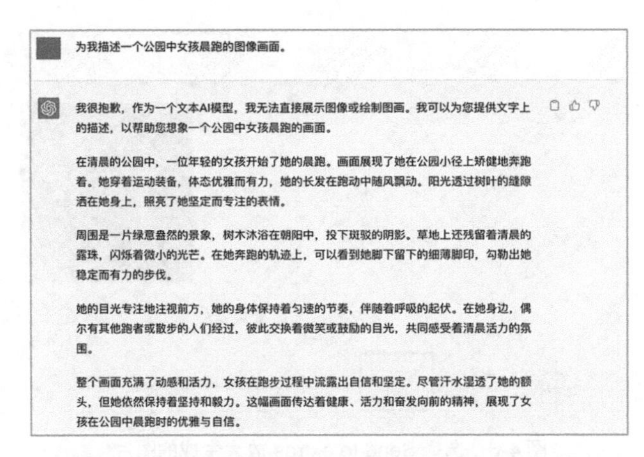

图 4-7　ChatGPT 生成的“女孩晨跑”画面的文字描述

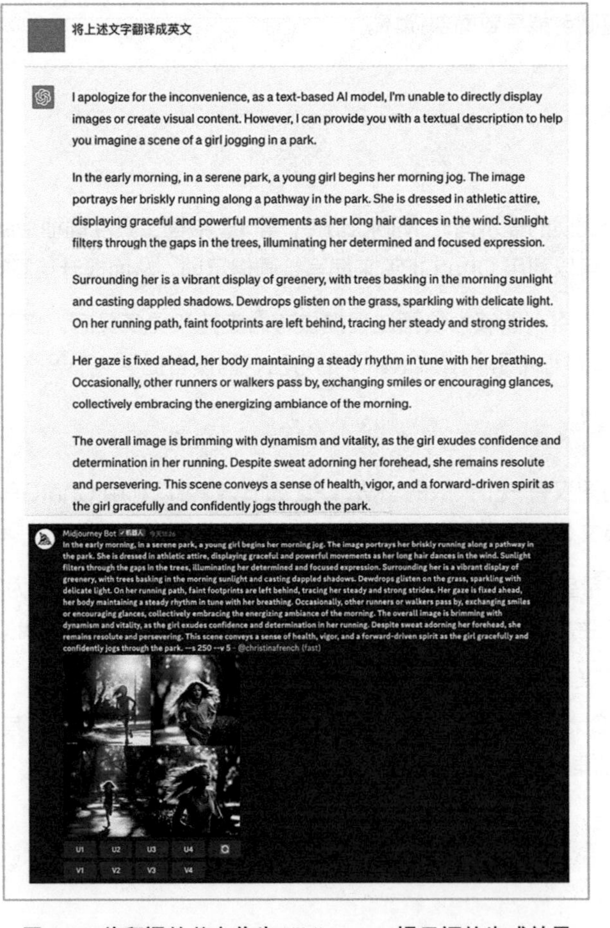

图 4-8　将翻译的英文作为 Midjourney 提示词的生成效果

4.3.2　场景二：看到优秀的图片及其提示词，想生成类似的图片

针对本节标题描述的情况，我们可以让 ChatGPT 学习示例提示词的编写模式，并将其迁移到自己的目标主题上。这种方法可以帮助我们轻松地借鉴和学习他人在编写提示词时所采用的技巧和风格，并将其应用到自己的创作中，从而提升图片生成的质量和效果。

如图 4-9 所示，我们让 ChatGPT 参考示例提示词的描述方式为新主题生成提示词，ChatGPT 直接生成了包含关键描述的英文提示词。

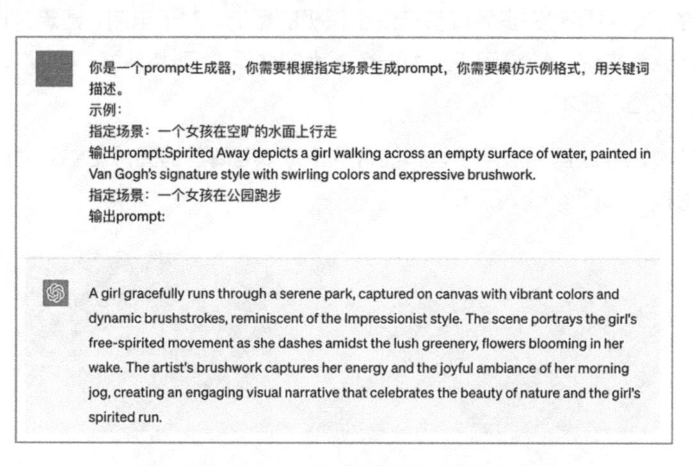

图 4-9　ChatGPT 参考示例提示词输出结果

将 ChatGPT 的生成结果作为提示词输入 Midjourney 中，得到如图 4-10 所示的结果。其中，左图为示例提示词生成图片的结果，右图为 ChatGPT 生成的提示词绘画结果。在右图中可以看到，在指定场景的主题下，ChatGPT 成功地实现了模仿左侧图的绘画风格进行新图片内容创作。

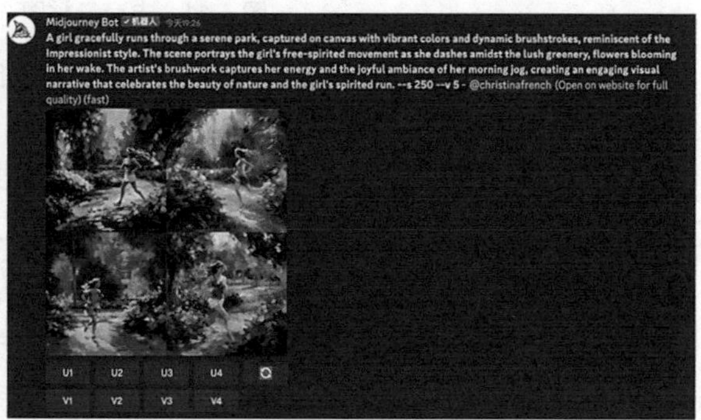

图 4-10　利用 ChatGPT 模仿左侧图的绘画风格进行新图片内容创作

4.4 AI 绘画的应用

前面详细介绍了两款用于 AI 绘画的工具，本节将介绍 AI 绘画的应用。

4.4.1 AI 绘画在电商领域的应用

AI 绘画的快速发展对许多领域都产生了积极的影响。对于电商、建筑、时尚、新媒体等创意行业从业者来说，AI 绘画正成为一个强大的助手，可以辅助日常工作，提高产出效率，降低时间和经济成本。

在电商领域，AI 绘画要应用于营销图片的生成。电商营销图片主要分为两类：商品展示图和营销海报，如图 4-11 所示。

（a）商品展示图　　　　（b）营销海报

图 4-11　电商素材图

- 对于商品展示图，更强调真实感，需要大量的拍摄工作，目前还缺乏成熟的工具支持，而 AI 绘画的出现填补了这方面的空白。
- 对于营销海报，图片素材来源广泛，制作工具也相对成熟，在 AIGC 出现之前已经有了 Photoshop、Canva 等专业工具。随着工具的迭代，其设计难度将逐渐降低。

如何利用 AI 绘画技术生成电商营销图片呢？一种方式是利用 Midjourney 或 Stable Diffusion 结合人工后期处理，另一种方式则是利用电商营销图片生成领域的专业 AI 绘画应用。

1. 利用 Midjourney 或 Stable Diffusion 生成商品展示图

目前已经有一些电商卖家采用 Midjourney 或 Stable Diffusion 生成商品展示图。下面以实际场景中用 Midjourney 生成一张关于香水的宣传图为例，介绍商品展示图的生成过程。

（1）准备好要制作宣传图的商品图片，如图 4−12 所示。

（2）在 Midjourney 聊天窗口上传香水商品的图片，如图 4−13 所示，上传成功之后可以通过单击图片得到这张图片的 URL。

图 4-12　商品图片

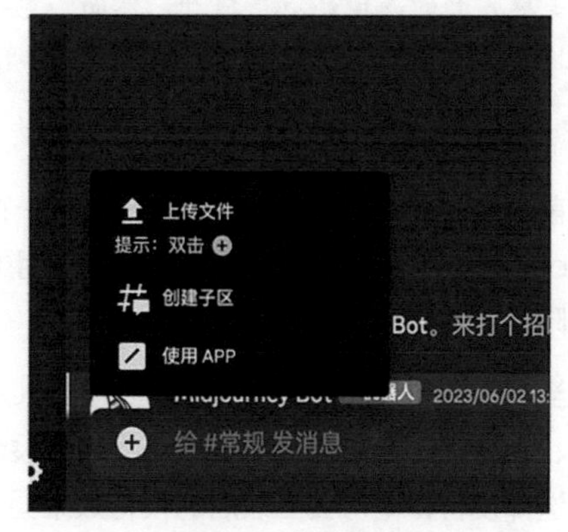

图 4-13　上传图片

（3）首先手动输入包含呈现效果描述的提示词，并和商品图片的 URL 进行拼接，然后发送给 Midjourney，让 Midjourney 生成图片，如图 4−14 所示。

图 4-14　利用 Midjourney 生成的香水商品展示图

最终生成的图片从整体上看是符合预期的，但是仔细观察会发现细节上的缺失，例如，光影效果、产品和背景的融合，有时甚至会出现产品变形问题。想要达到实际应用的效果，还需要用 Phototshop 等工具进行后期调整和优化。

> 提示 Midjourney 等 AI 绘画工具对商家来说使用门槛较高，因此，它更适合专业的设计公司或 AI 工作室。

此外，AI 生成图片具有比较大的创意性和随机性，对细节和真实的把握不足，在生成电商营销图片时，往往更适合用来生成一些渲染图和氛围海报。

> 提示 Midjourney 等 AI 绘画工具的使用门槛较高，并且在商品实物细节、环境真实性和美感方面的表现还有待提升。然而，电商卖家迫切希望采用 AI 绘画技术以降低成本，提升效率，这为 AI 绘画工具的垂直应用提供了发展方向。

2. 电商营销图片生成领域专业 AI 绘画应用

目前，电商营销图片生成领域涌现出多个产品化应用。与 Midjourney 和 Stable Diffusion 等通用 AI 绘画工具相比，这些应用更好地满足了营销海报中对图片真实性的要求，并降低了使用门槛。

以当前备受关注的 AI 绘画创作应用 ZMO.AI 为例，通过利用 ZMO.AI 提供的 AI 模特功能，仅需 3 个步骤就可生成服装模特的展示图，如图 4-15 所示：①上传服装的平面图；②选择模特；③得到上装后的模特效果图。

①上传服装的平面图

②选择模特

③得到模特效果图

图 4-15 生成服装模特效果图

> 提示 利用 AI 能显著降低模特效果图的生成成本，并能大大提升生产效率。但是目前以 ZMO.AI 为代表的 AI 绘画还无法达到摄影级别的效果，依然存在细节不到位、风格单一、适用范围窄等问题。

4.4.2 AI 绘画在游戏开发、服装设计、建筑设计领域的应用

AI 绘画在其他行业也有很多激动人心的应用。接下来介绍在游戏开发、服装设计、建筑设计领域的 AI 绘画使用案例。

1. 在游戏开发领域

在游戏开发领域，AI 绘画技术正在发挥着重要的作用，这已成为共识。各个级别的游戏开发商都在积极探索将 AI 绘画技术与游戏开发相结合的方法。图 4–16 所示为利用 AI 绘画技术生成的不同的游戏角色。

图 4-16 利用 AI 绘画技术生成的不同的游戏角色

接下来将通过介绍俄罗斯游戏开发工作室 Lost Lore 的案例，向读者展示 AI 绘画技术在游戏开发中的应用方式。

在游戏角色图片生成阶段，Lost Lore 工作室采用“Midjourney 提示词生成图片+人工调整”的方法：通过加载已经绘制好的角色作为参考，并添加道具、姿势、背景等元素作为提示词，生成新的游戏角色；尽管 AI 生成的结果可能不完美，但美术画师会进一步修正。这种以 AI 生成的图片为基础，再由人类画师进行修改和审查的方式，极大地缩短了游戏角色创作的时间。

此外，游戏中的部分 3D 建筑概念图也是由 AI 生成的。该团队向 Midjourney 输入帐篷的三视图，由 AI 生成一张主概念图，再对其进行人工修正，最终成为 3D 建模的参考概念图。

在 AI 绘画工具的帮助下，该工作室成功地将一款游戏的开发成本从 5 万美元压缩至 1 万美元，并将工时从 6 个月缩减至 1 个月。这充分展示了 AI 绘画技术在游戏领域的巨大潜力。

2. 在服装设计领域

AI 绘画技术也在服装设计领域逐步发挥其作用，并主要应用于灵感启发、板型设计和图案和面料快速变化等方面。

- 在灵感启发方面，AI 绘画工具可以根据手绘稿直接生成实物服装，通过发挥想象力，生成各种风格和搭配的服装，从而提高设计师的生产力。
- 在板型设计方面，设计师可以先从 T 恤、帽衫、大衣、鞋履等类别中选择一个基础板型，再输入提示词来描述想要的外观设计，比如材质、细节、印花、颜色等，AI 绘画工具将根据这些提示词完成设计并输出结果，如图 4-17 所示。
- 在图案和面料快速变化方面，传统的图案设计需要设计师耗费大量时间和精力来选择和匹配图案。然而，AI 绘画工具可以帮助服装设计师快速匹配与产品风格相符的图案，从而实现小批量快速反应的印花工艺流程。

图 4-17　通过手绘稿得到渲染效果

3. 在建筑设计领域

利用 AI 绘画技术可以为建筑设计师提供大量设计方向与建筑造型参考，助力他们高效地实现自己的设计愿景。在建筑的初步设计阶段，AI 绘画工具通过使用提示词生成建筑图片，可以帮助设计师更清晰地理解空间关系，深入研究建筑形态，对立面的比例、材料和组合方式等细节进行研究。

AI 绘画工具通过学习大量的建筑数据，可以为建筑设计师提供创新的设计灵感。此外，利用它可以生成大师风格的建筑图片，这为普通建筑设计师更好地向大师学习提供了便利。

在方案展示阶段，可以利用 AI 绘画工具氛围感很强的特点，快速生成一些建筑设计展示“大片”。

总之，虽然现在 AI 建筑设计还存在严谨性和逻辑性缺失的问题，但是作为辅助工具，它仍然为建筑设计师提供了重要的帮助。

上面介绍了 AI 绘画技术在游戏开发领域、服装设计领域、建筑设计领域的应用案例。然而，AI 绘画技术的应用并不局限于这些领域。随着技术的不断进步和应用场景的扩展，我们可以预见 AI 绘画技术将进一步深化其在各行各业的应用，从而带来更大的社会和经济价值。

4.5　当前 AI 绘画工具的局限性

AI 绘画工具的局限性主要表现在以下几个方面。

- 尽管 AI 绘画工具在生成图片方面已经取得了显著进步，但其创造性和想象力仍然受限。AI 模型是通过学习大量训练数据来生成图片的，缺乏真正的创造性和原创性。
- AI 绘画工具在理解和表达复杂概念方面仍存在挑战。AI 模型可能无法准确地理解抽象概念、情感表达或复杂场景的细节，导致生成的图片可能缺乏准确性或适应性。
- AI 绘画工具通常难以完全捕捉和复现人类艺术家的独特风格和感觉。每位艺术家都有自己独特的创作方式和表达方式，这是 AI 模型所缺乏的。

通过结合人类与 AI 技术，我们可以在一定程度上克服 AI 绘画工具的局限性。人类可以对利用 AI 技术生成的图片进行干预和调整，以提升图片的质量和精确度。通过在 AI 生成的基础上进行修改，人类可以加入自己的创意和风格，使图片更符合预期。此外，通过与艺术家和用户的互动，收集反馈，并将这些信息用于改进 AI 模型和算法，我们可逐步提升 AI 生成图片的质量和表现力。

第 5 章 AI 音/视频生成

在前面几章中，我们介绍了 AIGC 的背景，以及其在聊天对话、智能生图等场景的应用。不止静态的文字和图片，理论上，我们只要能用二进制编码表述的内容（音频、视频、画片等），都可以通过 AIGC 生成。

本章将介绍 AI 音/视频生成的相关内容，包括基本的音频和视频生成，以及更高层级音/视频混合的数字人技术应用。

5.1 音频智能：能听，会说，还会唱

无数研究机构和企业都致力于构建语言文字与音频的联系。音频智能包含两大主流技术。

- ASR（Automatic Speech Recognition，自动化语音识别），即语音转文字的技术，后文简称“语音识别技术”。
- TTS（Text To Speech，文字转语音），后文简称“语音合成技术”。

这两项技术奠定了音频智能“听和说”的基本能力，并在此基础上衍生出了不同人的声纹识别、人声模仿、语音翻译等技术。

5.1.1 音频智能技术全景和发展介绍

ASR 和 TTS 技术是音频智能的底层技术基础，其全景示意图如图 5-1 所示。

有了 ASR 和 TTS 技术基础，我们可以先将语音转换为文字，对文字进行智能处理后再转回语音输出。最常用的就是对文字进行智能翻译，进而实现多种语言下的语音和文字互相转换，即翻译领域的同声传译和交替传译。

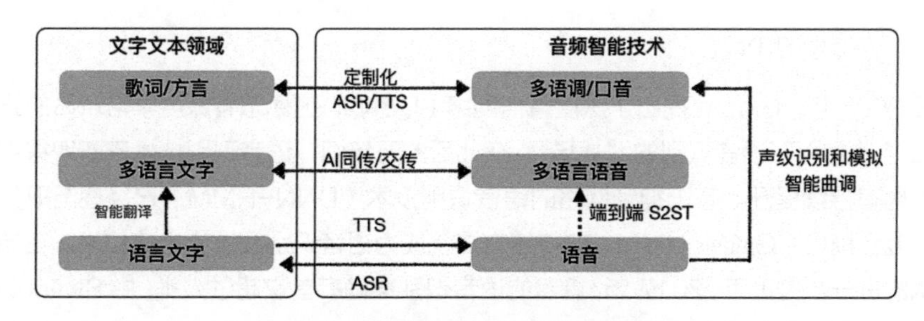

图 5-1　音频智能技术全景示意图

目前行业前沿也在探索语音到语音的直接翻译能力，如 Meta 公司推出的 SeamlessM4T 模型。

此外，同一种语言还会因使用者和场景的不同，派生出不同的语调和方言口音。因此，这也造就了音频智能技术的两个细分场景。

- 语义场景：与语音承载的文字信息结合，定制化训练 ASR/TTS 能力。如针对方言对语言文字的特殊排列和语气词进行定制化训练，实现方言口音识别和方言语音生成等。
- 语调场景：关注语音本身的特点，提供声纹的识别和模拟，以及结合曲调生成歌曲等。

1. ASR 技术——语音识别技术

“能听”背后的主要技术是语音识别技术，它的发展可以按时间先后简单分为模板匹配阶段、统计模型阶段和深度学习阶段（参考《语音识别：原理与应用》，作者：洪青阳）。

（1）模板匹配阶段。

传统的语音识别技术主要基于简单的模板匹配方法，即首先提取语音信号的特征构建参数模板，然后将测试语音和模板逐一进行比较，选取最相似的作为识别结果。然而，这种技术存在原理层面的限制，仅适合小规模单词的识别，对于连续语音识别和大词汇量的语音识别任务，则显得力不从心。

（2）统计模型阶段。

随着技术的发展，ASR 技术方向开始从孤立词识别系统转向连续语音识别，以更好地解决自然环境下的语音识别问题。同时，基于统计模型的技术组件逐渐替代了模板匹配技术，其中语言模型以 N 元语言模型为代表，声学模型以隐马尔可夫模型（HMM）为代表。

最终，通过一系列以数学模型为主的优化，行业 ASR 识别准确率达到约 80%，但难以再显著提升。

（3）深度学习阶段。

在 2006 年，Hinton 提出了深度置信网络（DBN），这标志着深度学习革命的正式开启，AI 自此加入了语音识别的“战场”。在此后的五年间，语音识别技术不断取得突破，识别准确率持续提升。基于神经网络的语音识别技术（DNN-HMM）已经逐渐取代了基于高斯混合模型（GMM-HMM）的传统方法，成为语音识别领域的主流技术。在端到端等技术的进一步推进下，2017 年，机器的语音识别准确率首次超过人类（由 Switchboard 统计，限于测试条件下），英语识别准确率达到 95.1%（来自谷歌 2017 年 5 月的数据）。

如今，生活中语音识别的场景越来越多，并且越来越准确，如电脑或手机输入法的语音识别、客服机器人等。

2. TTS 技术——语音合成技术

TTS 技术是人机对话的一部分。这项技术主要运用语言学和心理学的知识，通过神经网络的设计，将文字智能地转换为自然语音流。TTS 技术对文本文件进行实时转换，转换时间极短。在其特有的智能语音控制器的作用下，输出的语音音律流畅，使听者感觉自然，毫无机器语音输出的冷漠与生涩感。

TTS 技术即将覆盖国标一、二级汉字，并具有英文接口，能自动识别中文和英文，支持中英文混读。所有的声音采用真人普通话标准发音，实现了 120~150 个汉字/分钟的快速语音合成，朗读速度达 3 到 4 个汉字/秒。目前有少部分 MP3 随身听具有 TTS 功能。

5.1.2 音频智能技术的典型应用场景

音频智能技术涵盖以下典型应用场景。

1. 语音翻译：自动化完成实时/非实时的语音翻译

基于音频智能技术的语音翻译可以分为实时和非实时两种场景，分别对应传统人工翻译领域的同声传译和交替传译。

非实时语音翻译的基本原理：首先通过 ASR 技术将语音转换为静态的文本，然后将文本传给智能的语言翻译系统，输出目标语言的新文本，或再通过 TTS 技术将新文本转为对应语言的语音播报。

在实时翻译场景中，由于语音是持续地输入的，并且语法结构遵循自身语言的特点（如在中文中，定语通常放在被修饰的名词之前，而在英文中，定语经常放在被修饰的名词之后），因此，需要实时翻译功能支持动态地调整输出文案结果，这给翻译结果的可读性和准确性带来了极大挑战。

当前的语音翻译技术有如下优缺点和应用场景。

- 优点：①相比手动的文字输入，语音翻译技术大幅提升了跨语言交流的效率；②技术原理清晰，并且相关技术都在稳步提升中。
- 缺点：①语音识别和语音翻译的误差具有累加效应，只要有一个环节出错，翻译的结果就是错误的，这大大降低了最终结果的可用度；②语音识别和语音翻译技术需要共同理解上下文和语言文化背景，同一个词汇在不同语境和语言下的意思千差万别；③为解决上一个问题，需要将更多的上下文信息提供给人工智能模型，这给隐私保护带来了挑战。
- 应用场景：①非实时的大规模语音翻译场景（如电影翻译字幕的批量自动化生成），方便审核和二次编辑；②实时的娱乐化翻译场景（如跨国视频聊天 App 中的自动字幕翻译场景），一方面，用户对准确性要求不高，另一方面，对话双方还可通过进一步沟通解释翻译的歧义问题。

2. 会议记录：自动记录会议发言，并区分说话人

除翻译场景外，语音识别技术还能在常见的工作会议纪要中大显身手。通过实时的语音识别，语音识别软件/平台能自动化完成会议发言的语音转文字，并能支持区分不同说话人的声纹，给每段文字标记不同的来源。图 5-2 所示为“讯飞听见”App 会议记录功能示意。

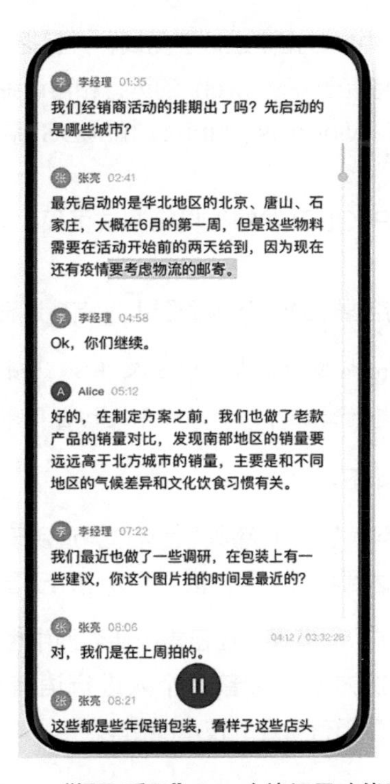

图 5-2 “讯飞听见”App 会议记录功能示意

会议语音记录目前已在行业内有较大规模的应用，主要有以下优缺点。

- 优点：①在中文场景下，实时转录的准确率较高，尤其能针对不同发言人自动化分段和区分来源；②应用解决方案链路完整，可以从手机 App 接入，也可以从麦克风、投屏软件和硬件接入，支持多种规模场景。
- 缺点：①交互层缺少与会议材料（如 PPT、协同文档等）的联动，导致在事后对照时仍需要进行多材料信息对齐；②安全层有信息泄露风险，轻量化的 App 接入虽然方便，但可能泄露公司的核心会议信息。

3. 语音克隆：识别模拟人声特点，并支持动态切换

语音克隆指的是输入少量的真人语音片段，AI 分析语音特征和模式后，生成一个与该人语音高度相似的语音内容。

语音克隆技术可用于大规模真人语音库的生产，支持地图导航、语音读书、智能客服等多种场景。

开源社区提供了相关的开源框架，其中热门的当属 MockingBird 框架，仅输入 5 秒的语音片段，它就可以完成语音克隆。

MockingBird 具有以下 5 大特点。

- **支持中文**：使用多种中文数据集进行了测试，并且提供了完整的中文文档。
- **基于 PyTorch**：支持基于 PyTorch 的运行和再训练。
- **支持多系统**：支持在 Windows、Linux、macOS 系统中运行，也支持苹果新版的 M1 芯片架构。
- **开箱即用**：基于用 PyQt 开发的工具箱调试页面，只需下载预训练模型，即可使用。
- **支持远程部署**：支持部署在 Web 服务器上，支持远程调用。

> 提示　由于 MockingBird 框架的作者是中国人，所以此项目在中文社区具有丰富的使用指导和效果分享。有兴趣的读者可以参考官方文档自行部署。

语音克隆技术的优缺点如下。

优点：①基于极少的语料信息就可完成语音克隆，适用于各类娱乐场景；②在一定的硬件加持下，克隆速度几乎达到实时水平，甚至可以适用于直播等实时场景。

缺点：①语音安全隐患扩大，普通人在日常电话沟通中也存在被语音诈骗的风险，此问题暂无明确、有效的解决方案；②普通个人进行语音克隆的成本仍然较高，如 MockingBird 框架的本地搭建仍有一定的技术门槛。

4. 智能“翻唱”：人声模拟和转换

智能翻唱是指，在不需要歌手本人参与的情况下，使用者基于 AIGC 技术“翻唱”其他歌手的歌曲。2023 年，Sovits 4.0 开源模型发布，普通人也可以使用 AI 技术翻唱了，这导致视频网站上出现了太多的“AI 孙燕姿”翻唱视频。

Sovits 的全称为 So-Vits-Svc，是一款免费的 AI 语音转换模型。使用者只需要准备语音或歌声数据，Sovits 模型就能掌握语音中人声的发声特点，从而训练出使用者想要的音色。

> 提示　使用模型模仿他人声音并发布会存在较多的法律风险。

5.1.3　实战：基于 SeamlessM4T 实现“语音到语音”直译

SeamlessM4T 是 Meta 公司在 2023 年 8 月 23 日推出的翻译模型，是行业首个多语言多模式的一体化模型，其主要亮点如下。

- 语音音频能力：支持超过 100 种语言的语音识别输入、35 种语言的语音合成输出。
- 语言文字能力：支持 96 种语言的文本输入和输出。
- 一体化的多模态语言处理能力：在上述范围内，支持“输入任意语言的文字和语音，输出其他语言的文字或者语音”。

常规的同传/交传翻译过程是，首先通过 ASR 技术把语音转成同语种下的文字，然后调用文本翻译模型将其转换为目标语言文字，最后将目标语音文字通过 TTS 技术转换为目标语言语音。

利用一体化的模型，开发者可以一步到位完成以下操作：不用单独做当前语言的识别和翻译，想要什么输出格式就选择对应的格式。

SeamlessM4T 实现多模态（语音、文字）互译的底层原理：通过多任务 UnitY 模型整合多种预训练模型，进而在模型层面实现语音识别、翻译、语音合成的整合。

> 提示　UnitY-Small 模型占用的硬盘空间仅为 862MB，其可以配合 Python Mobile 运行在移动端设备中。

（1）运行 SeamlessM4T-Large 模型。

运行 SeamlessM4T-Large 模型对硬件环境的要求较高，依赖 A100 或更高性能的 GPU 芯片。在 Hugging Face 社区，我们可以基于 Meta 公司提供的免费算力资源（在 Hugging Face 社区官网搜索“seamless_m4t”）进行验证。

如图 5-3 所示，输入一段英文音频“My favourite animal is the elephant.”，经过 SeamlessM4T S2ST 模型处理后，同时输出了中文翻译文本和语音“我最喜欢的动物是大象”。通过上传语音文件，或在“Audio Source”音频来源选项框中勾选“microphone”选项（实时录制音频），开发者可以测试语言的多种输入方式。

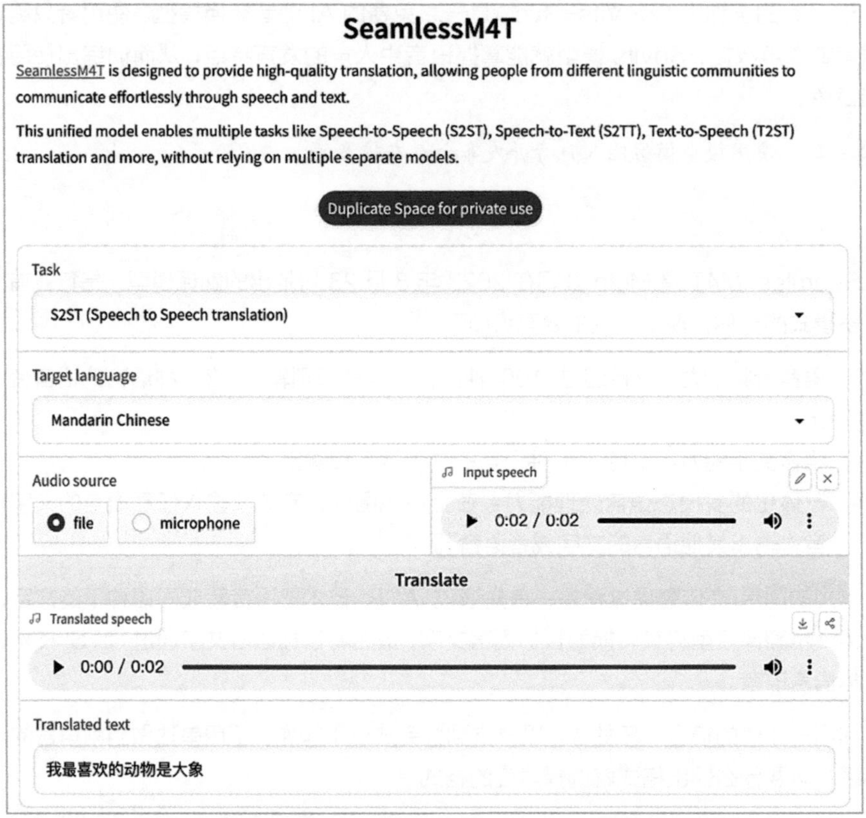

图 5-3　SeamlessM4T 模型在 Hugging Face 社区网站运行的效果示例

（2）运行 UnitY-Small 模型。

UnitY-Small 模型可以直接基于 PyTorch 库使用。

打开 Hugging Face 社区模型的托管地址，搜索 seamless-m4t-unity-small 关键字。下载最新版本的模型，如图 5-4 所示。

> 提示　截至 2023 年 9 月，UnitY-Small 模型已支持英语、法语、印地语、葡萄牙语和西班牙语间的语音翻译能力。

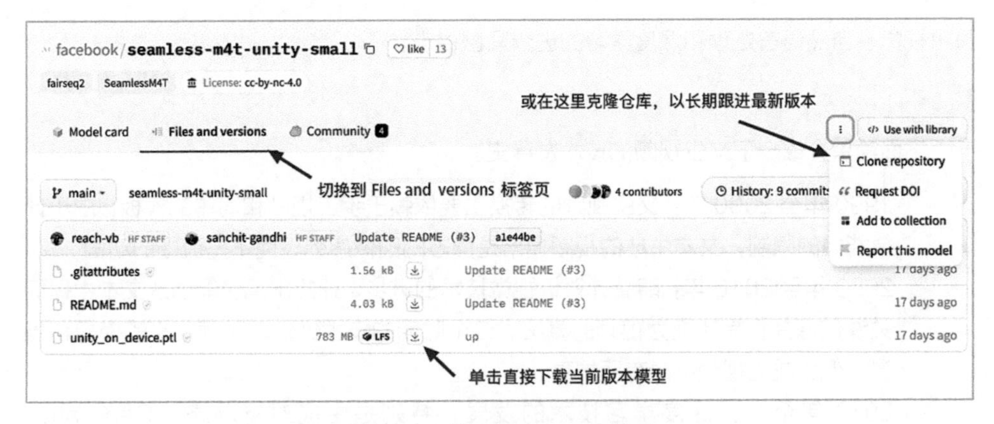

图 5-4　下载 UnitY-Small 模型

然后，通过简单的 Python 调用即可使用模型，代码如下：

```
import torchaudio
import torch

# 1.使用 torchaudio 加载声音文件
audio_input, _ = torchaudio.load(TEST_AUDIO_PATH)
# 2.加载下载的 ptl 模型文件
s2st_model = torch.jit.load("unity_on_device.ptl")
# 3. 运行模型
with torch.no_grad():
    text, units, waveform = s2st_model(audio_input, tgt_lang=TGT_LANG)
# 4. 返回的文本结果被保存在 text 变量中，可以通过 torchaudio.save() 函数将音频
# 文件保存到本地进行播放
print(text)
torchaudio.save(f"{OUTPUT_FOLDER}/result.wav", waveform.unsqueeze(0),
sample_rate=16000)
```

5.2　视频智能：从拍摄到生成

随着 Midjourney 和 Stable Diffusion 能力的不断提升，文生图（Text to Image，T2I）技术逐渐为人所知。同时，文生视频（Text to Video，T2V）技术也在悄然发展，与图像只有二维信息不同，文生视频则需要考虑第三维度——时间，以确保画面的连贯性和一致性。

5.2.1　文生视频

文生视频是一个将文本描述转换为相应的视频内容的技术。这种技术的发展历程与计

算机视觉、自然语言处理和深度学习的进步紧密相连。

1. 文生视频简介

下面简单介绍一下文生视频的技术发展史。

- 1990 年至 2000 年：文生视频的转换主要依赖于手工规则和简单的模板。由于计算能力的限制，文本生成的视频通常是静态的图像序列，而不是流畅的动画。
- 2000 年至 2010 年：随着计算机视觉技术的进步，开始出现了能够从文本中提取关键信息并将其转换为视频的算法。这个时期的技术仍依赖于预定义的模板和场景，但生成的视频质量有所提高。
- 2010 年至今：深度学习技术的发展，特别是生成对抗网络（Generative Adversarial Network，GAN）、循环神经网络（Recurrent Neural Network，RNN）、扩散模型（Diffusion Model，DM）及 Transformer 模型的发展，为文生视频带来了革命性的变化。研究者开始训练模型，使其能够根据文本描述直接生成视频，无须任何预定义的模板。这个阶段的技术可以生成更加真实和流畅的视频内容，无论是时长还是画面质量，与真实拍摄的视频相比都有较大提升。用文本生成的视频只是在一些特殊场景下已经达到了可用的状态，在大部分场景下，生成的视频与手工拍摄的视频有较大差距。

2. GAN 时代的文生视频

在使用 GAN 生成图像获得巨大的成功后，研究人员开始尝试使用 GAN 来生成视频。最早的研究出现在 2018 年前后，Text2Filter 和 TGAN-C 是两种常见的方法。下面简要介绍 TGAN-C 方法。

图 5-5 是用 TGAN-C 方法生成视频的示意图，从左到右逐帧展示了生成的视频。图 5-5 中上图输入的提示词是："digit 6 is moving up and down"（数字 6 上下移动）。从生成视频的逐帧展示中可以看到，数字 6 在上下移动。图 5-5 中下图输入的提示词是："digit 7 is left and right and digit 5 is up and down"（数字 7 左右移动的同时，数字 5 上下移动）。从生成视频的逐帧展示中可以看到 7 在左右移动，5 在上下移动。

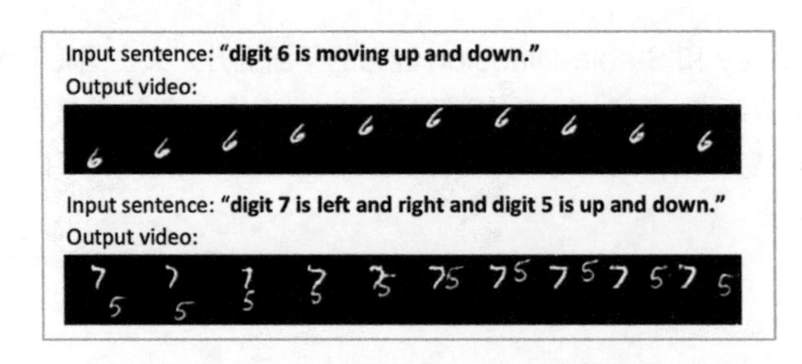

图 5-5　用 TGAN-C 方法生成视频的示意图

TGAN-C 能够考虑语义和时间上的连贯性。

TGAN-C 使用 3 个判别器：视频判别器、帧判别器和运动判别器。这些判别器用于识别真实的视频和生成的视频，将帧与标题对齐，并强调生成的视频中邻近帧之间的平滑连接。

TGAN-C 方法已经能够生成有一定内容且画面连贯的视频，它是文生视频技术的重要突破，但生成的视频分辨率低、物体单一、内容简单。

3. Transformer 模型引领潮流

Transformer 模型的出现得益于其可以在大规模数据中高并发地进行训练，模型可以学习数据中高维度的关联信息，引发深度学习领域的“架构升级”。在 2018 年后，大部分的文生视频均使用 Transformer 模型。

另外，扩散模型在图片领域的表现超过了 GAN，不少研究也开始使用 Transformer 模型和扩散模型结合的方式，为文生视频提供新思路。其中，比较有代表性的有：Google 公司的 Phenaki 模型、Meta 公司的 Make-A-Video 模型、Microsoft 公司的 NUWA 模型、RunwayML 公司的 Gen-2 模型。

Google 公司的 Phenaki 模型和 Microsoft 公司的 NUWA 模型可以根据文本生成无限长时间的视频。

（1）Google 公司的 Phenaki 模型。

使用 Phenaki 模型，分别输入以下提示词，便可以得到一个视频，如图 5-6 所示，它展示了基于提示词生成视频的关键帧。

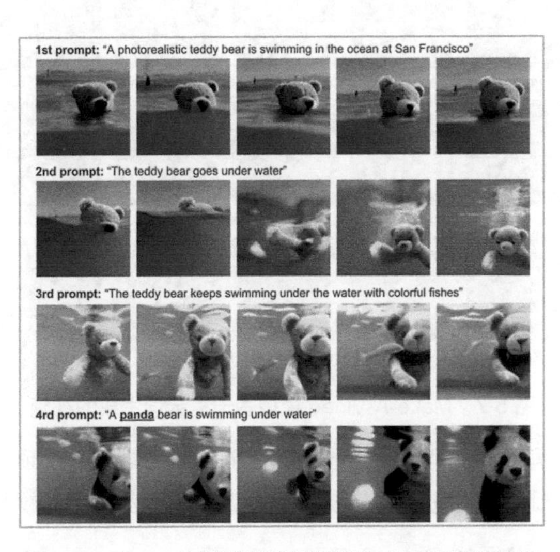

图 5-6　Phenaki 模型基于提示词生成视频的关键帧

- A photorealistic teddy bear is swimming in the ocean at San Francisco（一只逼真的泰迪熊在旧金山的大海里游泳）
- The teddy bear goes under water（泰迪熊潜入水下）
- The teddy bear keeps swimming under the water with colorful fishes（泰迪熊和五彩缤纷的鱼儿一起在水底游来游去）
- A **panda** bear is swimming under water（熊猫在水下游泳）

从效果上看，Phenaki 模型已经可以生成任意提示词描述的场景，视频内容的丰富度远超之前的方法。但是，Google 公司的 Phenaki 和 Microsoft 公司的 NUWA 都未公开模型的代码，也没有提供可以试用的案例。

（2）Meta 公司的 Make-A-Video 模型。

Meta 公司的 Make-A-Video 模型利用文生图模型来学习文本与视觉世界之间的对应关系，并利用无监督学习来学习文生视频逼真的运动情况。

该方法有 3 个优点：训练速度快；不需要与视频对应的文本数据；泛化能力强。

Make-A-Video 模型通过简单的提示词生成高清和高帧率的视频，其效果如图 5-7 所示。

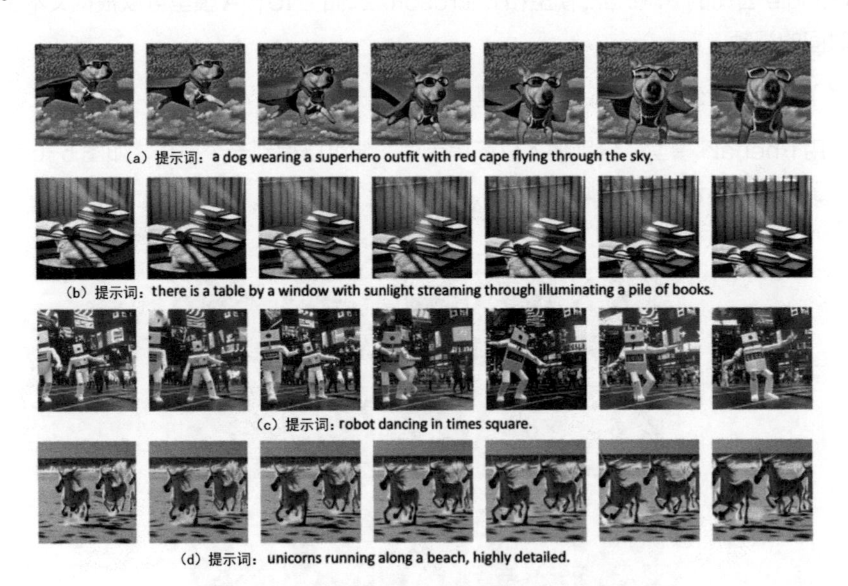

（a）提示词：a dog wearing a superhero outfit with red cape flying through the sky.
（b）提示词：there is a table by a window with sunlight streaming through illuminating a pile of books.
（c）提示词：robot dancing in times square.
（d）提示词：unicorns running along a beach, highly detailed.

图 5-7　Make-A-Video 模型基于提示词生成的视频

不过这个方法也有不足，利用文生图的能力能够提供高清的视频，但是对于视频信息的连贯性考虑较少，比如，生成一个人从左到右或从右到左挥手的视频时，效果较差。

（3）RunwayML 公司的 Gen-2 模型。

2023 年，RunwayML 公司发布了 Gen-2 模型，用户可以在 RunwayML 公司的网站中免费试用它。

Gen-2 模型可以生成多种风格的视频，如故事、动画等。

RunwayML 公司网站中的 Gen-2 模型主界面如图 5-8 所示。若要使用 Gen-2 模型，可以单击图 5-8 中左侧菜单中的 Generate videos（视频生成菜单），或者单击界面中 Popular AI Magic Tools（热门的 AI 魔法工具）里的 Text/Image to Video 选项，进入视频生成界面进行相应的操作，如图 5-9 所示。

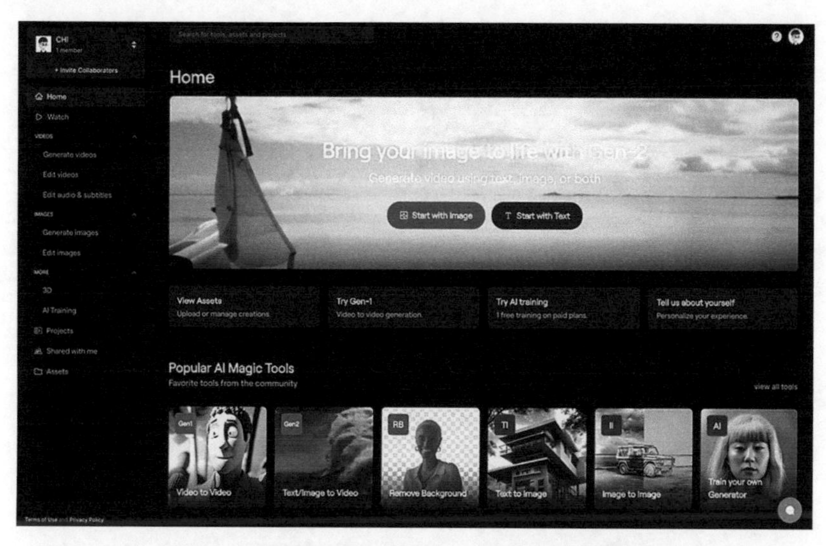

图 5-8　RunwayML 公司网站中的 Gen-2 模型主界面

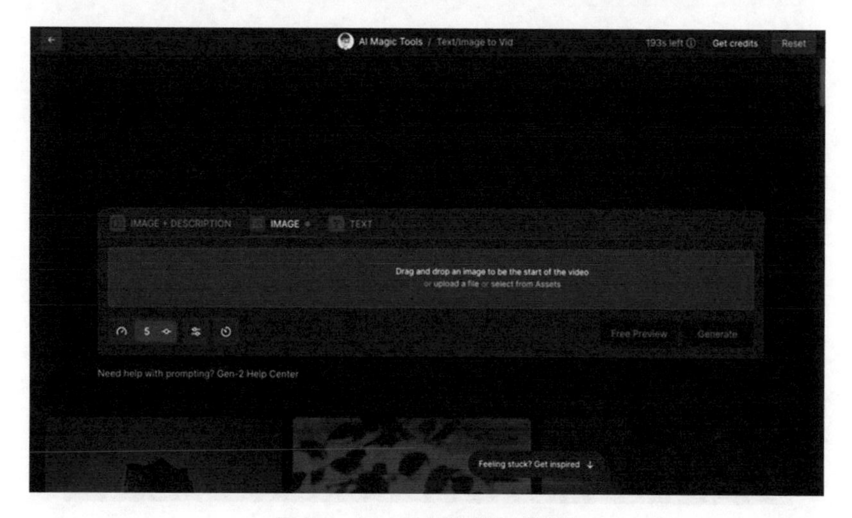

图 5-9　Gen-2 的视频生成界面

4. 文生视频的方式

文生视频主要有 3 种方式：基于图+文字生成、基于图片生成和基于文字生成。下面使用基于文字生成的方式将文本转为视频。

（1）输入提示词“A dog wearing superhero outfit with red cape flying through the sky”（一只穿着超级英雄衣服、披着红色斗篷的小狗在天空中飞翔），单击“Previews”（预览）按钮，即可展示 4 个预选视频的关键帧截图，如图 5-10 所示。用户可以基于关键帧截图来选择生成哪个视频，以降低生成的成本。这里选择第一个视频截图。

图 5-10　4 个预选视频的关键帧截图

（2）系统开始生成视频，生成后便可以预览，如图 5-11 所示。

图 5-11　生成的视频

5.2.2 合成视频

与文生视频（T2V）仍无法大规模使用不同，人工智能合成视频的发展和应用要明朗得多。

1. 视频局部修改

2022 年，以色列魏茨曼科学研究所联合英伟达研究院，提出了基于文本的分层图片和视频编辑方法（Text-Driven Layered Image and Video Editing，Text2LIVE）。该方法可以对现实世界的图像和视频进行本土化的语义编辑。

下面通过图 5-12 所示的例子说明这个方法。通过输入长颈鹿的视频和提示词，如“stained glass giraffe”（彩色玻璃长颈鹿）、“giraffe with neck warmer”（戴围巾的长颈鹿）或者“giraffe with a hairy colorful mane”（多彩鬃毛长颈鹿），能够在输出的视频中根据提示词变换图像主体（也就是长颈鹿）的风格。在图 5-12 中，第 1 张图为原视频截图，后面 3 张图为变换过的视频截图。

图 5-12 使用 Text2LIVE 编辑视频

这个方法的优缺点如下。

- 优点：能够对图像和视频的主体使用自然语言进行控制，控制后的视频依然保持连贯性。
- 缺点：只能处理主体比较明确的图像或者视频。对于不存在明确主体的视频，效果会大打折扣。

2. 视频整体风格变换

目前，视频整体的风格变换主要使用基于 Diffusion 的方法，包括 StableVideo、CoDeF 方法及 RunwayML 的 Gen-1 模型（一种生成模型，它属于文本生成模型，主要用于生成文本序列）。从产品化和易用性角度看，RunwayML 的 Gen-1 模型更优，下面重点介绍 Gen-1。

Gen-1 基于扩散模型，有以下 3 个核心优势。

- 结构与内容导向：能够根据“所需输出的视觉”或“文本所描述的编辑过程”对

视频的内容进行编辑，同时保持其结构和时序一致。

- 实现全面的控制：能够实现对时间、内容和结构一致性的全面控制。
- 用户友好性和个性化定制：能够根据用户提供的图像或文本进行视频生成。

在图 5-13 中，Runway 的 Gen-1 模型可以基于提示词改变视频的风格，图中从左到右为视频的逐帧展示。

图 5-13　Runway Gen-1 举例

第 1 个提示词“a woman and man take selfies while walking down the street, claymation”（一男一女在街上自拍的黏土动画）将原始视频风格变为黏土风格。

第 2 个提示词“kite-surfer in the ocean at sunset”（在夕阳下的海上玩风帆冲浪）。

第 3 个提示词“car on a snow-covered road in the countryside”（汽车行驶在乡村积雪覆盖的道路上）。

我们可以直接在 RunwayML 的网站上使用文本编辑视频风格的功能，在主界面中选择“Video to Video”选项，如图 5-14 所示。

打开视频风格编辑主界面，如图 5-15 所示，该页面可分成两大部分。

- 左侧的视频导入和预览区域：可以上传视频或者导入已经在 RunwayML 中的素材或者之前使用过的素材。
- 右侧工具栏：在上部分区域可以选择编辑风格的方式，RunwayML 提供了 3 种方式，分别为基于图片、基于预设和基于 Prompt；下部分区域是基础设置和高级设置，这里不做详细介绍。

在 Demo Assets 中选择一个示例并设置一个风格，比如 Cloudscape，即将视频中的物体设置为云朵状，如图 5-16 所示。

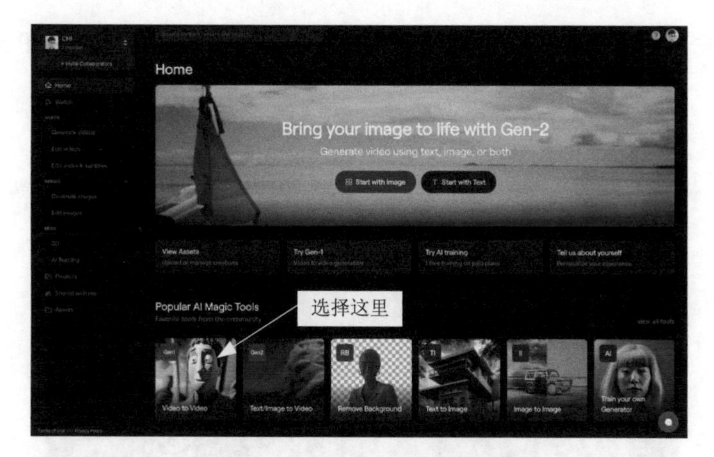

图 5-14　RunwayML 网站主界面

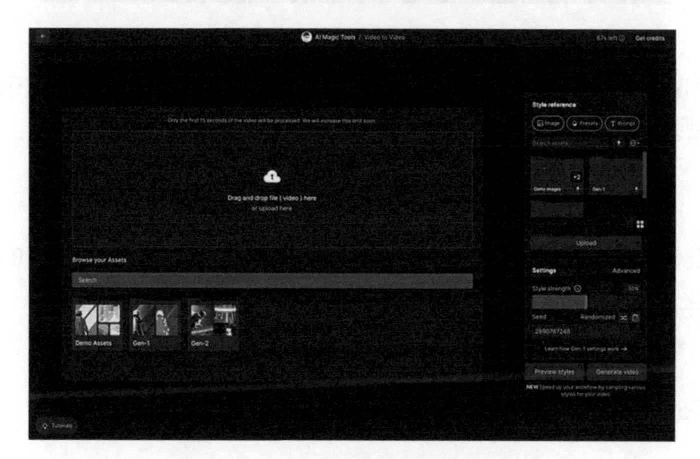

图 5-15　Gen-1 视频风格编辑主界面

图 5-16　选择视频风格

之后单击下方的“Preview styles”按钮，转换风格后的视频关键帧如图 5–17 所示。

图 5-17　预览视频风格

如果我们对视频效果满意，则可以单击视频进行生成，这里不做详细展示，有兴趣的读者可以尝试。

5.2.3　后期处理

以往需要借助专业工具才能实现背景移除、人物剔除、物体移除等复杂的操作，现在即便是非专业人士，利用 AI 工具也能轻松上手，让视频编辑变得更加简单、高效。

1. 背景移除

下面以 RunwayML 为例，介绍它的背景移除功能。在 RunwayML 中，视频背景移除非常简单。

（1）利用鼠标单击主体，即可完成选择，选择后的效果如图 5–18 所示。

图 5-18　RunwayML 主体选择

（2）选择主体后，RunwayML 会自动识别主体，背景就会变为绿幕，如图 5-19 所示，我们可以在绿幕中添加自己想要的任何背景。

图 5-19　RunwayML 自动识别主体并生成绿幕

2. 物体移除

利用物体移除功能可以移除视频中的任意物体。使用画笔涂抹希望选中的物体，如图 5-20 所示。等待片刻后，RunwayML 会将选中的物体移除，并通过 AI 补充视频中可能缺失的部分，如图 5-21 所示。

图 5-20　RunwayML 物体选择

图 5-21　RunwayML 物体移除

5.3 数字人：影音交融

数字人是指，通过计算机技术与人工智能技术模拟和复制人类形象、行为和思维的虚拟实体。数字人可以在虚拟环境中与人类进行交互，具备与人类相似的外貌、语音、情感和认知能力。

5.3.1 数字人技术简介

通过梳理数字人的生产和消费流程，我们可以将与数字人相关的技术分为两类：数字人控制和数字人生产。

数字人控制又可细分为真人控制（如真人动作捕捉和声音录制）和纯 AI 控制，后者支持在完全不需要演员参与的情况下让数字人做出预期的动作或者说出设计好的台词。对于消费数字人的真人用户来说，他们可以看到数字人的图像和听到数字人的语音，之后设计出交互反馈（包括评论、点触、语音对话等）给数字人的控制系统，让数字人产生新的动作或者说出新的台词。其生产和消费流程如图 5-22 所示。

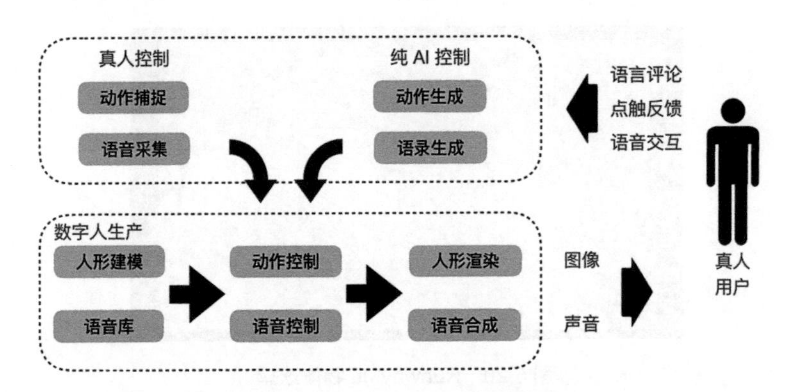

图 5-22　数字人生产和消费流程简图

数字人生产的产物直接决定了用户看到的数字人的样子和说话的声音。用户通过操作反馈后，即可控制屏幕上的数字人做出相应的动作，或者说出相应的话。

数字人生产领域的技术可以分为以下 3 类。

- **音/视频资料准备**：包括人形建模和语音库的采集/制作。人形建模可以依据不同场景，创作不同保真度的形象，如超写实的拟人形象、3D 或 2D 的动漫人物形象等。如果语音完全由真人提供，则语音库的采集就非必需了。但如果需要做真人变声，或者纯 AI 语音控制，则需要一个独立定制的语音库。

- **控制接口**：包括动作控制和语音控制。动作控制会完全匹配人形建模，对外提供控制人体动作和表情的接口，在超写实数字人场景下，对内还需要提供语音和唇形的匹配逻辑。语音控制逻辑和后续的语音合成技术配合，提供语音克隆、变声、生成等功能。
- **输出融合**：包括人形图像的渲染和语音音频的合成，最终输出音/视频融合的影像。人形渲染依据模型的不同，可分为 3D 渲染和 2D 渲染。语音合成也依据使用的语音技术，以不同方式生成最终的音频信息。

1. 数字人控制领域的技术

数字人控制领域的技术有两大类：真人控制和纯 AI 控制。

- **真人控制**：包括动作捕捉技术和语音采集技术。其中动作捕捉技术是其核心技术，按捕捉方式可以分为光学捕捉、惯性捕捉和 AI 视觉捕捉。光学捕捉需要演员穿上有特殊标记点的服装，通过外部架设好的多台摄像机捕捉人体动作。惯性捕捉免去了架设摄像机的麻烦，但需要在捕捉服上布满惯性传感器（加速度计和陀螺仪），通过采集的加速度和角速度反推人的动作姿态。AI 视觉捕捉技术不需要任何标记或佩戴设备，它借助先进的人脸和肢体识别技术，直接识别并分析姿态。尽管在肢体识别方面，其准确率略逊于人脸识别，但它在表情捕捉方面表现出色，为众多应用场景提供了强有力的支持。
- **纯 AI 控制**：纯 AI 控制脱离了传统的“中之人”概念，数字人背后的动作、表情、语音都不需要人控制。直接输入必要的背景人物设定和演讲稿，数字人就能自动完成相关动作和讲话。

2. 数字人技术的发展

国内数字人技术的发展可以粗略地分为萌芽期、启动期和高速发展期 3 个阶段。

- **萌芽期**：从 20 世纪八九十年代计算机技术兴起，一直到 21 世纪前十年左右。这个阶段的典型特征为相关知识和概念的探索思考，尤其体现在科幻相关的文学及影视作品领域。这期间的代表作品是日本科幻动漫 *Ghost in the shell*（《攻壳机动队》），它探索讲述了人的灵魂电子化这个终态，并且后续还成了《黑客帝国》的创作基础。
- **启动期**：始于 21 世纪 10 年代到 21 世纪 20 年代。这个阶段的典型特征是数字人在局部领域完成了商品化，由于渲染技术限制主要体现在二次元动漫领域。其中最知名的例子有两个：一是“初音未来”于 2007 年发布，并在之后十年内完成了二次元虚拟歌姬这个商业化 IP 的打造，全球粉丝超过 6 亿人；二是“绊爱”于 2016 年发布，实现了可互动的二次元直播虚拟主播，粉丝超百万人，播放量超 2 亿次。如今因一些原因，绊爱官方于 2022 年 2 月宣布无限期停止活动。

- **高速发展期**：从 2020 年至今。这个阶段的典型特征是数字人的底层技术得以突破，数字人技术在各行各业都得到了应用。数字人不再局限在二次元的圈子，从普通用户的视角可以看到新闻主播、电话客服等日常生活的很多场景都逐渐被数字人替代。

5.3.2 虚拟人形：虚拟人脸和动作控制

数字人的生产需要经历长时间的准备，五官、长相、身形、动作都需要一一进行设置。本节重点介绍其中两项重要的技术。

1. Deepfakes 技术介绍、发展和风险

Deepfakes 是数字人技术中最早被公众所知道的技术。在大部分人的印象中，其主要作用是给真人照片“换脸”。但是，它真正的功能远不止于此。其官方网站随机显示一张人脸图片，并且每次刷新都会更新。图 5-23 是我们从其官网截取的 4 张图片。

在这 4 张照片中，人物的肤色各异，唯一的共同点就是他们都是通过 Deepfakes 技术凭空生成的虚拟人脸——如网站名称所述“this person does not exist”（此人不存在）。可见，Deepfakes 技术不仅能模仿现实中已有的人脸，而且能创造出现实中不存在的人脸，让人真假难辨。

图 5-23 thispersondoesnotexist 网站图片示例

Deepfakes 技术可以追溯到 2014 年，当时 GAN（生成对抗网络）的诞生为深度学习换脸提供了可能。GAN 由两个 AI 代理组成，一个负责生成伪造图像，另一个负责检测图像是否真实。两个 AI 代理互相竞争，共同进步，它们伪造出来的图像越来越让人难以分辨。

早期的 GAN 生产图像存在一个致命缺陷，即图片越模糊，负责检测的 AI 就越难以辨别真假。所以负责“造假”的 AI 就会生成大量的模糊图片，导致最终结果不可用。直到 2017 年，英伟达公司解决了这个问题，通过渐进式的阶段划分，先让 AI 学会生成低分辨率的模糊图像，再逐渐提升分辨率，最终可以生产出相片级别的高质量图片，如图 5-24 所示。

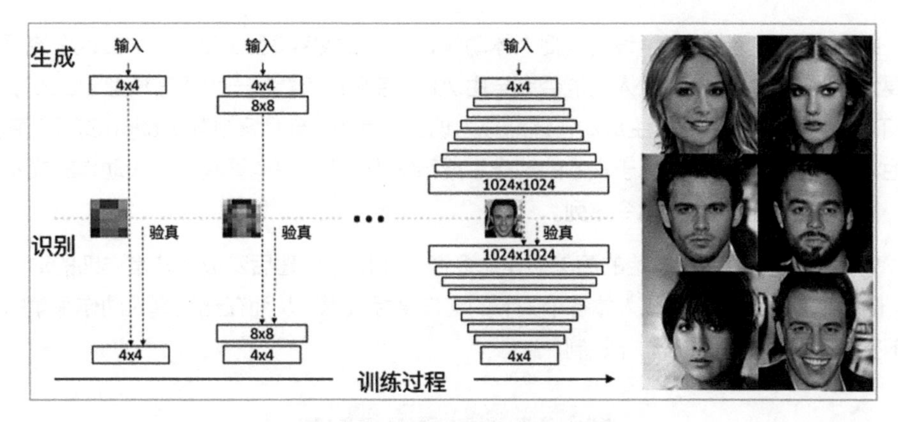

图 5-24 英伟达对 GAN 的优化示意图

当英伟达公司还在继续优化 GAN 技术时，Reddit 的用户就开始将 Deepfakes 推向主流，并且部分好事者还将其用于非法的色情领域。不过，Deepfakes 这个词自此成了 AI 生成图像和视频的代名词，其中 Deep 特指 GAN 背后的深度学习神经网络。

此后，Deepfakes 技术的发展演变为以下两条路线。

- **政策演进**：各国立法机构开始关注到 Deepfakes 对个人隐私的危害，甚至在美国大选期间还出现了利用 Deepfakes 伪造候选人发言。因此，各国都开始加强对 AI 换脸行为的法律管控，严厉打击利用 Deepfakes 技术进行违法犯罪的行为。这在一定程度上限制了相关产业的发展，但在配套保障技术尚不成熟的情况下也保护了普通百姓的安全。
- **技术演进**：英伟达等公司持续研究，在之前静态的人脸生成基础上，增加了对表情、发型等特征的精准控制，如在 StyleGAN2 上能通过简单操作控制视频中人脸的表情。还有部分研究机构实现了对实时直播视频的换脸。在 2022 年，GAN 的生成技术已经从 2D 图片扩展到了 3D 模型上，即所谓的 EG3D 技术，支持将传入的人脸照片还原出对应的 3D 人脸模型。

> 提示 有朝一日，也许再精密的检测算法都无法判断某张图片是否是 Deepfakes 伪造的。这必然会给互联网虚拟世界带来颠覆性的变化。

2. AIGC 下肢动作的捕捉和控制

动作捕捉技术是指，基于外部设备，配合专业的采集服装等设备，观察并获取演员的肢体动作和面部表情，最终将数据还原到虚拟的人物或动物数字模型上。该技术最早被用于动画制作中，随着计算机技术的发展，这个流程被搬到了计算机中，效率得到了大幅提升，并被广泛用于影视特效的制作。通过动作捕捉设备获取人的动作数据后，将其匹配到相应的人物/动物数字模型上，模型就会模仿复现之前录制的动作。

如果只是通过传统光学设备捕捉人体动作，然后在数字模型上复现，那么这个流程还需要大量的人工参与。那么人工能否完全由 AI 代劳呢？随着基于大语言模型（LLM）的 GPT 技术的发展，用文本生成动作逐渐成为现实。其中，典型案例如 ActionGPT，它成功地将大语言模型合并到基于文本的动作生成系统中，用户只需要输入一段动作的文本描述，即可输出对应的动作指令序列。

如图 5-25 所示，原始的简单动作命令通过 LLM 处理后变成了非常详细的动作描述，随后将其输入模型生成人体各个关节的动作坐标数据，从而在无须真人动作采集的帮助下实现对虚拟数字人的动作控制。

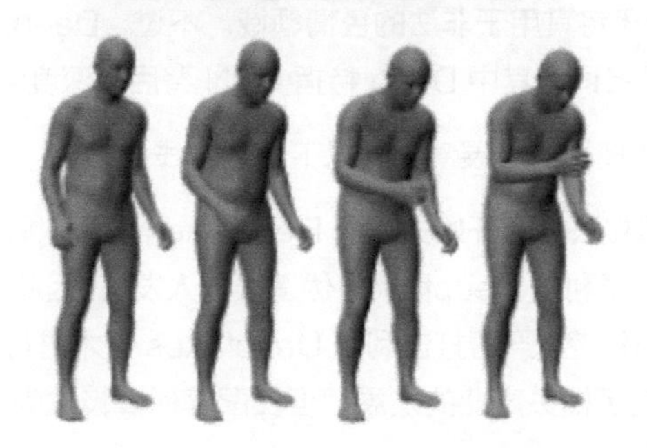

图 5-25　ActionGPT 动作生成示例

在实际的数字人系统中，上述原始动作指令可以和数字人的语气关联，做出开心、生气等动作，也可以和真人用户的反馈关联，做出对应的肢体动作。

5.3.3　虚拟人声：人声模拟转换、唇形表情匹配

如果虚拟人形技术的功能是让数字人的外形看起来像真人，那么虚拟人声技术的功能就是让数字人的声音听起来也和真人一样。其核心技术除了前文提到的语音克隆技术，还有一项技术——语音与数字人的唇形和表情匹配。其中代表性的技术点是 Wav2Lip 模型，其核心能力是将语音波形转换为人脸图像的唇形变化。

Wav2Lip 模型的核心流程分为两步：①训练一个能判断声音和口型是否一致的判别器，②采用 GAN 生成方式训练生成器生成匹配的唇形，判别器检查校验，生成器和判别器互相竞争，持续迭代，生成越来越逼真的唇形。整体流程如图 5-26 所示。

Wav2Lip 生成的唇形偶尔还可能出现模糊问题，因此，后续还可以结合 GFPGAN 等技术进行图像清晰度的校准和优化。

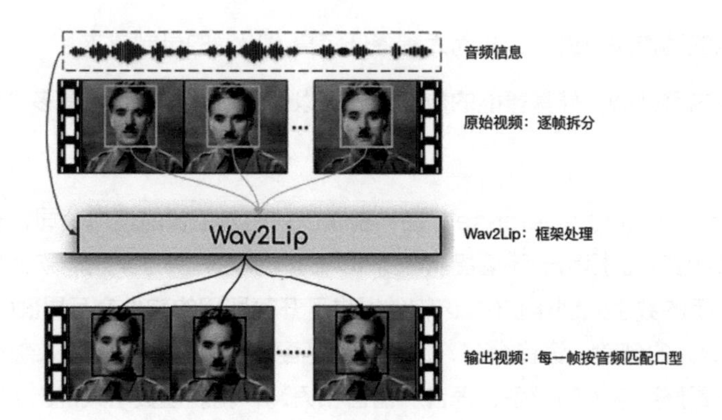

图 5-26　Wav2Lip 处理流程图

5.3.4　商业化整体解决方案

通过前面的介绍可以发现，数字人的相关技术已应用在很多领域。对于企业，如果想直接使用该技术，则需要投入较大成本完成各个技术环节的串联和适配，以达到商业化应用的水平。但大部分企业是没有足够的相关技术能力储备的，因此，需要有平台能提供一体化的数字人解决方案。

本节将介绍硅基智能和 D–ID 这两家公司的数字人商业化解决方案。

1. 硅基智能

硅基智能（南京硅基智能科技有限公司的简称）于 2017 年在南京创立，业务包括电话机器人、智能客服、同屏数字人、VPPT 数字人、直播数字人和克隆人等虚拟数字人。硅基智能官网首页中“万物回硅”的口号和虚拟人视频如图 5–27 所示。

图 5-27　硅基智能官网首页虚拟人展示

硅基智能广为人知的最大一波广告来自知名商业顾问刘润，他在其视频号中使用硅基智能定制的数字人替代自己。刘润老师只需要提前准备好演讲稿，AI 就会自动克隆他的语音，并结合适当的动作完成讲解，从而大幅降低了真人出镜的录制成本。

不止于知识内容视频，硅基智能的数字人还可以被应用在电商带货等多个领域。

2. D–ID

D–ID（Digital Identity Defense）是一家以色列的人工智能技术公司，专注于保护数字身份的隐私和安全。相比于硅基智能，D–ID 的数字人解决方案是一款适合小团队或个人用户简单上手的数字人创作软件。该软件提供了开箱即用的软件交互界面（如图 5–28 所示），支持数字人的创建、语音合成，以及唇形匹配功能。用户只要输入想让数字人说话的内容，再配置好数字人的模型、语音、语言和语调，就能让数字人说出话来。

图 5-28　D-ID 的交互界面

为提高生产数字人人形的效率，D–ID 不仅支持用户手动上传包含人脸的图片，还对接 GPT–3 实现了全流程的文本化控制，如通过简单的文本描述生成数字人图像（如图 5–29 所示）等。

图 5-29　使用文本生成数字人图像

D-ID 的服务主要面向欧美用户，考虑国人的审美和付费习惯，用户也可以选择国产的同类型产品，如 KreadoAI 等。

5.3.5　实战：搭建自己的动漫数字人

数字人涉及的底层技术（包括人物的 3D 建模、肢体动作捕捉和控制、面部轮廓识别等）在数年前就已达到商用状态，甚至有了开源实现方案。

本节以动漫数字人的生产为例，介绍基于摄像头的动作&表情捕捉、2D&3D 动漫模型控制的源码实战。

GitHub 平台的“yeemachine/kalidokit”项目于 2021 年就进行了开源推广，该项目是动漫数字人生产的优秀开源方案之一。它基于 MediaPipe 和 TensorFlow 实现了面部轮廓、眼睛、唇形、身体姿势的追踪，并结合模型整体的运动学求解器，将推算出动漫模型上每个活动节点的运动轨迹。如当动漫模型随被追踪的人脸左右晃动时，模型的头发也会随之晃动，哪怕被追踪的真人是一个秃顶的程序员。

Kalidokit 项目为上述功能提供底层实现 JavaScript 库，其上层还可以扩展完整的应用形态，如支持贴纸和背景图编辑等。图 5-30 所示为 KalidoFace 官网捕捉到的人脸效果。

图 5-30　KalidoFace 官网页面

Kalidokit 为我们提供了本地调试入口，只需要 3 步即可使用，流程如下：

```
# 1. 克隆 yeemachine/kalidokit 核心仓库,GitHub 官网搜索关键字：kalidokit
git clone https://[GitHub 地址]/yeemachine/kalidokit.git
# 2. 安装依赖
cd kalidokit
npm install
# 3. 运行测试
npm run test
```

在上述流程中，第 3 步会在本地“http://localhost:3000”创建一个本地预览服务器，使用浏览器打开后就可以看到如图 5-31 所示的预览效果。可以看到，Kalidokit 成功地识别到了真人的“OK 手势”，并以 2D 视频图像坐标进行模型的 3D 运动学结算，得到 3D 模型匹配的动作坐标。

图 5-31　Kalidokit 项目本地调试的预览效果

第 3 篇
深入原理

第 6 章 AIGC 原理深度解析

在前面的内容中，我们已经对与 AIGC 相关的对话、图像生成、声音生成和视频生成等工具和应用进行了介绍。本章将探讨 AIGC 的技术原理。

6.1 AIGC 技术原理概览

AIGC 的实现主要依赖于 AI 技术，其核心目标是使机器拥有类似于人类的智能。

6.1.1 AIGC 技术概述

2022 年是 AIGC 爆发之年，人们看到了 AIGC 无限的创造潜力和未来应用的可能性。本轮 AIGC 技术的爆发重点依靠生成算法的突破、超大算力加持下的大规模预训练模型技术成熟、多模态技术的积累。

1. 生成算法

Transformer 模型是本轮 AIGC 浪潮背后最重要的技术之一。该模型是一种采用自注意力机制的深度学习模型，这个机制可以按照输入数据各部分重要性的不同而分配不同的权重，它可以应用在自然语言处理（NLP）、计算机视觉（CV）领域。之后出现的 BERT 模型、GPT 系列模型、LaMDA 等预训练模型都是基于 Transformer 模型建立的。

扩散模型是引领图像生成的核心算法模型，也是目前最先进的图像生成模型。该模型最初设计用于去除图像中的噪声。随着降噪系统的训练时间越来越长且越来越好，扩散模型最终可以用纯噪声作为唯一输入来生成逼真的图片。

2. 预训练模型

随着 2018 年谷歌发布基于 Transformer 机器学习方法的自然语言处理预训练模型 BERT，人工智能领域进入了“大炼”模型参数的预训练模型时代。

预训练模型也被称为大型基础模型或基础模型，它是建立在大量数据之上的巨型模型。这些模型利用迁移学习的理念和深度学习的最新进展，以及大规模的计算机系统，展现出了惊人的能力，极大地提高了各种下游任务的性能。因此，预训练模型已经成为 AI 技术发展的新范式，为许多跨领域的 AI 系统提供了坚实的基础。

具体到 AIGC 领域，预训练模型可以实现多任务、多语言、多方式，在内容的生成上扮演着关键角色，比如，文本生成模型 ChatGPT 是建立在自然语言处理领域大模型 GPT 之上的，在文生图算法中，CLIP 等图文多模态预训练模型也起着重要的作用。

3. 多模态技术

多模态技术的出现使 AIGC 的内容呈现出了多样性，让 AIGC 具有了更通用的能力。不同模态都有各自擅长的事情，这些数据之间的有效融合，不仅可以实现比单个模态更好的效果，还可以做到单个模态无法完成的事情。

从技术的创新角度看，模态不仅包括最常见的图像、文本、视频、音频数据，还包括无线电信息、光电传感器、压触传感器等更多的可能性。

2021 年，OpenAI 团队将跨模态深度学习模型 CLIP 开源。该模型能够将文字和图像进行关联，奠定了“文生图”能力的基础。

多模态大语言模型（MLLM）近年来也成为研究的热点，它利用强大的大语言模型作为“大脑”，可以执行各种多模态任务。

> 提示　MLLM 展现出了传统方法所不具备的能力，比如，能够根据图像创作故事，根据视频信息生成一句对应描述，根据视频问答问题，这为实现通用智能提供了一条潜在路径。

总的来说，不断创新的生成算法、预训练模型、多模态等技术融合带来了 AIGC 技术变革，拥有通用性、多模态、生成内容高质稳定等特征的 AIGC 模型成为自动化内容生产的新生产力。

6.1.2 AIGC 技术架构

目前 AIGC 技术架构分为基础层、中间层和应用层，如图 6-1 所示。

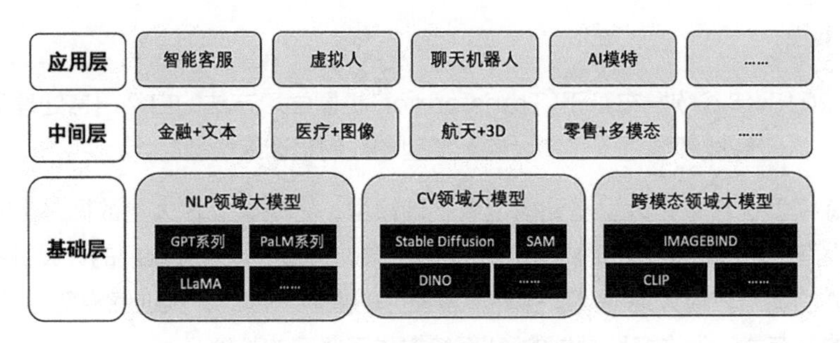

图 6-1　AIGC 的技术架构

1. 基础层

该层是以预训练模型为基础搭建起来的，它作为基础设施，为下游各种 AIGC 落地技术提供支持。预训练模型由于其高成本和高技术投入的特点，因此对很多公司或机构来说具有较高的进入门槛，目前它只被少数几个公司或机构掌握。

按照内容形态，预训练大模型可分为自然语言处理领域大模型、计算机视觉领域大模型、跨模态领域大模型。

- 自然语言处理领域大模型，以 OpenAI 的 GPT 系列、Google 的 PaLM 系列、Meta 的 LLaMA 模型，以及国内的百度文心一言、智源悟道、清华的 ChatGLM 系列模型为代表。
- 计算机视觉领域大模型，虽然其发展程度不如 NLP 领域的大模型，但是也逐步发展出图像生成的稳定扩散模型、自动图像分割的 SAM（Segment Anything Model）模型、端到端目标检测的 DINO 模型等，具有越来越强大的图像生成和理解能力。
- 跨模态领域大模型，是未来重点的技术发力方向。目前比较著名的有图文匹配 CLIP 模型、学习跨 6 种不同模态（图像、文本、音频、深度、热和 IMU 数据）联合嵌入方法的 IMAGEBIND 模型。

2. 中间层

该层的构成主要为垂直化、场景化、个性化的模型和应用工具。基于预训练大模型提供的基础设施，在此基础上可以快速抽取生成场景化、定制化、个性化的小模型，实现在不同行业、垂直领域、功能场景的工业流水线式部署。比如，为大众提供普法服务的 ChatLaw 模型，它以自然语言处理预训练模型为基础，结合法律数据，构建出解决法律咨询问题的专属聊天机器人；著名的二次元画风生成的 Novel-AI，它以计算机视觉领域预训练大模型为基础，结合特定领域的数据，构建出更具特色的图片生成器。

3. 应用层

该层由直接面向用户的文字、图片、音/视频等内容生成服务构成。在近几年的发展中，一些企业开始在 AIGC 技术的基础上构建应用层服务，以满足 C 端用户的需求。这些企业利用基础层和中间层的模型与工具，致力于开发面向用户的 AIGC 应用，重点放在满足用户内容需求乃至创造内容消费需求上。

目前 AIGC 应用主要包括文本生成和图像生成，虽然也有视频、声音等其他模态的内容生成，但是当前这波 AIGC 潮流主要是由文本生成和图像生成技术突破所带来的。本章后续部分将深入介绍文本生成和图像生成背后的技术原理。

6.2 ChatGPT 技术原理介绍

ChatGPT 是文本生成领域的里程碑式产品，本节将对 ChatGPT 的关键技术进行介绍，包括文本生成模型、自然语言处理领域的预训练大模型，以及使得预训练大模型的输出与人类期望对齐的技术。

6.2.1 ChatGPT 技术概述

ChatGPT 应用的显著特点在于，其能准确地理解人类语言，并能以接近人类语言的方式进行回复，同时能处理邮件回复、代码编写等各类与自然语言相关的任务。

ChatGPT 本质上是一个大型的自然语言预训练模型，其根本任务是对用户给定的输出进行“合理的延续”。ChatGPT 通过对数以亿计的网页、书籍等内容进行理解和学习后，内化成模型能力，从而具备大量的知识和强大的推理能力。

ChatGPT 在接收到一个文本序列输入时，基于对该输入的理解，预测出下一个输出字（专业术语为 token，可以是单词、短语或汉字等。为了便于理解，我们用“字”代替）。这个过程是逐步进行的：每次生成一个字后，该字首先会被添加到当前文本序列中，成为新的输入；然后该字成为预测下一个字的依据。ChatGPT 通过这种方式逐步生成文本，以达到“合理延续文本”的目标。

假如当前 ChatGPT 的输入是“中国的首都是哪里？”。ChatGPT 输出文字的基本过程如图 6-2 所示。

中国的首都是哪里？

北:0.92	京:0.95	END:0.99
东:0.03	方:0.01	A:0.004
南:0.01	日:0.004	太:0.002
三:0.003	边:0.002	是:0.001
五:0.001	面:0.001	天:0.0003
……	……	……

图 6-2 ChatGPT 输出文字的过程

首先，它会问自己“基于当前的输入，我接下来该输出哪个字？”它会把所有可能的字的概率都计算出来，然后选择最大的“北”作为输出。

接着，输入变成“中国的首都是哪里？北”，它会重复刚才的过程，取得最大概率的“京”字作为输出。

之后，会将“中国的首都是哪里？北京”作为新的输入，这时它发现终止字符是概率最大的，从而结束输出。

在 ChatGPT 出现之前，文本生成模型就已经具备这种能力。但是 ChatGPT 生成的精准程度远超过前辈模型。ChatGPT 的这种能力来自哪里呢？主要依赖以下 3 项关键技术。

（1）GPT 模型：一个性能更佳的文本生成模型。

（2）大规模预训练：使得文本生成模型具备内在知识和推理能力。

（3）有监督的指令微调和基于人类反馈的强化学习技术：使得 ChatGPT 能够听得懂人话、说人话。

下面将详细介绍这 3 项技术。

6.2.2 GPT 模型：ChatGPT 背后的基础模型

GPT（Generative Pre-trained Transformer）是一种基于 Transformer 模型的文本生成模型。它是由 OpenAI 团队于 2018 年首次提出的，经过 GPT-1、GPT-2、GPT-3 等版本演进，于 2022 年演化出 ChatGPT。

1. GPT 模型的原理

GPT 模型的核心思想是，通过大规模的无监督预训练来学习文本的统计规律和语义表示。

在预训练阶段，GPT 模型使用大量的公开文本数据来建模文本的概率分布，从而学到语言的一般特征和结构。这使得 GPT 模型具备了一定的语言理解和生成能力。

在具体的模型结构上，GPT 模型采用了 Transformer 模型，相关内容已在 1.3.1 节中有过重点介绍，这里简单回顾一下。

Transformer 模型在自然语言处理（NLP）领域中取得了巨大的成功，后续百花齐放的自然语言处理领域大规模预训练模型大部分都是基于 Transformer 模型的。Transformer 模型由编码器和解码器两部分组成，其中，编码器负责将输入序列编码为一系列高维表示，解码器则使用这些表示生成目标序列。

每个编码器和解码器层都由多个注意力机制网络和前馈神经网络组成，通过堆叠多个层来增加模型的表示能力。Transformer 模型的核心思想是，通过对输入序列中的每个位置进行自注意力计算（即将每个位置的表示与其他位置的表示进行加权组合），以获取全局上下文信息。这种自注意力机制使得 Transformer 模型能够并行计算，极大地提高了训练和推理的效率。

Transformer 模型比较擅长处理翻译等“从源输入经过变换生成新输出”的任务。后续的 BERT、GPT 等模型往往只采用了 Transformer 模型的一部分，比如，BERT 模型主要用于解决自然语言理解类任务，所以它只采用了编码器部分；而 GPT 模型主要用于文本生成任务，所以它只采用了解码器部分。

GPT 模型是一种自回归模型，结构如图 6-3 所示。

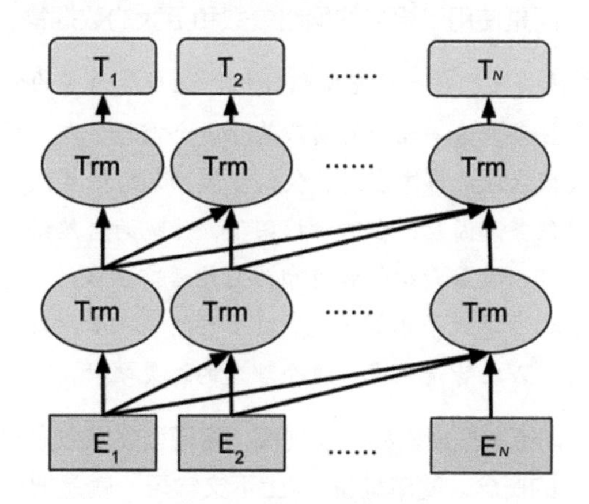

图 6-3　GPT 模型的结构

GPT 模型的输入是一个文本序列，目标是生成与输入序列相关的下一个单词或单词序列。在 GPT 模型中，每个单词的表示都是通过自回归模型计算得到的，模型会考虑前面所有的单词和它们对应的位置，来预测下一个单词。

> 提示　什么叫作自回归？可以类比看连环画，一个人只有看到前面的画才能理解本幅画的含义。自回归模型中的网络节点序列之间存在着紧密的联系和依赖，它通过不断理解前面的输入/输出来生成下一个输出。

2. GPT 模型的进化历史

我们常说的 GPT 模型是一个系列模型，所以，有时也被称为 GPT 系列模型，其强大的功能是通过多个版本的迭代逐步增强的。

GPT 系列模型的结构秉承了“不断堆叠 Transformer 层”的思想，通过不断提升训练语料的规模和质量，提升网络的参数数量来实现 GPT 系列模型的迭代更新。GPT 系列模型也证明了：通过不断提升模型容量和语料规模，模型的能力是可以不断提升的。

GPT 系列模型不同版本的说明如表 6-1 所示。

表 6-1 GPT 系列模型不同版本的说明

模　型	发布时间	参数量	预训练数据量
GPT	2018 年 6 月	1.17 亿个	约 5GB
GPT-2	2019 年 2 月	15 亿个	40GB
GPT-3	2020 年 5 月	1750 亿个	45TB
ChatGPT	2022 年 11 月	未知	未知
GPT-4	2023 年 3 月	未知	未知

GPT-2 的目标是成为一个泛化能力更强的模型，它并没有对 GPT-1 的网络进行过多的结构创新与设计，而是使用了更多的网络参数和更大的数据集。

> 提示　GPT-2 的核心思想在于，它坚信任何涉及自然语言的任务都可以被有效地转换为自然语言生成的任务。这一理念的实践基于一个前提，即当模型的规模达到足够庞大，并且所依赖的数据资源足够丰富时，仅仅依赖预训练的生成模型，便能够应对那些非典型的生成类学习任务。因此，在这种框架下，传统的自然语言理解任务，如文本分类、阅读理解等，都可以被重新构想和重塑为自然语言生成的任务。
>
> 在 GPT-2 时代，由于其效果不够惊艳，这个思想还未受到足够重视，直到 ChatGPT 的发布，众人才理解“万物皆是生成”这个理念的远见之处。

GPT-3 继续扩大训练数据规模和模型规模，将模型参数数量提高到 1750 亿个，并引入了“上下文学习”的概念。简单地说，“上下文学习”就是把样例放到输入的提示词中让模型“照猫画虎”。GPT-3 的能力得到进一步提升，在部分自然语言处理任务上实现超越的最佳效果（State of The Art，SOTA），但是在更多任务上离 SOTA 还有一段距离，这也引起了业界对花高价进行大规模训练价值的质疑。但是，2022 年，ChatGPT 所带来的惊人表现直接打消了众人的疑虑。为什么 ChatGPT 具有如此强大的能力？下面将继续进行介绍。

6.2.3 大规模预训练：ChatGPT 的能力根源

ChatGPT 具有以下 4 个重要的能力。

（1）语言生成能力：ChatGPT 能够根据用户给出的提示词（Prompt）生成答案，这奠定了如今人类与语言模型的交互方式。

（2）世界知识能力：ChatGPT 具有事实性知识和常识性知识，如图 6-4 所示。

（3）上下文学习能力：ChatGPT 能够参考用户给定的少量任务示例解决新的问题，如图 6-5 所示。

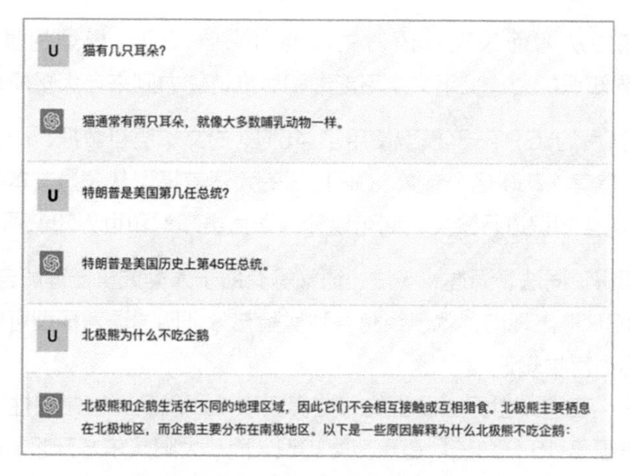

图 6-4　ChatGPT 具有世界知识能力

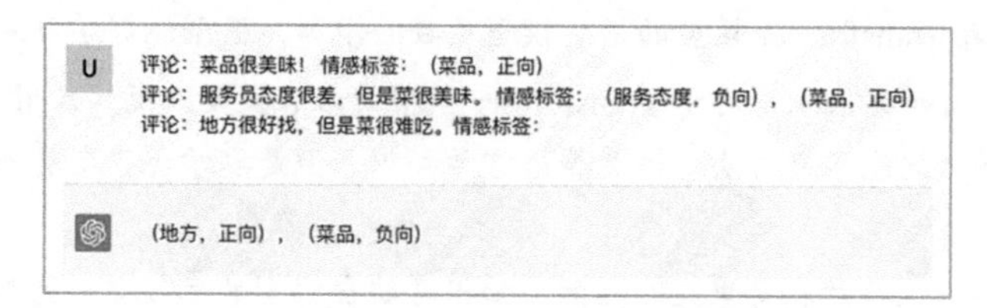

图 6-5　ChatGPT 的上下文学习能力

（4）思维链能力：对于某个复杂问题（如推理问题），如果用户把详细的推导过程写出来，并提供给 ChatGPT，那么 ChatGPT 就能做一些相对复杂的推理任务，如图 6-6 所示。

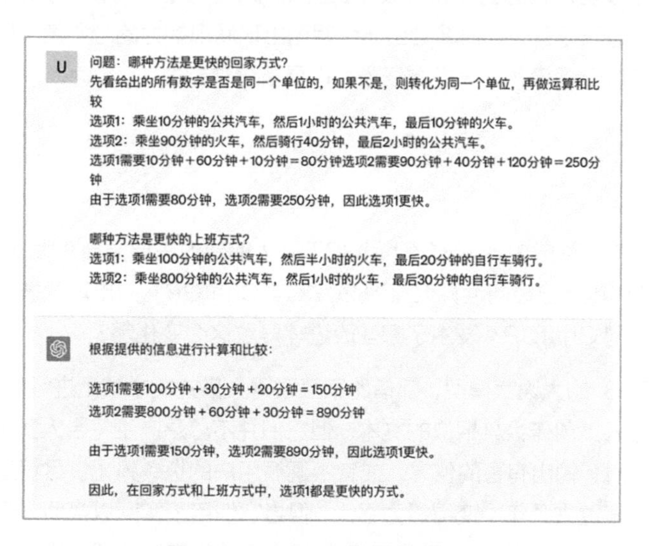

图 6-6　ChatGPT 的思维链能力

上述这些能力从何而来呢？语言生成能力来自 GPT 模型的基础生成能力，ChatGPT 的世界知识能力、上下文学习能力和思维链能力则来自大规模预训练。

ChatGPT 背后的 GPT-3 模型使用了 45TB 的文本语料数据，用了数千个高端的 GPU 进行训练，具有 1750 亿个参数。GPT-3 等大语言模型从海量文本语料中学习了大量知识，如果把这些知识进行分类，则可以分为语言类知识和世界知识两大类。

- 语言类知识：词法、词性、句法、语义等有助于人类或机器理解自然语言的知识。在 ChatGPT 出现前，就已经有各种实验充分证明“语言模型可以学习各种层次和类型的语言学知识”。
- 世界知识：在这个世界上发生的一些真实事件，以及一些常识性知识，比如“特朗普是美国第 45 任总统”是事实类知识，而“太阳从东方升起”则属于常识类知识。

> 提示　随着 Transformer 模型的语言模型层数的增加，模型能够学习到的知识数量呈指数级增加。有研究表明，对于 Transformer 模型的语言模型来说，只用 1000 万到 1 亿个单词的语料，就能学好句法、语义等语言学知识。但是要学会事实类知识，则要更多的训练数据。
>
> 那么这些知识存放在哪里呢？显然，知识存储在模型的参数里。更具体的，有研究推测知识存在 Transformer 模型中的 FFN（前向神经网络）部分。

ChatGPT 的“上下文学习能力”和“思维链能力”则来自大模型的“涌现能力”。很多能力是小模型没有的，只有当模型达到一定的量级之后才会出现。这样的能力被称为“涌现能力”。那么，模型规模达到什么量级才会出现涌现能力呢？有研究表明，模型出现“涌现能力”与具体的任务有关。很难给出一个明确出现涌现能力的分界值，只能说，如果模型达到 100B 的参数规模，则大多数任务可以具备这种能力。

6.2.4 有监督的指令微调和基于人类反馈的强化学习：让 ChatGPT 的输出符合人类期望

根据 6.2.2 节介绍的内容可知，ChatGPT 强大的能力主要源自其大规模预训练模型。GPT-3 在 2020 年就已经问世，但直到 2022 年 ChatGPT 的出现才被引起广泛关注，那么从 GPT-3 到 ChatGPT 发生了哪些改进才导致这个变化呢？

类似 GPT-3 的大语言模型，都借助了互联网大量的文本数据进行深入训练，因此，它们能够生成与人类创作极其相似的文本。但它们并不总是产生符合人类期望的输出，比如输出错误的信息、输出有害的信息，或者不遵循用户的指令输出。尽管这些基于大量语料训练的大模型在过去几年中变得极为强大，但当它们用于实际以帮助人们更轻松地执行任务时，往往无法发挥其潜力。ChatGPT 的提出正是为了解决“大模型的输出与人们希望的输出无法对齐”的问题。

为了解决这个问题，ChatGPT 采用了 3 个步骤：有监督的指令微调、训练奖励模型、基于人类反馈的强化学习。

1. 有监督的指令微调（Supervised Fine Tuning，SFT）

首先，构建 Prompt（提示词）数据集，从 GPT-3 模型的用户使用记录中收集了大家提交的 Prompt，又让训练有素的标注人员手写补充，从而形成高质量的 Prompt 数据集。然后，针对其中的每个 Prompt 人工撰写高质量的回复范例，这样就形成了高质量的、任务导向的数据集。使用这个任务导向的数据集对 GPT-3 模型做微调，从而能显著提升模型回答的质量。

2. 训练奖励模型（RewardModel，RM）

首先用第 1 步微调后的 GPT-3 模型预测 Prompt 数据集中的任务，让 GPT-3 模型针对每个 Prompt 输出多个结果，接着，这些结果会被提交给人类标注员，由他们对每个结果的优劣进行细致的标注，从而构建出一个反映人类结果偏好的数据集。使用此偏好数据集训练一个奖励模型，该模型蕴含的是人类偏好，用于指导下一步的强化学习。

3. 基于人类反馈的强化学习（Reinforcement Learning from Human Feedback，RLHF）

用第 1 步微调后的 GPT-3 模型预测 Prompt 数据集中的文本，这里 GPT-3 模型被一个策略包装，并且用一个强化学习算法(具体为 PPO 算法)更新参数，用第 2 步中训练好的奖励模型给策略的预测结果打分（用强化学习术语说，就是计算 reward），计算出来的这个分数会交给包着 GPT-3 模型内核的策略来更新 GPT-3 模型的参数。这一步想要得到的效果是：让模型根据 Prompt 生成能够得到最大的分数（reward）的回复。因为分数是由第 2 步的奖励模型得到的，所以分数越高，就越符合人类的偏好。

总的来说，ChatGPT 就是在 GPT-3 模型的基础上，结合了“有监督的指令微调”和“基于人类反馈的强化学习”两项技术，其核心目标是让模型输出更加符合人类预期的答案。

- 有监督的指令微调让 GPT-3 模型学习人工撰写的回复，从而有一个大致的微调方向。
- 强化学习算法用于基于人工反馈数据来更新 GPT-3 模型的参数，从而达到拟合人类期望的效果。

6.3 AI 绘画的扩散模型

介绍完文本生成方向的 ChatGPT 模型的原理后，接下来将介绍 AIGC 应用领域的另一个方向——AI 绘画的关键技术。

6.3.1 AI 绘画技术发展史

我们所说的“AI 绘画”，主要指基于深度学习模型来进行自动绘画的计算机程序。

AI 学习绘画的过程为：①构建已有画作作为模型训练的输入和输出数据；②通过反复调整深度学习模型的内部参数，使其学习到绘画的内在规律。这样，在面对训练数据外的输入数据时，该模型也能输出符合预期的图像。

1. AI 绘画概念的首次出现

“AI 绘画”这个概念始于 2012 年，当年 Google 的两位著名 AI 专家吴恩达和 Jeff Dean，联手使用 1.6 万个 CPU 训练了当时世界上最大的一个深度学习网络，用来指导计算机画出猫脸图片。当时他们使用了来自 YouTube 的 1000 万张猫脸图片，整整训练了 3 天，最终得到的模型可以生成一张非常模糊的猫脸图片，如图 6-7 所示。

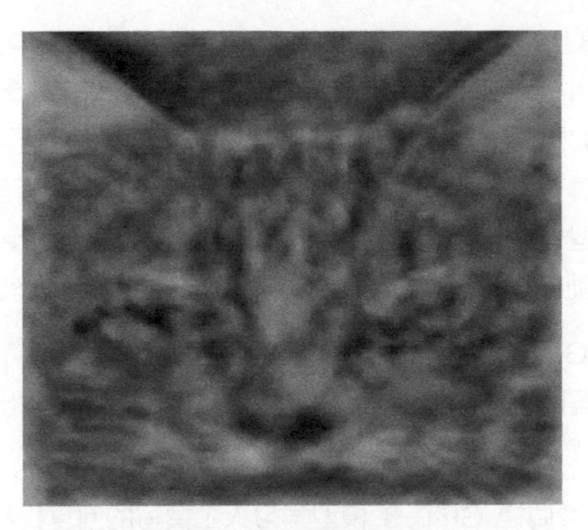

图 6-7 模糊的猫脸图片

> 提示 在今天看来，这个模型的训练效率和输出结果都不值得一提。但对于当时的 AI 研究领域，这是一次具有突破意义的尝试，它正式开启了基于深度学习模型的 AI 绘画这个全新的研究方向。

2. AI 绘画的探索发展阶段（2012 年至 2022 年）

2014 年，AI 绘画领域出现了一个非常重要的深度学习模型——生成对抗网络

（GAN）。该模型的核心思想是，让两个内部程序生成器（Generator）和判别器（Discriminator）进行对抗学习，生成器负责生成与真实数据相似的新数据，判别器则负责区分数据是生成器生成的真实数据还是假数据。

> 提示　在训练过程中，生成器不断尝试生成更加逼真的样本，而判别器则不断提高自己对真实样本和生成样本的区分能力。这两个模型相互对抗、相互协作，最终实现高质量的数据生成效果。

GAN 模型一经问世就风靡 AI 学术界，一度成为 AI 绘画的主流方向。GAN 的出现大大推动了 AI 绘画技术的发展，但是 GAN 模型存在以下显著的缺点。

（1）模型训练对于显卡等资源消耗较高。为了训练稳定的模型，需要较长的训练时间和大量的计算资源。

（2）生成器可能会产生相似或重复的输出，即模式塌陷。这导致生成的图像缺乏多样性，限制了 GAN 模型的应用场景。

（3）训练过程不稳定，容易出现训练不收敛的情况。由于生成器和判别器之间的博弈性质，使得训练过程难以达到理想的平衡状态。

虽然 GAN 模型有各种各样的问题，但是研究人员仍长期持续对 GAN 算法进行探索优化，生成的图片效果不断提升。举个例子，GAN 模型生成的人像十分逼真，如图 6-8 所示。

图 6-8　GAN 生成的人脸图像

> 提示　在 AI 绘画领域，GAN 模型长期以来一直处于主流地位。直到 2022 年出现了稳定扩散模型（Stable Diffusion Model），这个局面才得以改变。

除 GAN 模型外，研究人员也开始利用其他种类的深度学习模型来尝试教 AI 学习绘画。一个比较著名的例子是 2015 年 Google 发布的一个图像生成工具“深梦”（Deep Dream）。图 6-9 展示了“深梦”的生成效果。与其说“深梦”是一个 AI 绘画工具，还不如说它是一个高级 AI 版滤镜。

图 6-9 “深梦”生成的作品

2017 年，Facebook（现在的 Meta 公司）联合罗格斯大学和查尔斯顿学院艺术史系三方合作开发出新模型 CAN（Creative Adversarial Networks）。CAN 能够输出一些像是艺术家作品的图片，这些图片是独一无二的，而不是现存艺术作品的仿品，如图 6-10 所示。

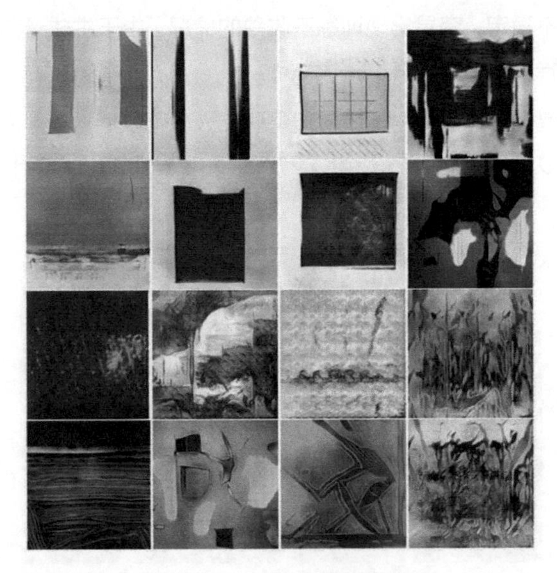

图 6-10 CAN 生成的作品

当然，CAN 仅能创作出一些抽象的作品，还无法创作出一些写实或者具象的绘画作品。就艺术性评分而言，其水平还远达不到人类大师的水平。

研究者对 AI 绘画的探索，在生成对抗网络（GAN）的技术路线上继续进步，虽然也取得了一些成绩，但是距离人们想象的通过描述词直接生成绘画作品还有比较大的差距。

3. AI 绘画能力的跃迁（2022 年至今）

研究人员把眼光开始移到其他可能的方向，一个在 2016 年就被提出的扩散模型

（DM）开始受到更广泛的关注。它的原理与 GAN 完全不一样，它使用随机扩散过程来生成图像，避免了 GAN 生成模型中存在的一些问题。

在 2021 年，OpenAI 发布了广受关注的 DALL · E 系统，它可以从任何文字中创建高质量图像，它所使用的技术即为扩散模型。很快，基于扩散模型的图片生成成为主流。

2022 年 2 月，Somnai 等做了一款基于扩散模型的 AI 绘画生成器——Disco Diffusion。它真正实现了“从关键词渲染出对应的图像”。从它开始，AI 绘画进入了发展的快车道。

2022 年 3 月，由 Disco Diffusion 的核心开发人员参与建设的 AI 生成器 Midjouney 正式发布。Midjouney 生成的图片效果非常惊艳，普通人已经很难分辨出其作品是由 AI 绘画工具生成的。

2022 年 4 月，OpenAI 发布了 DALL · E 2。

2022 年 7 月，一款名为 Stable Diffusion 的开源 AI 绘画程序问世，其所生成的图像在质量上足以与业界领先的 DALL · E 2 和 Midjourney 相媲美，这一成就标志着人工智能在艺术创作领域又迈出了坚实的一步。

6.3.2 AI 绘画技术取得突破性进展的原因

2012 年，AI 绘画的概念就被提出了，可为什么 AI 绘画技术会在 2022 年取得突破性进展呢？任何技术的突破都是漫长技术积累的结果，AI 绘画技术在 2022 年取得突破有以下两项重要的技术基础。

（1）CLIP 模型的提出，使得从文本提示词生成图像成为可能。

（2）扩散模型的应用，使得生成图像的质量得到大幅度的提升。

CLIP 模型是 OpenAI 团队在 2021 年 1 月开源的深度学习模型，它是一个先进的用来解决图像分类问题的模型。CLIP 能够同时理解自然语言和图像，它可以计算出文本和图像的匹配程度。CLIP 模型本质上是一个图像和文本匹配模型，它在 40 亿个“文本-图像”匹配数据上进行训练。通过海量的训练数据和令人咋舌的训练时间，CLIP 最终在文本图像匹配度计算的问题上取得了重大突破。虽然一开始 CLIP 模型的提出和 AI 绘画问题无关，但是在它发布后，有人迅速找到了结合 CLIP 进行 AI 绘画的方法：既然利用 CLIP 可以计算出文字特征值和图像特征值的匹配程度，那只要把这个匹配验证过程链接到负责生成图像的 AI 模型，负责生成图像的模型反过来产生一个能够通过匹配验证的图像特征值，这样不就得到一幅符合文字描述的作品了吗？

在 CLIP 被提出后，AI 绘画研究者开始研究 CLIP 结合 GAN 模型进行图像生成，但是结果一直不尽如人意。GAN 模型经过蓬勃发展后进入瓶颈期，大多数研究都在努力解决对抗性生成方法面临的一些问题，比如图像生成缺乏多样性、模型不容易训练、模式崩溃、训练时间过长等问题。但是，这些不是通过优化就能解决的问题，而是由模型本身的结构局限性所导致。因此，研究人员开始寻找其他架构的图像生成模型，并把眼光开始移到扩散模型。扩散模型能够产生更多样化的图像，并被证明不会受到模式崩溃的影响，引入扩散模型之后，AI 绘画效果取得了显著提升，实现了“破圈”传播。扩散模型的计算要求很高，训练需要非常大的内存，近些年算力的提升使得扩散模型的大规模数据训练成为可能。

总的来说，CLIP 等图文多模态模型基础能力建设的完善和算力提升，使得扩散模型能够登上舞台，长期一系列的技术积累，使得 AI 绘画技术在 2022 年取得了突破性进展。

6.3.3 稳定扩散模型原理简介

稳定扩散模型（Stable Diffusion Model）是建立在一个强大的计算机视觉模型基础之上的，该模型能够从大量的数据集中学习复杂的操作。其核心逻辑是使用扩散模型来生成图像。

DALL · E 2 和 Midjouney 采用的也是扩散模型，但两者并未开源，我们通过了解稳定扩散模型的原理也能大致了解 DALL · E 2 和 Midjouney 的原理。

下面先简单了解一下扩散模型。扩散模型的原理可以概括为：先对图片添加噪声，在这个过程中学习当前图片的各种特征；之后随机生成一个服从高斯分布的噪声图片，接着一步步去除噪声，直到生成预期的图片，如图 6-11 所示。

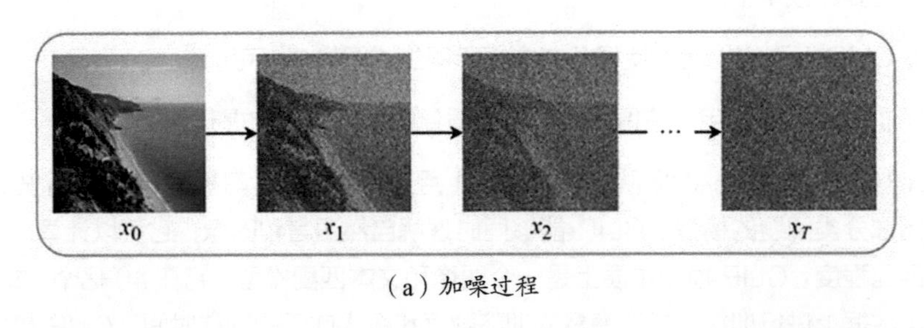

（a）加噪过程

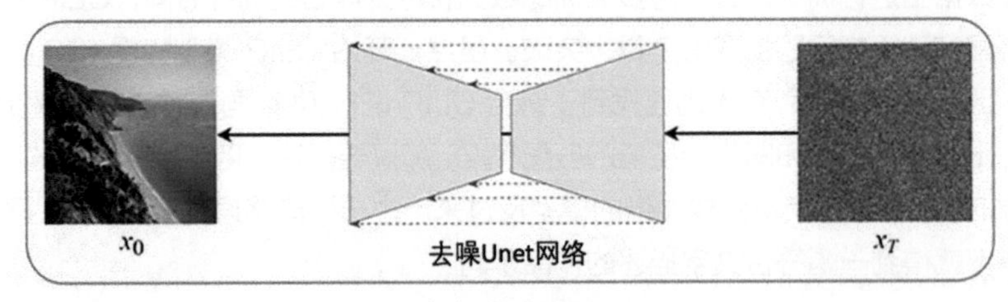

（b）去噪过程

图 6-11　扩散模型原理示意图

这个过程可以被形象地理解为“拆楼”和“建楼”：先把一栋完整的楼一步步地拆除（即从图片到噪声），模型通过观察拆楼步骤学习反向的建楼步骤；之后，如果给定了一堆砖瓦水泥（即噪声），那么模型就能够一步步地把楼盖起来（即得到图像）。

原始的扩散模型有两个显著的缺点：①绘画细节还不够深入；②渲染时间过长。作为扩散模型的改进版本，稳定扩散模型几乎完美地解决了这两个问题。

> 提示　稳定扩散模型的核心思想与扩散模型相同：利用文本中包含的信息作为指导，把一张纯噪声的图片逐步去噪，生成一张与文本信息匹配的图片。

稳定扩散模型是一个组合的系统，其中包含许多子模型。稳定扩散模型的架构如图 6-12 所示。

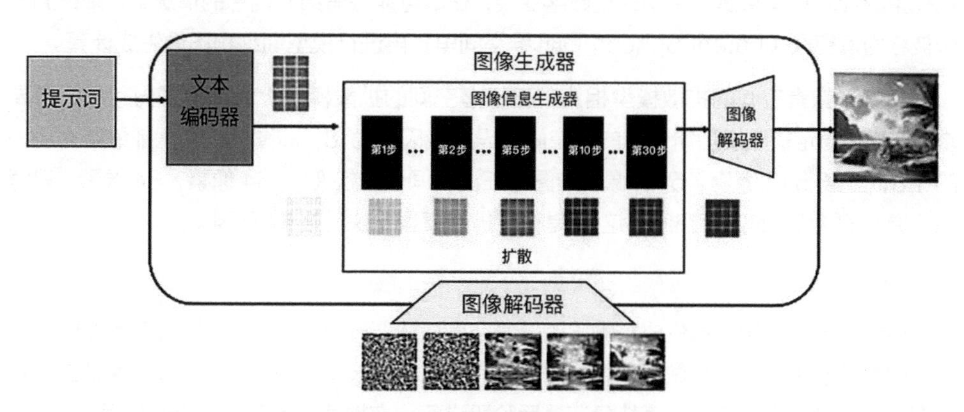

图 6-12　稳定扩散模型的架构

下面介绍一下稳定扩散模型的主要模块。

1. 文本编码器（Text Encoder）

该模块的核心功能是将文本转换为计算机能够解读的数学表达形式。具体地说，它接收用户输入的文本提示词（Text Prompt）作为起始点，随后输出一系列富含这些文本信息的语义向量。这些向量承载着关键的内容指引，为后续的绘画模块提供了至关重要的生成图像所需的信息基础，确保了生成图像的内容与用户意图的高度契合。

在稳定扩散模型中，文本编码器采用的是 CLIP 模型，这是 OpenAI 在 2021 年开源的图像文本匹配预训练深度学习模型。

2. 图像信息生成器（Image Information Generator）

该模块负责执行扩散过程，它的输入和输出均为低维图片向量，由一个 Unet 网络和一个采样器算法模块构成。

> 提示 Unet 是一种简单、高效的图像分割模型，经常被用来作为降噪模型，具体模型结构可以参阅论文“U-Net: Convolutional Networks for Biomedical Image Segmentation”。在稳定扩散模型里，Unet 网络负责进行迭代降噪。

初始纯噪声变量被输入 Unet 网络后，结合文本编码器输出的语义控制向量，重复 30 到 50 次来不断地去除纯噪声变量中的噪声，并持续向噪声向量中注入语义信息，就可以得到一个具有丰富语义信息的向量。采样器统筹整个去噪过程，按照预定的设计模式在去噪的不同阶段动态调整 Unet 网络的去噪强度。

开始时，噪声向量解码出来的是一张纯噪声的向量，随着迭代次数的不断增加，最终变为包含语义信息的有效图片。在这一步，稳定扩散模型相比扩散模型做了重要的改进：把模型的计算空间从像素空间经过数学变换，在尽可能保留细节信息的情况下，降维到一个被称为潜空间（Latent Space）的低维空间里，再进行模型训练和图像生成计算。

与基于像素空间的扩散模型相比，基于潜空间的扩散模型大大降低了内存和计算要求。比如，稳定扩散模型所使用的潜空间编码缩减因子为 8，即图像长和宽都缩减为原来的 1/8，一张 512 像素 × 512 像素的图像在潜空间中直接变为 64 像素 × 64 像素，只消耗了原来的 1/64 的内存空间。这就是稳定扩散模型又快又好的原因。

3. 图像解码器（Image Decoder）

该模块将“图像信息生成器输出的低维空间向量”升维放大，得到一张完整的图像。由于图像信息生成器模块做了降维处理，因此需要增加该模块进行升维，才能保证最终输出图像的维度符合预期。该模块只在最后阶段进行一次推理，是获得结果的最后一步。

第 7 章 AI 应用开发框架

在之前的章中，我们深入探讨了 AIGC 模型的底层原理，以及 AIGC 模型在各种应用场景中的实践。可能您已经发现：底层的对话式交互原理与上层复杂的交互模式之间存在一道巨大的鸿沟。例如，ChatGPT 对对话长度有限制，却能够理解并总结几百页的 PDF 文件的内容；AIGC 底层仅提供了对话的能力，却能实现网络搜索和预订机票等复杂功能。

在大语言模型（Large Language Model，LLM）和复杂的 AIGC 应用之间还存在着一层巧妙设计的中间层以实现复杂功能，我们将其称为“AI 应用开发框架”。“AI 应用开发框架”可以解决复杂应用场景下的 LLM 使用问题，并提供标准化的解决方案，包括但不限于多 LLM 间的切换（如 OpenAI、ChatGLM、Claude 等的切换）、智能调度、对接外部数据、聊天信息缓存、向量化数据存储等。

横向对比软件开发的其他领域，“AI 应用开发框架”类似后端领域的 Spring 框架和前端领域的 React、Vue.js、Angular 框架。使用这些框架，技术团队能更高效、更安全地交付复杂的、高性能的软件。学习这些框架能让开发者了解标准的设计范式，降低协作和沟通的成本。

本章将重点探讨当前最热门的 AI 应用开发框架——LangChain。

本章所有涉及代码的实践均基于 LangChain Python 版本（0.0.181）。

> 提示　LangChain 官方也针对前端技术栈提供了相应的版本——LangChainJS，针对 Go 语言等技术在 GitHub 开源社区上也有相应的版本。虽然这些版本的技术架构基本一致，并都可以在生产中使用，但相关代码的完整度均不如 Python 版本的，故本章暂不赘述这些版本。

7.1 初识 AI 应用开发框架 LangChain

LangChain 诞生于 2022 年 10 月，目前是 AI 领域最热门的技术之一，其在 GitHub 上的 Star 数达到 42.3k。

LangChain 所属的公司在 2023 年 3 月获得了 Benchmark Capital 的 1000 万美元种子轮投资，并在一周后再次获得红杉资本约 2000 万美元的投资，估值达到 2 亿美元。这表明其技术和资本热度非常高。

7.1.1 LangChain 基本概念介绍

LangChain 的概念可以被拆分为 Lang 和 Chain 两部分来理解。

- Lang 对应 AIGC 中最核心的概念——大语言模型(Large Language Model, LLM)。
- Chain (链式调度) 是软件设计中的常见模式，指将复杂流程拆解为一个个独立子任务节点，再将它们像链条一样串联起来，每个节点执行完成后将结果转交给下一个节点。

LangChain 技术基于 LLM，并提供了一系列扩展功能，帮助开发者将复杂的 AI 场景链式串联起来，进而可以实现“单纯的对话机器人”无法完成的功能。

1. 举一个真实的生活场景

如果我们和普通的 LLM 应用 (以 ChatGPT 为例) 聊天，让它“帮我买杯咖啡”，因为只有 LLM 能力，所以它就只能回答“非常抱歉，作为 AI 语言模型，我无法为您购买咖啡”。但是，对于 LangChain 应用，它真可以帮我买到一杯咖啡，可能的流程如图 7-1 所示。

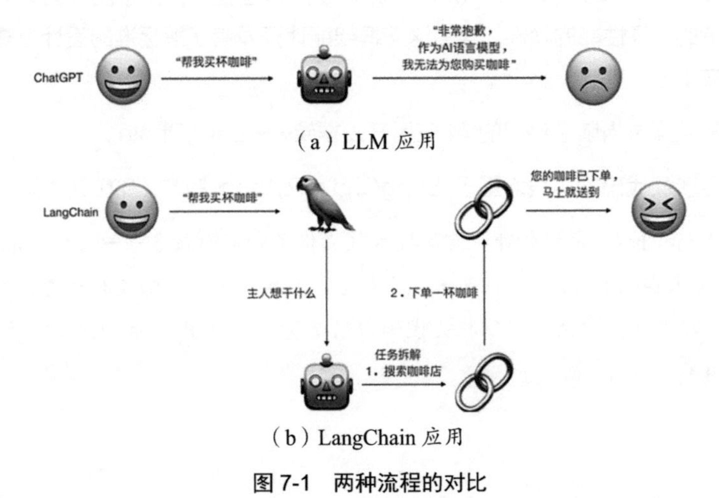

图 7-1 两种流程的对比

普通 LLM 应用只停留在对对话信息本身的理解和反馈上，而 LangChain 应用可以基于对对话信息的理解做出进一步的动作，包括分析需求、任务拆解、搜索咖啡店、下单一杯咖啡等。LangChain 应用甚至能分析用户的购买习惯，判断出用户对咖啡店和咖啡种类的偏好。

2. LangChain 应用的核心功能

LangChain 应用的核心功能如下。

- **LLM 的封装**：实现了提示词模板与 LLM 的高效配对，并将其集成在 Chain 中形成标准化的智能调度单元，从而提升 LLM 的使用效率。例如，将上文提到的任务拆解过程封装进 Chain 中，同时将商品相关的上下文信息融入提示词模板中。这样在每次调用时，仅需更改商品名称即可轻松实现不同商品的智能化处理。
- **文本拆分和关联**：每次只取必需的背景信息，这样就能解决 LLM 对话长度受限的问题。
- **历史记忆能力**：赋予 LLM 如人脑般的记忆能力，这样就能解决 LLM 对话轮数受限的问题。
- **代理能力**：LangChain 链式调度的核心功能，能够根据实际场景灵活决定下一步的行动。对于实现这些行动，LangChain 提供了强大的工具集，无论是调用大语言模型（LLM）进行处理，还是搜索咖啡店，都能轻松实现。
- **知识库解决方案**：官方提供了一套完整的解决方案以帮助开发者快速搭建私域知识库。

7.1.2 LangChain 应用的特点

LangChain 大幅降低了 AI 从业者基于 LLM 进行二次生产的成本，让 AIGC 相关的软件服务和产品不局限在掌握 LLM 的极少数“巨头”手上。

本节通过对比来介绍普通 LLM 应用和 LangChain 应用的特点，如图 7-2 所示。

1. 普通 LLM 应用的特点

通过图 7-2，我们可以发现普通 LLM 应用具有以下三个特点。

- **可控度低**：由掌握 LLM 的“巨头”直接掌控，如 OpenAI 在 GPT 大模型基础上提供的 ChatGPT，百度在文心大模型基础上提供的“文心一言”等。可控度低导致普通 LLM 应用常常难以达到预期结果，或者需要较高的学习成本。
- **用户的交互受限**：包括“一问一答”的单一交互模式，以及这种交互本身的次数、长度限制。在交互的形式上，只支持用户输入文字描述需求，应用通过文字给出回答。在交互的量上，目前这些聊天应用单次可接受的文字长度、对话总轮数都是有限的，无法支持更长、更久的对话。

- **私域安全保障弱**：私域安全包括产品安全和数据安全。目前部分 LLM 聊天应用在对话交互的基础上提供了插件能力，支持将第三方服务通过插件方式自动插入对话。这意味着，第三方服务背后的相关公司将失去流量入口的控制权，进而导致产品安全不可控，并且，大量数据经由大模型平台，会导致数据泄露的风险加大。

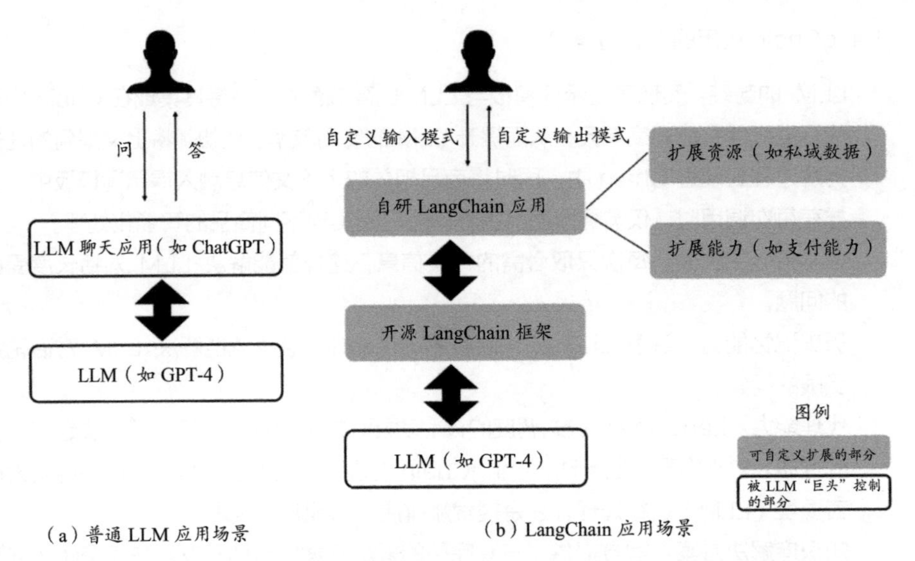

图 7-2　普通 LLM 应用和 LangChain 应用的场景区别

2. LangChain 应用的特点

（1）高度可控：LangChain 本身是一个开源框架，开发者可以在其上修改、扩展自己所需要的能力，并且可以动态切换底层的 LLM。

（2）可扩展性强：开发者可以通过 LangChain 框架将 LLM 接入任何已有的产品中，如接入在线文档中，自动对文档内容进行摘要总结和语法修订。

（3）私域安全保障强：通过 LangChain 的代理能力，企业/个人可以将敏感的资源（商业数据、文档资料等）和能力（支付能力等）与外部的 LLM 应用隔离，甚至设计卡控节点，从而保证私域的数据和能力安全。

> 提示　从实际应用价值看，普通的 LLM 应用可以解决简单的用户需求，并且在插件的加持下也可以触及实时的真实世界。
>
> LangChain 应用可控可扩展，并且提供了标准化的、安全的一体化解决方案，可以解决更加复杂的问题，并且服务的长期维护成本、安全性都更好。

表 7-1 对比了普通 LLM 应用和 LangChain 应用的特点。

表 7-1　普通 LLM 应用和 LangChain 应用的对比

价值维度	普通 LLM 应用	LangChain 应用
可用性	满足简单的通用场景	满足更多的场景
用户体验	对话式交互，产品体验被少数 LLM 公司控制	支持多种交互形式，企业和个人均可定制功能
功能性	功能预置，数量受限	可以将 LLM 接入任何已有的产品或服务中
扩展性	有限扩展	近似无限扩展
安全性	所有流量和数据均经由 LLM 公司	流量入口独立，数据支持脱敏、拆分和安全隔离

7.2 LangChain 的核心原理和实践

本节将介绍 LangChain 的核心原理和实践。为方便读者更直观地理解，我们继续用本章开头提到的“买咖啡”案例，介绍各个核心模块之间是如何协同工作的，如图 7-3 所示。

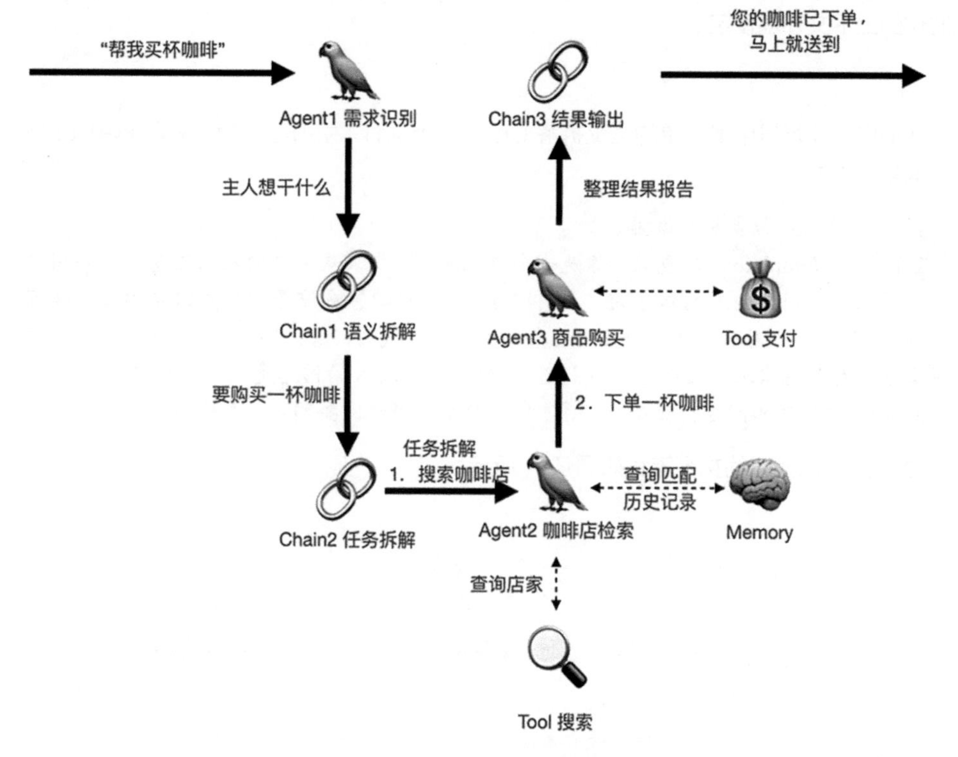

图 7-3　LangChain 的核心原理示例

在图 7-3 中：

- Agent 是最小执行单元，用于规划后续流程，包括调用 Chain 理解输入信息、调用搜索工具搜索店家和商品信息、查询历史对话和购买记录、调用支付工具进行下单等。
- Chain 是最小的智能理解单元，用于处理全流程中难以被程序逻辑描述的、以自然语言描述为主的环节，包括对用户的需求描述进行语义拆解、结合目前 Agent 能力进行动态任务拆解、结果输出等。

7.2.1 Chain 和 Prompt Template：智能的最小单元

在上文提到的“买咖啡”例子中，在每个 Chain 节点背后都封装了一个对 LLM 的调用。但为什么不同的 Chain 能执行不同的功能呢？例如，Chain1 负责语义拆解，Chain2 负责任务拆解，Chain3 负责结果输出。这里就必须提到其中涉及的 Prompt Template 这个核心技术点。

Prompt Template 是对 LLM 文本交互的标准化封装，可以在普通的对话沟通中补充标准化的上下文环境设定。

1. 简单应用：理解用户需求的 Chain

我们以上述场景中最简单的语义拆解 Chain(Chain1)为例进行流程说明，其中 LLM 使用的是 GPT-3.5。

> 1. 用户输入：帮我买杯咖啡。
>
> 2. Prompt Template 二次包装：你是一个智能助理，要求从用户输入的信息中找到用户的真实诉求。如用户输入的信息为“买杯可乐”，你的回答应该是“用户需要购买一杯可乐”。要求有两个：①不允许包含任何冗余信息，如“我的回答是”；②只允许判断用户的购买需求，对其他需求直接回答“不知道”。现在用户输入的信息是“帮我买杯咖啡”。
>
> 3. 将二次包装的问题提交给 LLM，收到回复“用户需要购买一杯咖啡”。

语义拆解 Chain 的执行流程如图 7-4 所示。

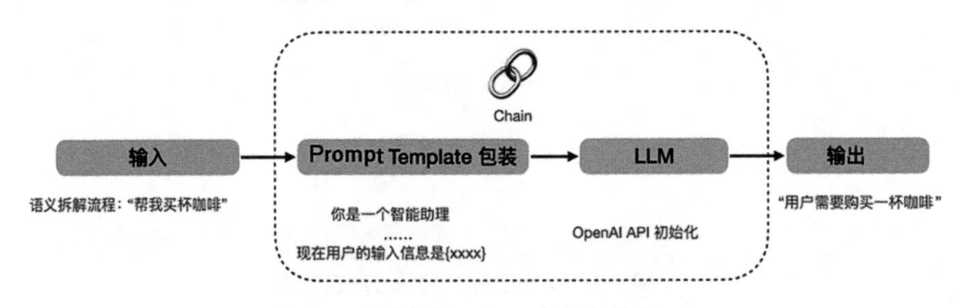

图 7-4　语义拆解 Chain 的执行流程

在真实的商业产品中，这种二次处理肯定会更加复杂。这里暂时只考虑“电商购物”这种单一场景。将上述流程转化为 Python 代码具体如下：

```
from langchain.prompts import PromptTemplate
from langchain.llms import OpenAI
from langchain.chains import LLMChain

# 初始化 LLM
llm = OpenAI(temperature=0.9)

# 初始化 Prompt Template
prompt = PromptTemplate(
    input_variables=["userRawInput"],
    template="你是一个智能助理，要求从用户输入信息中找到用户的真实诉求。如用户输入信息为“买杯可乐”，你的回答应该是“用户需要购买一杯可乐”。要求有两个：①不允许包含任何冗余信息，如“我的回答是”；②只允许判断用户的购买需求，对其他需求直接回答“不知道”。现在用户输入的信息是 {userRawInput}",
)

# 创建最小智能理解单元，配置 LLM 和 Prompt Template
chain1 = LLMChain(llm=llm, prompt=prompt)

# 读取用户原始输入，并打印二次处理后的结果
print(chain1.run("帮我买杯咖啡"))
```

上述代码能将用户口语化的表达处理成标准化的购买需求描述。如果用户模糊地表达“好困，但是家里没咖啡了”，那么 Chain 也会输出“用户需要购买一杯咖啡”。输入的标准化将非常有利于后续流程的处理。

2. 进阶介绍：处理用户任务的 Chain

类似地，我们还可以实现一个处理咖啡下单任务的 Chain，它和本节“1.”小标题中用户需求理解 Chain 的区别在于 Prompt Template 配置的不同。但是考虑到在真实的电商购物场景中，可售卖商品的数量和类型是有限的，因此这个 Chain 还需要理解企业的私域信息，包括商品、价格、供应时间等。这类信息在真实场景中一般都对应着数千页的商品宣传手册。

为方便理解，将本示例的背景假设为一家饮品店，需要 LLM 能完整地理解饮料店的菜单包括哪些饮料，以及它们的价格、口味等。考虑到市面上的 LLM 已经完成了对常见饮料品类特征的学习，所以本示例还会在菜单中加入一些在真实世界中不存在的饮料，以对应真实企业中的创新商品。对此，简单的模板已经难以满足了，需要对其进行扩展。输入的信息不仅包括用户输入信息，也包括店铺菜单信息。处理咖啡下单任务的 Chain 的执行流程如图 7-5 所示。

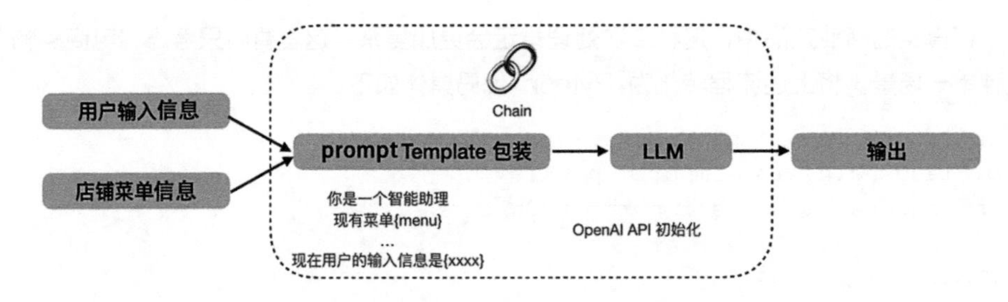

图 7-5　处理咖啡下单任务的 Chain 的执行流程

对于上述场景，我们需要扩展 Prompt Template 的能力以支持两个输入信息，即店铺菜单信息和用户输入信息。LangChain 框架对此提供了多输入的接入模式，示例代码如下：

```
menu = """
咖啡，20 元，可定制冰镇、常温、热三种温度，提神解乏
白开水，3 元，可加冰块，健康快速补水
可乐，5 元，碳酸饮料，清爽开心
大力杯，10 元，运动补水补盐，内含左旋肉碱，可提升锻炼效果
"""

template = """
你是一个智能助理，会结合菜单，针对用户的咨询提供饮品购买建议，并回复商品的详细信息和价格。
如用户咨询为“买杯可乐”，你的回答应该是“用户需要购买一杯可乐”。
要求有两个：
①不允许包含任何冗余信息。
②只允许判断用户的购买需求，对其他需求直接回答“不知道”。
你的菜单如下
```
{menu}
```
现在用户的咨询是 {userInput}
"""
prompt = PromptTemplate(template=template,
input_variables=["userInput", "menu"])

llm_chain = LLMChain(prompt=prompt, llm=llm)
llm_chain.run({
    "userInput": "推荐一款健身时喝的饮料",
    "menu": menu
})
# 运行返回“推荐大力杯，10 元，运动补水补盐，内含左旋肉碱，可提升锻炼效果”
```

在上面的示例中，我们特意测试了“大力杯”这种在真实世界中不存在的饮料，来证

明“通过正确的模板预设，LLM 能理解之前未知的知识集合”。

3. LLM Chain 源码剖析

LLM Chain 是 LangChain 中最常用的一种 Chain 类型。结合上面的示例可以看到，其包括 LLM 和 Prompt Template 两部分。Python 版本的 LLM Chain 实现代码在 300 行左右，按调用流程可以将其拆分为“输入准备”和“执行”两部分。由于每个流程方法都有同步和异步两个版本，其逻辑基本一致，故下面仅分析其同步方法。

（1）“输入准备”部分。

“输入准备”部分的主要工作是将用户输入信息和 Prompt Template 拼合在一起，作为 LLM 的输入。主要涉及 prep_prompts()方法：

```
    def prep_prompts(
        self,
        input_list: List[Dict[str, Any]],
        run_manager: Optional[CallbackManagerForChainRun] = None,
    ) -> Tuple[List[PromptValue], Optional[List[str]]]:
        """Prepare prompts from inputs."""
        stop = None
        if "stop" in input_list[0]:
            stop = input_list[0]["stop"]
        prompts = []
        for inputs in input_list:
            selected_inputs = {k: inputs[k] for k in
self.prompt.input_variables}
            prompt = self.prompt.format_prompt(**selected_inputs)
            _colored_text = get_colored_text(prompt.to_string(),
"green")
            _text = "Prompt after formatting:\n" + _colored_text
            if run_manager:
                run_manager.on_text(_text, end="\n",
verbose=self.verbose)
            if "stop" in inputs and inputs["stop"] != stop:
                raise ValueError(
                    "If `stop` is present in any inputs, should be present
in all."
                )
            prompts.append(prompt)
        return prompts, stop
```

可以看到，prep_prompts()方法遍历了输入参数表，并将这些参数一一插入 Prompt Template 中。prep_prompts()方法针对其中输入的 stop 字段抛出了停止异常。在执行 prep_prompts()方法过程中支持通过 run_manager()方法进行插桩监听。

（2）“执行”部分。

“执行”部分主要涉及 generate() 和 apply()这两个方法：

```
    def generate(
        self,
        input_list: List[Dict[str, Any]],
        run_manager: Optional[CallbackManagerForChainRun] = None,
    ) -> LLMResult:
        """Generate LLM result from inputs."""
        prompts, stop = self.prep_prompts(input_list,
run_manager=run_manager)
        return self.llm.generate_prompt(
            prompts, stop, callbacks=run_manager.get_child() if
run_manager else None
        )


def apply(
        self, input_list: List[Dict[str, Any]], callbacks: Callbacks =
None
    ) -> List[Dict[str, str]]:
        """Utilize the LLM generate method for speed gains."""
        callback_manager = CallbackManager.configure(
            callbacks, self.callbacks, self.verbose
        )
        run_manager = callback_manager.on_chain_start(
            dumpd(self),
            {"input_list": input_list},
        )
        try:
            response = self.generate(input_list,
run_manager=run_manager)
        except (KeyboardInterrupt, Exception) as e:
            run_manager.on_chain_error(e)
            raise e
        outputs = self.create_outputs(response)
        run_manager.on_chain_end({"outputs": outputs})
        return outputs
```

可以看到，apply()方法是 generate()方法的上层封装，暴露了多个 hook 节点和异常处理。在 generate()方法内部调用了 LLM 的 generate_prompt() 方法。generate_prompt()方法的第 1 个入参来自之前 prep_prompts()方法准备好的提示词模板和 stop () 方法的识别结果，最终 generate()方法返回 LLM 的执行结果。

LLM Chain 还提供了结果解析、文档组合等功能用于文档合并等场景，这里暂不展开。

4. Chain 的最佳实践和适用场景

Chain 虽然是最小的智能单元，但在真实场景中还会涉及对 Chain 的二次扩展和定制，不过其中大部分场景都是类似的。因此，LangChain 官方针对通用场景给出了自己的最佳实践封装，供开发者参考或者复用。下面介绍几个核心的实践封装。

（1）基础 Chain。

- LLM Chain：包括一个基本的 LLM 和一个基本的 Prompt Template。
- Router Chain：路由 Chain，可基于输入信息动态选择下一个执行的 Chain。
- Sequential Chain：队列 Chain，串行执行一系列 Chain，并将上一个的执行结果作为下一个的输入信息。
- Transformation Chain：对输入的文本进行转换处理、纯字符串逻辑操作，可用于文本格式化场景，搭配队列 Chain 使用。

（2）常用 Chain。

- API Chain：发起一个 API 请求，并通过 LLM 总结返回结果。
- Retrieval QA Chain：知识检索 Chain，一般搭配文档问答使用。
- Conversation Retrieval QA Chain：对话式的知识检索 Chain，可通过对话回答文档内相关知识的问题。
- SQL Chain：对于输入的问题，自动生成 SQL 命令检索数据库，并输出答案。
- Summarization Chain：输入长篇文字信息，输出对这些文字的总结。

7.2.2 Memory：记住上下文

在上文中，我们展示了能同时接收用户输入信息和店铺菜单信息的 LLM Chain 示例。但在真实企业中，产品列表信息可能长达成百上千页，而这可能超出了 LLM 能处理的 Token 长度限制。这时就需要使用 LangChain 框架提供的第二大功能——Memory。

本节将重点介绍 Memory 功能，在 7.2.4 节将介绍 Memory 功能如何搭配 Text Splitting 和 Embedding 来优化 Token 的长度。

在默认情况下，LLM 的每次请求都是独立的，它们互不了解彼此的内容，这在软件领域被称为“无状态”。但是在很多对话场景中，我们期望系统能“记住”之前的聊天内容，以及其他必需的聊天背景信息（如企业产品列表信息等）。Memory 功能是 LangChain 针对这类场景提供的标准化解决方案。它主要包括两大功能：

- 提供了管理和操作先前聊天消息的辅助工具。这些辅助工具采用模块化设计，能更灵活地适用于多种场景。
- 为了将这些辅助工具整合到 Chain 中，封装了很多“开箱即用”的接入手段。

1. LangChain Memory 原理简介

LangChain Memory 模块核心类的 UML 架构如图 7-6 所示。

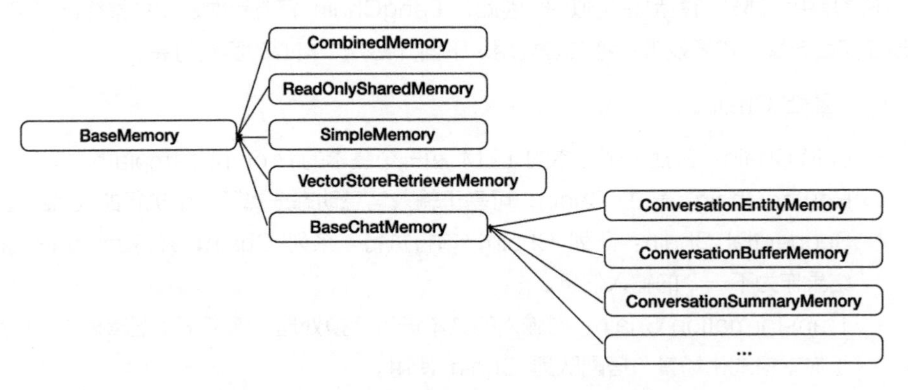

图 7-6　LangChain Memory 模块核心类的 UML 架构

LangChain 框架针对多样化的应用场景精心设计了各种 Memory 类，它们均源自 BaseMemory 基类。BaseChatMemory 类作为 BaseMemory 基类的一个精简实现，提供了基本的 Memory 功能，包括配置、加载、存储和清除等核心操作，以此确保在各种对话场景中都能高效、精准地处理信息。

ConversationSummaryMemory 类除承担缓存职责外，还提供了总结对话信息的能力。

LangChain Memory 模块还提供了针对 Redis、SQLite、MongoDB 等数据库的存储服务适配。

我们选取其中最简单、最常用的 ConversationBufferMemory 类来分析其源码。如图 7-6 所示，它继承自 BaseChatMemory 类，而 BaseChatMemory 类又是 BaseMemory 类的最简单实现。BaseMemory 类的源码如下：

```
class BaseMemory(Serializable, ABC):
    """Base interface for memory in chains."""

    class Config:
        """Configuration for this pydantic object."""

        extra = Extra.forbid
        arbitrary_types_allowed = True

    @property
    @abstractmethod
    def memory_variables(self) -> List[str]:
        """Input keys this memory class will load dynamically."""
```

```
    @abstractmethod
    def load_memory_variables(self, inputs: Dict[str, Any]) -> Dict[str,
Any]:
        """Return key-value pairs given the text input to the chain.

        If None, return all memories
        """

    @abstractmethod
    def save_context(self, inputs: Dict[str, Any], outputs: Dict[str,
str]) -> None:
        """Save the context of this model run to memory."""

    @abstractmethod
    def clear(self) -> None:
        """Clear memory contents."""
```

可以看到，BaseMemory 类定义了最基础的 Memory 功能，包括用于配置的私有 Config 类、键值列表 memory_variables、加载接口 load_memory_variables、存储接口 save_context、清除接口 clear。

在 BaseMemory 类之上，BaseChatMemory 类对于聊天上下文存储提供了最简单的实现，其源码如下：

```
from abc import ABC
from typing import Any, Dict, Optional, Tuple

from pydantic import Field

from langchain.memory.chat_message_histories.in_memory import
ChatMessageHistory
from langchain.memory.utils import get_prompt_input_key
from langchain.schema import BaseChatMessageHistory, BaseMemory


class BaseChatMemory(BaseMemory, ABC):
    chat_memory: BaseChatMessageHistory =
Field(default_factory=ChatMessageHistory)
    output_key: Optional[str] = None
    input_key: Optional[str] = None
    return_messages: bool = False

    def _get_input_output(
        self, inputs: Dict[str, Any], outputs: Dict[str, str]
    ) -> Tuple[str, str]:
```

```
        if self.input_key is None:
            prompt_input_key = get_prompt_input_key(inputs,
self.memory_variables)
        else:
            prompt_input_key = self.input_key
        if self.output_key is None:
            if len(outputs) != 1:
                raise ValueError(f"One output key expected, got
{outputs.keys()}")
            output_key = list(outputs.keys())[0]
        else:
            output_key = self.output_key
        return inputs[prompt_input_key], outputs[output_key]

    def save_context(self, inputs: Dict[str, Any], outputs: Dict[str,
str]) -> None:
        """Save context from this conversation to buffer."""
        input_str, output_str = self._get_input_output(inputs, outputs)
        self.chat_memory.add_user_message(input_str)
        self.chat_memory.add_ai_message(output_str)

    def clear(self) -> None:
        """Clear memory contents."""
        self.chat_memory.clear()
```

在上方的代码中有两个关键点，①基于聊天场景创建了 chat_memory 类用于聊天信息的实际存储，并且默认使用 ChatMessageHistory 工厂类实现；②针对聊天“多输入多输出”场景，实现了_get_input_output()方法以更高效地处理聊天内容的读写问题。

ConversationBufferMemory 类在 BaseChatMemory 类的基础上，增加了处理缓存字符串的能力，其源码如下：

```
class ConversationBufferMemory(BaseChatMemory):
    """Buffer for storing conversation memory."""

    human_prefix: str = "Human"
    ai_prefix: str = "AI"
    memory_key: str = "history"  #: :meta private:

    @property
    def buffer(self) -> Any:
        """String buffer of memory."""
        if self.return_messages:
            return self.chat_memory.messages
        else:
            return get_buffer_string(
```

```
            self.chat_memory.messages,
            human_prefix=self.human_prefix,
            ai_prefix=self.ai_prefix,
        )

    @property
    def memory_variables(self) -> List[str]:
        """Will always return list of memory variables.

        :meta private:
        """
        return [self.memory_key]

    def load_memory_variables(self, inputs: Dict[str, Any]) -> Dict[str,
Any]:
        """Return history buffer."""
        return {self.memory_key: self.buffer}
```

在 ConversationBufferMemory 类的逻辑中，对对话内容进行了更精细的角色拆分，区分用户输入信息和 AI 回答信息，并且将它们存储在缓存中。

BaseMemory、BaseChatMemory、ConversationBufferMemory 这 3 个类将缓存能力分解为 3 层：通用记忆存储能力、对话场景存储能力和分角色缓存处理能力。

2. Memory 代码实践

下面将基于 ConversationBufferMemory 类展示 Memory 和 Chain 的结合应用。整体思路是，将原来放在 Prompt Template 中的预置背景信息转移到历史对话信息中，以更贴合真实的对话场景。

代码示例如下：

```
from langchain.memory import ConversationBufferMemory
from langchain.chains import ConversationChain


memory=ConversationBufferMemory()
# 补充关于 AI 回答者身份和任务信息的设定，作为“记忆”
memory.save_context(
    {"input":"你是谁"},
    {"output":"""
        一个智能助理，会结合菜单，针对用户的咨询提供饮品购买建议，并回复商品的详细
信息和价格。
        如用户咨询为“买杯可乐”，你的回答应该是“用户需要购买一杯可乐，价格 5 元”。
        要求有两个：
        ①不允许包含任何冗余信息。
```

```
        ②只允许判断用户的购买需求，对其他需求直接回答“不知道”。
        """
    }
)
# 补充关于菜单内容的设定，作为“记忆”
memory.save_context(
    {"input":"你们有哪些饮料？"},
    {"output": menu} # 取 7.2.1 节“2.”小标题中的 menu
)

conversation = ConversationChain(
    llm=llm, # 取 7.2.1 节“2.”小标题中的 llm
    memory=memory
)

conversation.run("推荐一款解渴的饮料")
# 系统返回：我推荐白开水，3 元，可加冰块，健康快速补水。
```

7.2.3 Agent 和 Tool：代理，解决外部资源能力交互和多 LLM 共用问题

在之前的介绍中，我们聚焦于 LLM 的文本交互能力，涵盖聊天对话、内容理解及用户反馈等关键方面。然而，在真实企业环境中，仅停留在对文字理解层面是远远不够的。为了确保系统具备实际应用价值，我们必须进一步拓展其能力，使之能够无缝地接入真实世界并实现真实世界中的操作。

LangChain 将访问和控制的能力统一收敛在 Tool 这个类型中，并通过 Agent 进行综合调度。

Agent 支持应用程序根据用户输入信息对 LLM 和其他工具进行灵活、动态的调度，例如，判断出用户想买东西则查询菜单，判断出用户想付款则调用相关的付款工具等。

1. Agent 的类型

Agent 主要有两种类型。

- 动作代理（Action Agent）：在每个时间片上，基于前面所有动作的结果，确认下一步要执行的动作。
- 计划执行代理（Plan-and-Execute Agent）：先决定完整的动作序列，然后在不改变计划的前提下执行所有的动作。

> 提示 动作代理适用于小型任务，而计划执行代理适用于需要长链路的大型任务。最佳实践：通过计划执行代理在顶层调度动作代理来执行动作，这样就兼具了动作代理的动态优势和计划执行代理的规划优势。

Tool 是 Agent 中的一个重要概念，对应于动作执行的载体单元。例如，一个支付动作需要用一个 PaymentTool 作为执行者。

在 LangChain 框架中还提供了 ToolKits 这个套件，其中封装的是常用的、开箱即用的 Tool 工具类型，如 SQL 的查询和插入工具等。

2. Agent 的执行原理

图 7-7 对比了动作代理和计划执行代理的执行流程。

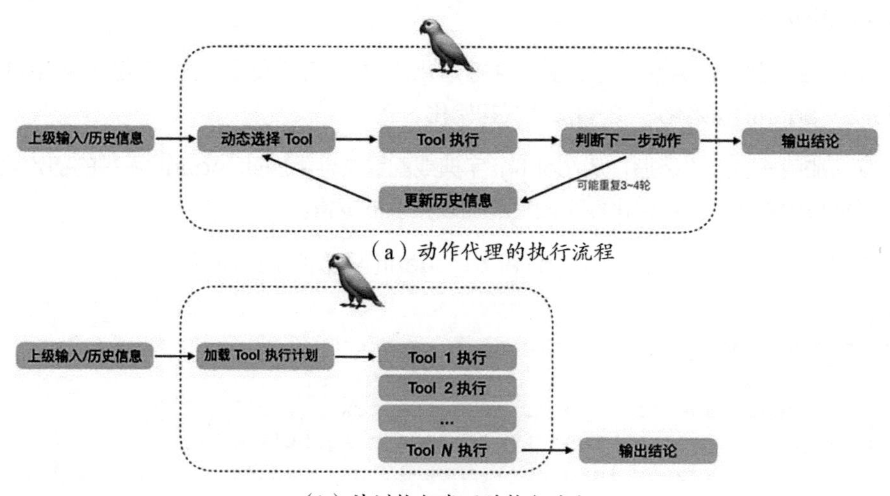

（a）动作代理的执行流程

（b）计划执行代理的执行流程

图 7-7 Agent 执行流程示意图

在动作代理内部封装了一套执行流程，提供动态选择 Tool、Tool 执行、判断下一步动作、更新历史信息、重复执行的能力。尽管 Agent 只是一个标准定义，可以被以多种方式实现，但典型的实现都会包含以下基本组成部分。

- 一个 Prompt Template，用于结构化处理输入 Agent 的信息。在动作循环一轮后，上一次执行的结果信息会被结构化添加在这里。
- 一个 LLM ，接收 Prompt Template 结构化的提示词，并决定接下来应该执行哪个 Tool。
- 一个输出解析器，用于解析 LLM 输出的信息，并把其用于下一步的动作或结论。

计划执行代理的结构更为简单，本质上是一个 Tool 执行的队列。但在实际应用场景中，这个队列常常是由 LLM 动态生成的，并且其中部分 Tool 的执行单元可能也是一个动作代理。

3. Agent 初始化过程的相关源码剖析

图 7-7 具体到代码层面是如何实现的呢？考虑计划执行代理的结构较为简单，因此下面着重剖析流程更加模糊的动作代理。我们依据使用流程，将 Agent 的源码拆解为以下几部分。

（1）初始化：配置化地创建一个 Agent。

（2）Tool 的动态选择、执行、循环："思考的过程"，即 Agent 启动和运行的核心流程。

（3）结论输出："结果呈现的过程"，即判断 Agent 什么时候停止循环并以怎样的形式达到结束状态。

在初始化部分，Agent 支持多种初始化方式，包括传参式初始化（利用函数 initialize_agent()初始化）、配置加载式初始化。

配置加载式初始化是指，从 config 字典或配置文件中加载 Agent 所需的初始化配置，其底层相对传参式初始化多了配置的加载和解析逻辑。

这里重点介绍传参式初始化。initialize_agent()函数的源码如下：

```
"""Load agent."""
from typing import Any, Optional, Sequence

from langchain.agents.agent import AgentExecutor
from langchain.agents.agent_types import AgentType
from langchain.agents.loading import AGENT_TO_CLASS, load_agent
from langchain.base_language import BaseLanguageModel
from langchain.callbacks.base import BaseCallbackManager
from langchain.tools.base import BaseTool


def initialize_agent(
    tools: Sequence[BaseTool],
    llm: BaseLanguageModel,
    agent: Optional[AgentType] = None,
    callback_manager: Optional[BaseCallbackManager] = None,
    agent_path: Optional[str] = None,
    agent_kwargs: Optional[dict] = None,
    **kwargs: Any,
) -> AgentExecutor:
    """通过给定的 tools 和 LLM 加载一个 Agent 执行器
```

```
    参数：
        • tools: Agent 可访问的 Tool 列表
        • llm: Agent 运行所依赖的语言模型
        • agent: 所使用的 Agent 类型。 如果为 None，且 agent_path 也是 None，
则默认使用 AgentType.ZERO_SHOT_REACT_DESCRIPTION
        •callback_manager: 所使用的回调管理器，默认使用 Global callback
manager
        •agent_path: 所使用的 Agent 地址
        •agent_kwargs: 传给底层 Agent 的额外关键字参数
        • **kwargs: 传给底层 Agent 的额外关键字参数

    Returns:
        一套 Agent 执行流程
    """
    if agent is None and agent_path is None:
        agent = AgentType.ZERO_SHOT_REACT_DESCRIPTION
    if agent is not None and agent_path is not None:
        raise ValueError(
            "Both `agent` and `agent_path` are specified, "
            "but at most only one should be."
        )
    if agent is not None:
        if agent not in AGENT_TO_CLASS:
            raise ValueError(
                f"Got unknown agent type: {agent}. "
                f"Valid types are: {AGENT_TO_CLASS.keys()}."
            )
        agent_cls = AGENT_TO_CLASS[agent]
        agent_kwargs = agent_kwargs or {}
        # 创建 Agent 的核心代码
        agent_obj = agent_cls.from_llm_and_tools(
            llm, tools, callback_manager=callback_manager,
**agent_kwargs
        )
    elif agent_path is not None:
        # 如果外部有预设，则从指定路径加载 Agent
        agent_obj = load_agent(
            agent_path, llm=llm, tools=tools,
callback_manager=callback_manager
        )
    else:
        raise ValueError(
            "Somehow both `agent` and `agent_path` are None, "
            "this should never happen."
        )
```

```
    # 将 Agent 包装在执行流程中
    return AgentExecutor.from_agent_and_tools(
        agent=agent_obj,
        tools=tools,
        callback_manager=callback_manager,
        **kwargs,
    )
```

上面的代码最终会返回一个 AgentExecutor 执行流程。注意，入参中出现的 agent 指的是 LangChain 预置的几种 Agent 类型。目前动作代理支持以下几种类型的 Agent。

- ZeroShotAgent：最常用的 Agent，使用 React 框架仅根据 Tool 的描述来确认使用哪个 Tool。它支持任意数量的 Tool。
- ReActDocstoreAgent：针对文档场景的 Agent，使用 React 框架与文档存储器进行交互，必须提供 Search 和 Lookup 这两个 Tool（强制要求采用此命名）。前者用于搜索文档，后者用于查找最近的搜索结果。
- SelfAskWithSearchAgent：只使用一个名为 intermediate answer 的 Tool，底层调用了 Google 公司提供的搜索 API。
- ConversationalAgent：针对对话场景的 Agent，其提示词语模板针对对话场景进行了专项优化。这个代理同样通过 React 框架来决定使用哪个 Tool，并且使用 Memory 来记录之前的对话内容。此外还有 ChatAgent、ConversationalChatAgent、StructuredChatAgent 等针对对话细分场景的 Agent。
- OpenAIFunctionsAgent：适配 OpenAI 新提供的 Function 能力。

4. Agent 调用 Tool 全过程的源码剖析

为了解 Agent 是如何调用 Tool 的，我们对 ZeroShotAgent 这个最常用的 Agent 的源码进行分析。

类似于 Memory，Agent 的源码是分层封装实现的。其底层是 BaseSingleActionAgent 类，提供了部分通用工具的方法，以及核心方法 plan()的定义。Agent 类继承了 BaseSingleActionAgent 类，并且提供了 plan()方法的具体实现，如以下代码所示：

```
def plan(
    self,
    intermediate_steps: List[Tuple[AgentAction, str]],
    callbacks: Callbacks = None,
    **kwargs: Any,
) -> Union[AgentAction, AgentFinish]:
```

```
    """Given input, decided what to do.

    Args:
        intermediate_steps: Steps the LLM has taken to date,
            along with observations
        callbacks: Callbacks to run.
        **kwargs: User inputs.

    Returns:
        Action specifying what tool to use.
    """
    full_inputs = self.get_full_inputs(intermediate_steps, **kwargs)
    full_output = self.llm_chain.predict(callbacks=callbacks,
**full_inputs)
    return self.output_parser.parse(full_output)
```

从上方代码中可以看到，在 Agent 内部通过一个 LLM Chain 综合所有输入信息来判断应该使用哪个 Tool 作为下一步执行的载体。ZeroShotAgent 在继承了 Agent 类后，就实现了这个 LLM Chain 的初始化配置。具体代码涉及 ZeroShotAgent 类中的 create_prompt()和 from_llm_and_tools()这两个方法：

```
def create_prompt(
    cls,
    tools: Sequence[BaseTool],
    prefix: str = PREFIX,
    suffix: str = SUFFIX,
    format_instructions: str = FORMAT_INSTRUCTIONS,
    input_variables: Optional[List[str]] = None,
) -> PromptTemplate:
    """以零次（Zero-Shot）代理的风格创建提示词

    参数表：
        • tools:将要访问的代理列表，用于格式化提示
        • prefix:放在tools列表前的字符串前缀
        • suffix:放在tools列表后的字符串后缀
        • input_variables:最终提示所需要的入参列表

    返回值：
        一个由上述内容组装的提示词模板
    """
    tool_strings = "\n".join([f"{tool.name}: {tool.description}" for
tool in tools])
    tool_names = ", ".join([tool.name for tool in tools])
    format_instructions =
format_instructions.format(tool_names=tool_names)
```

```
    template = "\n\n".join([prefix, tool_strings, format_instructions,
suffix])
    if input_variables is None:
        input_variables = ["input", "agent_scratchpad"]
    return PromptTemplate(template=template,
input_variables=input_variables)

def from_llm_and_tools(
    cls,
    llm: BaseLanguageModel,
    tools: Sequence[BaseTool],
    callback_manager: Optional[BaseCallbackManager] = None,
    output_parser: Optional[AgentOutputParser] = None,
    prefix: str = PREFIX,
    suffix: str = SUFFIX,
    format_instructions: str = FORMAT_INSTRUCTIONS,
    input_variables: Optional[List[str]] = None,
    **kwargs: Any,
) -> Agent:
    """ 使用一个 LLM 和若干个 Tool 创建 Agent"""
    cls._validate_tools(tools)
    prompt = cls.create_prompt(
        tools,
        prefix=prefix,
        suffix=suffix,
        format_instructions=format_instructions,
        input_variables=input_variables,
    )
    llm_chain = LLMChain(
        llm=llm,
        prompt=prompt,
        callback_manager=callback_manager,
    )
    tool_names = [tool.name for tool in tools]
    _output_parser = output_parser or cls._get_default_output_parser()
    return cls(
        llm_chain=llm_chain,
        allowed_tools=tool_names,
        output_parser=_output_parser,
        **kwargs,
    )
```

从上方代码中可以看到，ZeroShotAgent 类在 create_prompt()方法中将 Tool 的名称、描述等信息格式化整合到 Prompt Template 中了，在 from_llm_and_tools()方法中，执行了 create_prompt()方法并将返回结果作为 LLM Chain 的一个初始化参数。这样 LLM Chain 就知道了全部 Tool 的功能和信息，进而可以基于当前输入信息动态判断应该调用哪个 Tool。此外，还需要关注 _get_default_output_parser ()方法，它用于处理 LLM Chain 的输出结果。

MRKLOutputParser 与 Prompt Template 协同工作实现了 Tool 的执行和循环。Prompt Template 的具体代码如下：

```
# 禁用 Flake 8 语法检查
PREFIX = """Answer the following questions as best you can. You have access
to the following tools:"""
FORMAT_INSTRUCTIONS = """Use the following format:

Question: the input question you must answer
Thought: you should always think about what to do
Action: the action to take, should be one of [{tool_names}]
Action Input: the input to the action
Observation: the result of the action
... (this Thought/Action/Action Input/Observation can repeat N times)
Thought: I now know the final answer
Final Answer: the final answer to the original input question"""
SUFFIX = """Begin!

Question: {input}
Thought:{agent_scratchpad}"""
```

从上方代码中可以看到，在 FORMAT_INSTRUCTIONS 中传入了 Tool 的命名定义信息，并且定义了 Question、Thought、Action、Action Input、Observation、Thought、Final Answer 这几个基本推理步骤。因此最终在日志中，Agent 的思考过程可以被详细记录和追踪。这些信息会在 MRKLOutputParser 过程中被进行正则判断，详见以下源码：

```
import re
from typing import Union

from langchain.agents.agent import AgentOutputParser
from langchain.agents.mrkl.prompt import FORMAT_INSTRUCTIONS
from langchain.schema import AgentAction, AgentFinish,
OutputParserException

FINAL_ANSWER_ACTION = "Final Answer:"


class MRKLOutputParser(AgentOutputParser):
    def get_format_instructions(self) -> str:
        return FORMAT_INSTRUCTIONS
```

```
    def parse(self, text: str) -> Union[AgentAction, AgentFinish]:
        includes_answer = FINAL_ANSWER_ACTION in text
        regex = (
            r"Action\s*\d*\s*:[\s]*(.*?)[\s]*Action\s*\d*\s*Input\
s*\d*\s*:[\s]*(.*)"
        )
        action_match = re.search(regex, text, re.DOTALL)
        if action_match:
            if includes_answer:
                raise OutputParserException(
                    "Parsing LLM output produced both a final answer "
                    f"and a parse-able action: {text}"
                )
            action = action_match.group(1).strip()
            action_input = action_match.group(2)
            tool_input = action_input.strip(" ")
            # 保证如果它是一个格式正确的 SQL 语句，那我们不会误删结尾的 " 字符
            if tool_input.startswith("SELECT ") is False:
                tool_input = tool_input.strip('"')

            return AgentAction(action, tool_input, text)

        elif includes_answer:
            return AgentFinish(
                {"output": text.split(FINAL_ANSWER_ACTION)[-1].strip()},
text
            )

        if not re.search(r"Action\s*\d*\s*:[\s]*(.*?)", text,
re.DOTALL):
            raise OutputParserException(
                f"Could not parse LLM output: `{text}`",
                observation="Invalid Format: Missing 'Action:' after
'Thought:'",
                llm_output=text,
                send_to_llm=True,
            )
        elif not re.search(
            r"[\s]*Action\s*\d*\s*Input\s*\d*\s*:[\s]*(.*)", text,
re.DOTALL
        ):
            raise OutputParserException(
                f"Could not parse LLM output: `{text}`",
                observation="Invalid Format:"
```

```
                " Missing 'Action Input:' after 'Action:'",
                llm_output=text,
                send_to_llm=True,
            )
        else:
            raise OutputParserException(f"Could not parse LLM output:
`{text}`")

    @property
    def _type(self) -> str:
        return "mrkl"
```

从上方代码中可以看到，MRKLOutputParser 主要使用正则表达式处理当前上下文信息，在排除异常处理后，最终输出 AgentAnswer 或者 AgentAction。前者为 Agent 执行返回的结果；后者为下一步执行动作的描述，内容包括上下文信息、Tool 描述和日志信息。

在 AgentExecutor 的初始化阶段已经设定了调度机制，以决定下一步是执行结束流程还是进入下一轮循环。这个调度机制依赖于_take_next_step()方法，其源码如下：

```
def _take_next_step(
        self,
        name_to_tool_map: Dict[str, BaseTool],
        color_mapping: Dict[str, str],
        inputs: Dict[str, str],
        intermediate_steps: List[Tuple[AgentAction, str]],
        run_manager: Optional[CallbackManagerForChainRun] = None,
    ) -> Union[AgentFinish, List[Tuple[AgentAction, str]]]:
        """Take a single step in the thought-action-observation loop.

        Override this to take control of how the agent makes and acts on
choices.
        """
        try:
            # 调用 LLM 来决定下一步是执行结束流程还是进入下一轮循环
            output = self.agent.plan(
                intermediate_steps,
                callbacks=run_manager.get_child() if run_manager else
None,
                **inputs,
            )
        except OutputParserException as e:
            ...# 异常处理代码，暂忽略
            return [(output, observation)]
        # 如果选中的工具是终止工具，则结束返回
```

```
    if isinstance(output, AgentFinish):
        return output
    actions: List[AgentAction]
    if isinstance(output, AgentAction):
        actions = [output]
    else:
        actions = output
    result = []
    for agent_action in actions:
        if run_manager:
            run_manager.on_agent_action(agent_action,
color="green")
        # 否则搜索这个工具
        if agent_action.tool in name_to_tool_map:
            tool = name_to_tool_map[agent_action.tool]
            return_direct = tool.return_direct
            color = color_mapping[agent_action.tool]
            tool_run_kwargs = self.agent.tool_run_logging_kwargs()
            if return_direct:
                tool_run_kwargs["llm_prefix"] = ""
            # 调用这个工具，并通过初始化该工具获得一个观察器
            observation = tool.run(
                agent_action.tool_input,
                verbose=self.verbose,
                color=color,
                callbacks=run_manager.get_child() if run_manager else
None,
                **tool_run_kwargs,
            )
        else:
            tool_run_kwargs = self.agent.tool_run_logging_kwargs()
            observation = InvalidTool().run(
                agent_action.tool,
                verbose=self.verbose,
                color=None,
                callbacks=run_manager.get_child() if run_manager else
None,
                **tool_run_kwargs,
            )
        result.append((agent_action, observation))
    return result
```

在上述代码中省略了一些异常处理代码，但其核心逻辑在于对 actions 的轮询处理。在判断出某个工具在初始化的工具列表中后，先进行前置处理，然后调用该工具的 run () 方法启动运行流程，并将结果保存在 observation 中。最终，将本次动作调用的工具信

息和 observation 添加到 result 中并返回。这样在下次轮询判断时就有了完整的上下文信息。

_take_next_step ()方法的轮询调度被收敛在 AgentExecutor 的 _call ()方法内，被包裹在一个循环中：

```
    def _call(
        self,
        inputs: Dict[str, str],
        run_manager: Optional[CallbackManagerForChainRun] = None,
    ) -> Dict[str, Any]:
        """运行文本并获得代理响应"""
        # 构建一个 Tool 的名称和实例的映射表，以方便查询获取
        name_to_tool_map = {tool.name: tool for tool in self.tools}
        # 每个 Tool 构建一个颜色映射表，用于日志打印
        color_mapping = get_color_mapping(
            [tool.name for tool in self.tools], excluded_colors=["green",
"red"]
        )
        intermediate_steps: List[Tuple[AgentAction, str]] = []
        # 开始追踪迭代计数和运行耗时
        iterations = 0
        time_elapsed = 0.0
        start_time = time.time()
        # 进入代理循环（直到它能返回一些东西）
        while self._should_continue(iterations, time_elapsed):
            next_step_output = self._take_next_step(
                name_to_tool_map,
                color_mapping,
                inputs,
                intermediate_steps,
                run_manager=run_manager,
            )
            if isinstance(next_step_output, AgentFinish):
                return self._return(
                    next_step_output, intermediate_steps,
run_manager=run_manager
                )

            intermediate_steps.extend(next_step_output)
            if len(next_step_output) == 1:
                next_step_action = next_step_output[0]
                # 检查 Tool 是否应该直接返回
                tool_return = self._get_tool_return(next_step_action)
                if tool_return is not None:
```

```
                return self._return(
                    tool_return, intermediate_steps,
run_manager=run_manager
                )
            iterations += 1
            time_elapsed = time.time() - start_time
        output = self.agent.return_stopped_response(
            self.early_stopping_method, intermediate_steps, **inputs
        )
        return self._return(output, intermediate_steps,
run_manager=run_manager)
```

循环判断的终止条件为 _should_continue()方法返回 false。在这个方法内会判断循环次数和总时长是否超过用户在 AgentExecutor 中的设置（默认最多循环 15 次，无超时限制），因此开发者需要自定义配置以均衡性能和资源。在循环终止后，通过 return_stopped_response ()方法处理环境上下文信息，并最终通过 _return ()方法返回结果。

5. Agent 代码实践

在之前的介绍中，我们通过 Chain 识别了用户的需求，又结合 Prompt Template 和 Memory 功能实现了对可供应菜单的解析，并且了解了 Agent 的底层原理。接下来使用 Agent 完成下单，示例代码如下：

```
from langchain.agents import load_tools
from langchain.agents import initialize_agent
from langchain.agents import AgentType
from langchain.tools import BaseTool, StructuredTool, Tool, tool

# 为简化代码，我们仍然使用 Prompt Template 处理菜单，并将菜单信息“写死”在其内
menuChain = LLMChain(
    prompt=PromptTemplate(
        template="""
你是一个餐厅会计，会针对客户购买信息给出对应的商品价格。
商品菜单如下
```
咖啡，20 元，可定制冰镇、常温、热三种温度，提神解乏
白开水，3 元，可加冰块，健康快速补水
可乐，5 元，碳酸饮料，清爽开心
大力杯，10 元，运动补水补盐，内含左旋肉碱，可提升锻炼效果
```
客户购买信息为：{purchaseInfo}
""",
        input_variables=["purchaseInfo"]
    ),
```

```
    llm=llm
)

# 初始化 tools，并添加用于算账的 llm-math 和人工确认的 human Tool
tools = load_tools([
    "llm-math","human"
], llm=llm)

# 添加菜单 Chain，现在智能小店有了前台
tools.append(Tool.from_function(
    func=menuChain.run,
    name="menuChecker",
    description="Check what are bought and help custom to purchase"
))

# 实现一个简单的信用卡录入函数，模拟付款流程
def purchaseFun(creditID: str, password: str, money: str) -> str:
    """Let human input credit card id and password to pay the money"""
    return "success"

# 将信用卡录入函数封装为一个结构化的 Tool，现在智能小店有了收银员
tools.append(StructuredTool.from_function(purchaseFun))

# 设置 Agent
agent = initialize_agent(tools, llm,
agent=AgentType.STRUCTURED_CHAT_ZERO_SHOT_REACT_DESCRIPTION,
verbose=True)

# 测试复杂的用户输入问题
agent.run("来一杯可乐，再加两杯咖啡")
# LangChain 在动态代理的执行过程中，会通过日志展示 Agent 动态判断的逻辑和思路。
这让 LangChain 应用的开发和调试变得更加方便。上述代码的执行日志如下
> Entering new AgentExecutor chain...
Action:
```
{
  "action": "menuChecker",—————————— 调用 menuChecker
  "action_input": "来一杯可乐，再加两杯咖啡"
}
```


Observation:
根据客户购买信息，商品总价为：5 元+(20 元×2)=45 元——— 简单计算未触发 llm-math
Thought: 确认客户购买信息
```

```
Action:
```
{
  "action": "Human",————————— 智能调用 human Tool 进行人工确认
  "action_input": "请问您是否确认购买？"
}
```

请问您是否确认购买?
Yes———————— 人工输入 “yes”

Observation: yes
Thought: 确认客户付款方式
Action:
```
{
  "action": "Human",————————— 继续调用 human Tool 进行人工确认
  "action_input": "请问您要使用什么付款方式？"
}
```

请问您要使用什么付款方式?
信用卡———————— 人工输入“信用卡”关键字

Observation: 信用卡
Thought: 获取客户信用卡信息
Action:
```
{
  "action": "Human",————————— 继续调用 human Tool 获取信用卡信息
  "action_input": "请提供您的信用卡号和密码，以便完成付款。"
}
```

请提供您的信用卡号和密码，以便完成付款。
12321, dd———————— 人工输入模拟的信用卡卡号和密码信息

Observation: 12321, dd
Thought: 确认客户付款
Action:
```
{
  "action": "purchaseFun",————————— 智能调用支付 Tool 处理付款
  "action_input": {
```
```

```
    "creditID": "12321",
    "password": "dd",
    "money": "45"———————— 自动将代付款金额填入
  }
}
```

Observation: success———————— 观测到付款返回成功
Thought: 完成付款
Action:
```

{
  "action": "Final Answer",
  "action_input": "您的付款已完成，感谢您的光临！"———————— 完成下单
}
```

> Finished chain.
'您的付款已完成，感谢您的光临！'
```

在这个示例中可以看到，LLM 智能地理解了代码中的常识性内容（包括信用卡支付流程、支付函数出入参的意义等），并且智能地插入了必要的人工确认环节（如在发起付款前和用户确认商品购买行为、在支付前确认支付方式等）。

在常规软件开发过程中，上述流程涉及大量的逻辑开发。而通过 LLM 技术和 LangChain 框架可以省略常识性逻辑判断，这是 LangChain 的魅力之一。

## 7.2.4　Indexes：大型知识库的索引解决方案

在上文中介绍了 LLM 对菜单的学习和理解，并提供了两种实现手段：①将学习和理解过程放在 Prompt Template 中，②将学习和理解过程预置在 Memory 中作为先验知识。但是，随着菜单长度的增加，LLM 单次对话 Token 数量可能会超过上限，从而导致菜单信息丢失。针对这个问题，LangChain 提供了大型知识库索引解决方案 Indexes（又称 Data Connection）。

### 1. Indexes 解决方案的基本原理

Indexes 解决方案支持将大型文档分割成一个个小片段，并建立向量化的存储和索引。这样每次对知识库提问时，只需要选取和问题最相关的片段组成背景信息，即可生成最终回答。

基于 LangChain 的 LLMChain 和对话 Memory 功能可以快速实现一个基于本地文档的智能问答机器人，该机器人支持通过对话的方式回答文档中的相关问题。因为文
```

档被分割成了大量的小片段，所以，LLM API 无法在同一个时间点获知文档全貌，这也在一定程度上提升了文档的安全性。社区开源方案“bhaskatripathi/pdfGPT”的底层就是基于 LangChain 的，目前其 GitHub 上的 Star 数已超 5k。

2. Indexes 解决方案的核心组件

Indexes 解决方案包括以下核心组件。

- **文档加载器（Document Loader）**：支持加载 TXT、Markdown、HTML 等格式文档。不同类型文档对应不同的文档加载器类，但这些文档加载器类都继承于共同的基类，并区分实现了基类的 load()方法。
- **文档转换器（Document Transformer）**：在文档加载完成后，需要对文档进行转换，以方便 LangChain 应用程序更高效地访问文档。其中常见的操作就是将超长的文档分割为小的文本块，以适配 LLM 对 Token 长度的限制。LangChain 内置了多种常见文档格式的文档转换器，让拆分、合并和过滤等文档转换操作更加高效。
- **文本嵌入模型（Text Embedding Model）**：文本嵌入（Text Embedding）是深度学习领域的一项重要技术。这项技术可以实现文本的向量表示，进而支持在向量空间中发现文本的相似度，并且具有比常规的字符串匹配更高层级的语义检索能力。对于使用文本转换器拆分后的文档片段，通过文本嵌入模型可以方便地找出和输入信息最相似的片段集合，从而提升 LLM Token 的利用效率。
- **向量存储（Vector Store）**：文本经过转换和向量化后，其数据结构已发生大幅变化，为保障这种新数据的高可用和高性能，需要采用定制化的存储方案。针对不同的数据规模和场景，有多种数据存储方案可供选择，包括 Chroma、Pinecone、Deep Lake 等，LangChain 在向量存储层分别为它们提供了对应的接口封装。
- **数据检索器（Retriever）**：一个接口定义，输入非结构化查询，输出文档信息。它比向量数据库更加通用。数据检索器本身不需要具备文档的存储能力，只需要具备检索的返回能力即可，因此在实际场景中，数据检索器也可以作为向量存储库的上层存在。

3. 智能知识库的工作流程

智能知识库的工作流程如图 7-8 所示。

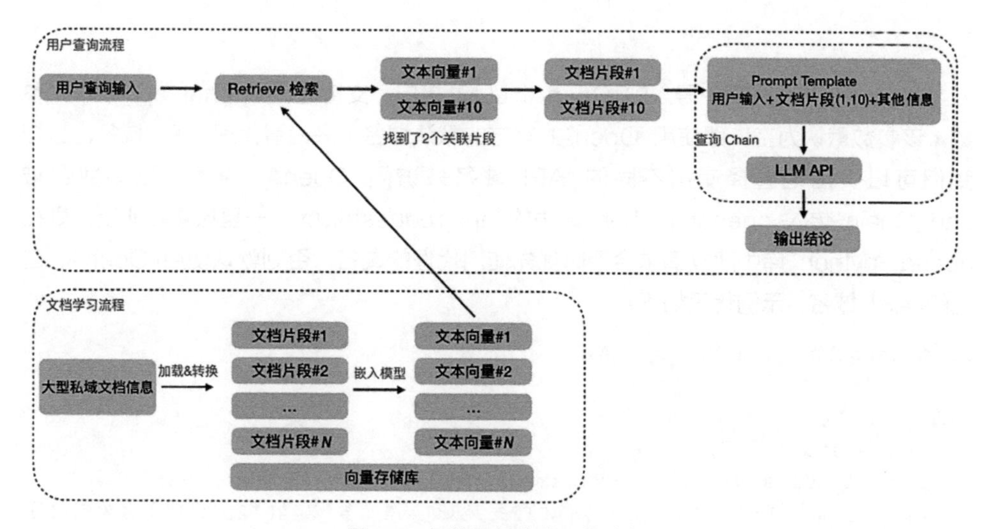

图 7-8　智能知识库的工作流程

在传统知识库中，数据是直接存储在数据库中的（可能会建立分片或采用结构化存储），查询依赖于字符串匹配。智能知识库和传统知识库的对比如下。

- 相同点：两者都是“先建立知识数据库，再建立查询索引流程”。
- 不同点：传统知识库主要依赖于采用固定规则的文本匹配，对于非标准化的查询，它缺少有效的应对手段；智能知识库可以基于 LLM 先验的知识（如在查询“肥宅快乐水”时也会匹配“可乐”）快速完成对这类知识的索引。

7.3　LangChain 应用场景举例

LangChain 奠定了复杂 AIGC 应用的基本开发模式。目前在绝大部分 AIGC 应用（包括热门的 AutoGPT、PDFGPT 等）背后，都可以看到 LangChain 的身影。

本节结合 AI 开发者入门时可能遇到的“坑点”和 AI 应用开发模式的发展趋势，介绍几个有特点的应用场景实践。

7.3.1　场景一：LLM API 访问不稳定，请用 LLM 代理

截至目前，诸多 LLM API （如 OpenAI API、Claude API 等）仍有算力不稳定、访问区域受限、账号可用性难保证等问题。因此，在实际使用中可能需要搭建配置 LLM API 的中转服务，LangChain 为这种场景提供了特殊的初始化方式。

以 OpenAI API 为例，目前 LangChain 提供了两种配置 LLM API 代理的方式。

方式一　在 LLM 初始化时传参

从 LangChain 库中导入的 OpenAI LLM 接口，支持通过 openai_api_base 参数（该参数默认为空，即使用 OpenAI 官方的默认域名）来设置代理 API 域名。这样我们可以灵活地选择使用不同的 API 域名来访问 OpenAI 服务。该参数会被 LangChain 传入 openai-python 库中的 api_requestor.py。一旦该参数非空，则在 openai-python 库中建立请求会话时优先使用代理的域名，否则默认使用 OpenAI 自己的 API 域名。示例代码如下：

```
from langchain import OpenAI

llm=OpenAI(
    temperature=0.7,
    openai_api_key='xxxxxx-xxxxxxxxxxxx', # OpenAI 的 App Key
    openai_api_base='https://[API2D 地址]/v1' # 以 API2D 代理平台为例配置
API2D 的代理域名，具体地址见本书配套资源
)

# 此后即可无差别正常使用 LLM 实例
```

方式二　设置全局环境变量（推荐）

LangChain 框架目前只支持在 LLM 初始化时显式设置 openai_api_base 参数的值。但是在部分场景中没有 LLM 初始化入口，或者不方便修改 LLM，因此无法直接在初始化时设置 openai_api_base 参数的值。考虑到这点，LangChain 也提供了全局环境变量的代理设置方案。示例代码如下：

```
from langchain import OpenAI
import os

# 以 API2D 代理平台为例
os.environ['OPENAI_API_BASE'] = 'https://[API2D 地址]/v1';
# OpenAI 官方提供的 App Key 或用户在 API2D 等代理平台上自定义的密钥
os.environ['OPENAI_API_KEY'] = 'xxxxxx-xxxxxxxxxxxx';

llm=OpenAI(
    temperature=0.7
)

# 此后即可无差别正常使用所有内置了 OpenAI API 的服务，无须关心其底层代理细节
```

7.3.2　场景二：MVP 项目启动难，请看四行代码实现数据分析助手

搭建私有知识库是 LangChain 目前最火热的应用场景之一。但是 LangChain 入

门文档目前还不够友好，在中文社区中也缺少相关的代码实践，因此阻碍了很多开发者深入实践。其实对于如何搭建私有知识库，LangChain 已提供了“开箱即用”的解决方案。

笔者将这个解决方案简化为 4 行代码。下面进行介绍。

1. 搭建前置环境

考虑到解析 PDF 格式存在一定成本，所以先将数据信息转变为 TXT 格式。部分代码片段如下：

```
…
Quarter Ended March 31,
2022 2023
Revenues $ 68,011 $ 69,787
Change in revenues year over year 23 % 3 %
Change in constant currency revenues year over year(1) 26 % 6 %
Operating income $ 20,094 $ 17,415
…
# 接下来是实现文档智能知识库的 4 行代码：
# 第 1 行  导入文档加载器
from langchain.document_loaders import TextLoader
# 第 2 行  导入 Indexes 向量库
from langchain.indexes import VectorstoreIndexCreator
# 第 3 行  加载文档配置
loader = TextLoader('./2023Q1_alphabet_earnings_release.pdf.txt',
encoding='utf8')
# 第 4 行  创建 Indexes 文档索引知识库
index = VectorstoreIndexCreator().from_loaders([loader])
```

经过上述操作，已经简单搭建了一个基于本地文档的私有知识库。后续如果想添加其他数据文档，则可直接在第 4 行后添加其他的文档加载器。

2. 进行测试

下面使用 query_with_sources()方法对文档的理解结果进行测试：

```
index.query_with_sources("Alphabet 最近收入怎么样？")
# 返回结果如下，成功检索到 2023 年一季度的收入信息
# {'question': 'Alphabet 最近收入怎么样？',
#  'answer': ' Alphabet reported consolidated revenues of $69.8 billion
in the first quarter of 2023, up 3% year over year, or up 6% in constant
currency.\n',
# 'sources': './2023Q1_alphabet_earnings_release.pdf.txt'}

index.query_with_sources("Alphabet 雇员总数有怎样的变化？")
# 返回结果如下，成功检索到雇员总数的变化信息
# {'question': 'Alphabet 雇员总数有怎样的变化？',
```

```
#  'answer': " Alphabet's number of employees increased from 163,906 to
190,711.\n",
#  'sources': './2023Q1_alphabet_earnings_release.pdf.txt'}
```

本示例展示了如何搭建一个最基本的私有知识库，如果读者进行尝试，就不难发现这个项目的性能短板：当数据文档过长时，VectorstoreIndexCreator 的初始化过程耗时较长，并且可能失败。在真实的商业项目中，可以通过优化 VectorStore 逻辑、调整 Embedding 参数等解决这个问题。

7.3.3 场景三：开发、部署、运维的工程化遇到难题

LangChain 针对应用开发全流程的工程化都提供了解决方案，但因多种原因，我国开发者难以从中找到想要的方案。

笔者对官方文档内容进行了整理，按标准开发流程，将 LangChain 的工程化能力拆分为开发、部署和运维这三个方面，方便读者了解和使用。

1. 开发调试工具：Notebook 和 Tracing

在开发 LangChain 应用的过程中，以下两个工具能帮助开发者更高效地完成开发前期的调研工作和后期的调试工作。

- Python 开发工具 Jupyter Notebook：支持在网页浏览器中编写和运行代码，其代码组织方式能方便开发者一步步运行和调试代码。
- LangChain 官方提供的 Tracing 功能：能追踪每个 LangChain 模块的输入/输出结果，帮助定位调试问题。

（1）Jupyter Notebook 的使用。

其安装和运行都极为简单，各需要一行命令：

```
# 安装
pip install notebook
# 运行，默认会以当前运行目录为根目录
jupyter notebook
# 运行结果如下
[I 17:36:31.905 NotebookApp] Jupyter Notebook 运行所在的本地路径:
/Users/xxx/Github/aigc-book/langchain-examples
[I 17:36:31.905 NotebookApp] Jupyter Notebook 6.4.8 is running at:
[I 17:36:31.905 NotebookApp]
http://localhost:8888/?token=5959c84805a1aa6a576587c76daf4b05c991a1a
854bcf185
[I 17:36:31.905 NotebookApp]  or
http://127.0.0.1:8888/?token=5959c84805a1aa6a576587c76daf4b05c991a1a
854bcf185
```

```
[I 17:36:31.905 NotebookApp] 使用 Ctrl+C 快捷键停止此服务器并关闭所有内核（连续操作两次便可跳过确认界面）。
```

网页浏览器会自动展示当前目录的文件列表，如图 7-9 所示。选择右侧的“新建”/“Python 3 （ipykernel）”即可新建一个 Notebook 工作环境。

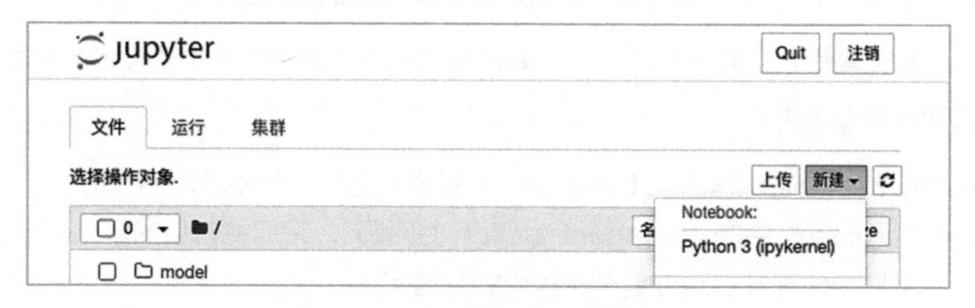

图 7-9　Jupyter 的文件列表页面

这以最简单的 Chain 使用场景为例进行介绍，如图 7-10 所示。

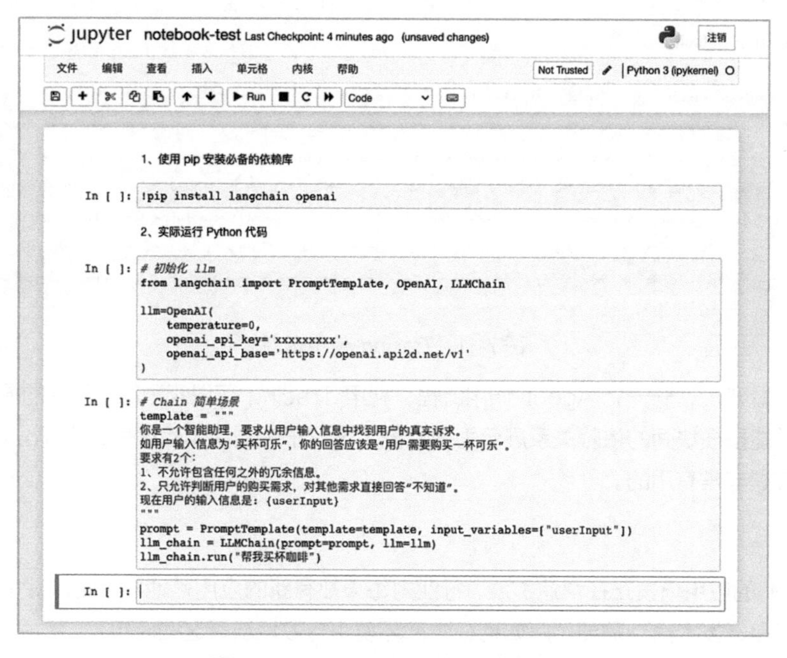

图 7-10　Jupyter Notebook 使用示例

可以看到，所有代码可以被分割为一个个小块。这些小块在 Notebook 中被叫作 Cell（单元）。单元内容支持 3 种格式：Python 可执行代码；Python 环境依赖的安装命令，但需要以“!”开头；Markdown 格式的纯文本信息，用于补充介绍。Notebook 对分段运行的结果具有缓存能力，这意味着，如果在最新的单元执行过程中出现了问题，则可以单独重新运行该单元，而无须重新运行整个 Notebook。这个功能可以极大提升前期开发阶段的工作效率。LangChain 官方文档的绝大部分也是使用 Notebook 维护的，且可以进行代码块的运行/调试。

（2）Tracing 的使用。

Tracing 是一个针对模块的输入/输出进行在线追踪的调试工具。

> 提示 截至写作时，其部分功能还在测试和迭代中。预计过不了多久，其所有功能就能正式开放给开发者。

Tracing 的核心功能来自在 LangChain 各模块运行过程中预埋的 Hook 节点（如前文 Agent 源码剖析中的 on_agent_action ()回调），它们将各自的输入/输出捕获并汇总展示，可以帮助开发者定位复杂流程中的数据问题。

LangChain 官方提供了如图 7-11 所示的使用示例。

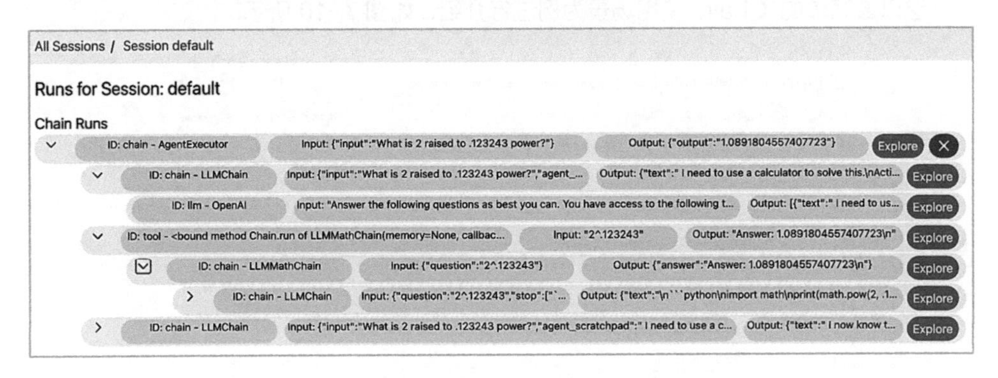

图 7-11　Tracing 使用示例

可以看到，对于一个 Agent 调用流程，利用 Tracing 可以观测每个模块的输入/输出详情，并能按模块间的依赖关系展示为树状图。这对于观测动作代理模式中 Tool 的动态调用状态是非常有用的。

2. 部署生态平台：开箱即用，快速部署

LLM 的应用场景正在快速扩展，行业内每天都有新的应用落地。因此，AI 行业从业者，尤其是开发人员，需要了解如何在生产环境中有效地部署这些应用。

LLM 接口分为两类：①外部的 LLM 提供商（如 OpenAI、Anthropic 等厂商）的接口；②企业私域托管的 LLM（如私域托管的 ChatGLM 等）的接口。LangChain 为这两类接口提供了丰富的接口封装，方便开发者快速对接 LLM 服务。

LangChain 提供了一系列与第三方平台对接的封装（包括 Ray Serve、BentoML、Modal 等），帮助开发者实现快速的、可靠的部署。开发者可以自主选择接入这些封装，或者自研相关服务。

在部署 LLM 服务的过程中，开发者需要重点关注以下三点。

（1）健壮性保障。

对于生产环境的 LLM 服务，需要给用户提供一个无故障的、流畅的使用体验，需要保证全天 24 小时的可用性，还需要兼顾多个相关子系统的运维。

落实好健壮性保障，需要做到以下三点。

- 线上监控：关注反映服务性能和质量的数据。服务性能方面的数据包括每秒请求数量、接口延迟时间、每秒 Token 消耗等。质量方面的数据包括服务成功率等。
- 在线升级：传统服务的升级可能需要停机，这对用户体验和产品收入都有较大的负面影响。因此，在理想情况下，新版本的服务应该采用灰度渐进式上线，流量逐渐从旧版本转移到新版本，同时进行监控，如有异常则及时回滚。
- 负载均衡：在 LLM 服务中，需要考虑 LLM 提供商服务的可用性。对于部分可用性较低的地区，需要增加镜像代理等，以保证用户的使用体验。

（2）成本控制。

外部的 LLM 服务成本一般较高，尤其是在用户使用量激增时。通常 LLM 服务商会根据 Token 使用量进行收费，这增加了聊天场景的使用成本（因为要将历史聊天记录也纳入 Token 计算内）。

以下几种策略能降低成本，并且不会损害用户体验。

- 自托管模型：随着 LLM 技术的演进，在开源社区中涌现出不少优质的小型开源模型，合理、科学地使用这些开源模型，能降低 LLM 服务的整体开销。这些开源模型的参数数量相对较少，因而运行和训练成本都相对降低。有余力的公司或者团队可以对其自行训练优化，并将其托管在自有服务上。
- 按需自动扩容：用户流量有峰顶和谷底，设计好精准且快速的自动扩容/收缩逻辑，能保障服务器处于较高的使用效率，减少不必要的成本。
- 应用 Spot 实例：Spot 实例是 AWS 提供一种特殊类型的弹性计算云实例。在 AWS 等云服务平台上，应用 Spot 实例能降低运行成本，但也需要综合评估崩溃率进行权衡，建议配套采用更强大的容错机制。
- 模型独立扩展：在自主托管模型时，可以考虑对不同模型独立扩展资源。如果使用了中文和英文两个模型，则在中文模型流量更大时，对其单独扩展更多的资源，以保障整体高效地运行。
- 批量请求：LLM 服务基本都建立在 GPU 上，由于 GPU 是并行处理的，因此批量请求一次性发送更多任务给 GPU 可以有效提升 GPU 的使用率，最大化其利用率。这不仅可以节约成本，还可以降低 LLM 服务的总体时延。

（3）快速迭代支持。

在 LLM 领域，迭代速度是空前之快的，每个应用都需要不断引入新的库和模型架构。因此，在架构设计上，需要避免将自己局限于特定的解决方案上。LangChain 通过灵活的模块化设计，大幅降低了重构成本。开发者可以快速完成 LLM 提供商、数据库提供商等的切换。

基于 Agent ，开发者可以自由组合多个 LLM 服务。另外，LangChain 也对接了 AWS、Google Cloud、Azure 等云服务平台，方便开发者进行可持续的服务集成和部署。

> 提示　对于 LLM 应用的研发，也有公司专门提供了体系化的 DevOps 平台（又称 LLMDevOps），其中典型的有 Dify 等。

3. 运维量化工具：LLM 评估工具

应用提供的服务是否符合用户预期？应用版本迭代后服务的质量是否劣化？这些都是在传统的 IT 应用开发中需要考虑的问题，在 LLM 应用开发中也需要考虑这些问题。

LLM 应用面临的用户输入/输出很可能是非标准的，这导致缺少足够测试用例来评估服务的质量。对于输入信息测试集，LangChain 提供了 LangChainDatasets，并将其托管在 Hugging Face 社区，任何人都可以参与共建。

对于输出结果的评估，除 Tracing 工具外，LangChain 也提供了一些工具和实践参考。这些技术点在官网介绍中较为分散，笔者将其归纳整理为以下类型。

- **测试数据集**：提供搜索、计算、问答等多个测试数据集。数据集中包括输入信息用例和正确的输出结果。评估过程实质上是一个“用 LLM 评估 LLM”的过程，即用待测试的 LLM 应用运行测试问题后得到输出结果，再对比“专用的 LLM 应用的输出结果”，从而判断待测试的 LLM 应用输出的结果是正确的还是错误的。
- **量化对比**：在测试数据集运行完成后，只能得到非黑即白的正确或错误结论。当测试数据较小时，正确率/错误率的波动将被扩大，导致质量难以被准确评估。对此，LangChain 可以对接 Critique 库，支持以 ROUGE、Chrf、BERTScore 和 UniEval 等不同量化标准对输出结果进行评分，输出一个 0~1 的小数。

7.3.4　场景四：不写代码也能发布 LangChain 应用，利用 Flowise

鉴于 LangChain 对各个模块进行了标准化封装，所以我们能够通过简捷的项目配置轻松地交付一个 LangChain 应用。这为开发面向大众的低成本 AIGC 应用铺平了道路。在这方面，除 Stack AI 与 Dora AI 等商业公司的探索外，还出现了 Flowise 等开源解决方案。

Flowise 来自 GitHub 开源组织 FlowiseAI，该组织致力于提供开源的可视化工具帮助用户构建 LLM 流。

Flowise 底层基于 LangChain 的 JavaScript 版本，并基于 Node.js 提供完整的前后端可用代码。自 2023 年 4 月上线以来，其 GitHub 上的 Star 数已超过 8k。

Flowise 基于 LangChain 的模块化封装为每个模块提供了独立的配置卡片，并支持通过拖曳方式将其输入/输出数据流串联起来，如图 7-12 所示。

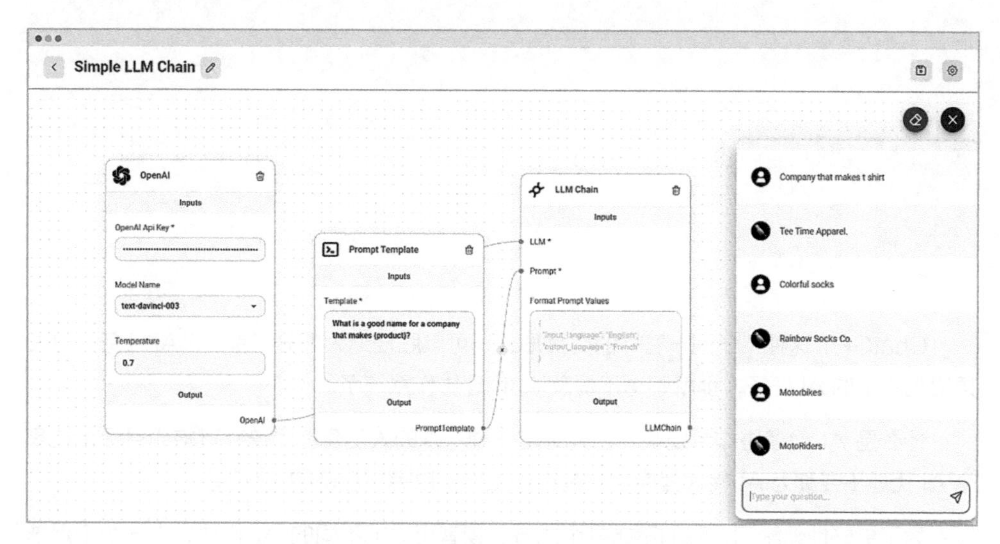

图 7-12　Flowise LLM 应用配置页面

如图 7-12 所示，每个 LangChain 模块在 Flowise 中都对应一个配置卡片。用户只需要在卡片中进行简单的配置，再通过拖曳将这些卡片的输入/输出数据流串联起来，就能复现原来需要几十行甚至上百行代码才能完成的工作，这极大地降低了应用的开发成本。在页面右侧提供了对话式的交互窗口，旨在为用户提供即时在线帮助，确保用户配置过程的顺利进行。

第 8 章 AI 代理协作系统——用于拆分和协作多个任务

ChatGPT 这种“一问一答”的交互形式，可以胜任绝大部分“单点”AI 任务。可如果遇到复杂的 AI 任务，那就不得不提及 AI 代理协作系统了。

什么是 AI 代理协作系统呢？它通常指一种特殊的人工智能系统，其核心目标是让多个 AI 代理（或称为 AI 代理程序）一起协同工作，以完成复杂的 AI 任务。

为了更好地理解它，我们不妨打个比方：读者可以把不同的 AI 代理看作一个个足球队员。每个队员（AI 代理）都有其特长和责任——比如后卫擅长防守，前锋擅长进攻。这些队员需要协同工作，共同遵循足球的规则，以赢得比赛。这支足球队就可以被看作一个 AI 代理协作系统，每个队员就是一个 AI 代理。

在实际的 AI 系统中，每个 AI 代理都擅长处理一种类型的任务，例如，有的 AI 代理擅长处理语言翻译，有的 AI 代理擅长识别图像中的物体。这些 AI 代理需要通过某种方式（比如共享信息、交换数据等）来协作，使得它们能一起完成复杂的任务，比如处理包含多种语言和图像的复杂文档。

本章将探索两个最具代表性的 AI 代理协作系统：AutoGPT 和 HuggingGPT。

8.1 借助“AI 任务拆分”实现的 AutoGPT 系统

AutoGPT 自面市以来就备受关注，它在短时间内就冲上了 GitHub 趋势榜。

AutoGPT 相当于给基于 GPT 的模型一个“存储空间”和一个“执行体”。有了它们，使用者就可以把一项复杂任务交给 AI 智能体，让它自主地提出一个计划，并执行该计划。

AutoGPT 还具备互联网访问、长期和短期内存管理、使用 GPT-3.5 进行文件存储和生成摘要等功能。AutoGPT 有很多用途，如：分析市场变化并提出应对的策略、提供聚类信息的客户服务、进行市场营销等其他需要持续更新的任务。

8.1.1 复杂 AI 任务的拆分与调度

1. AutoGPT 的运行流程

我们从全局角度来理解 AutoGPT 是如何运行的，如图 8-1 所示。

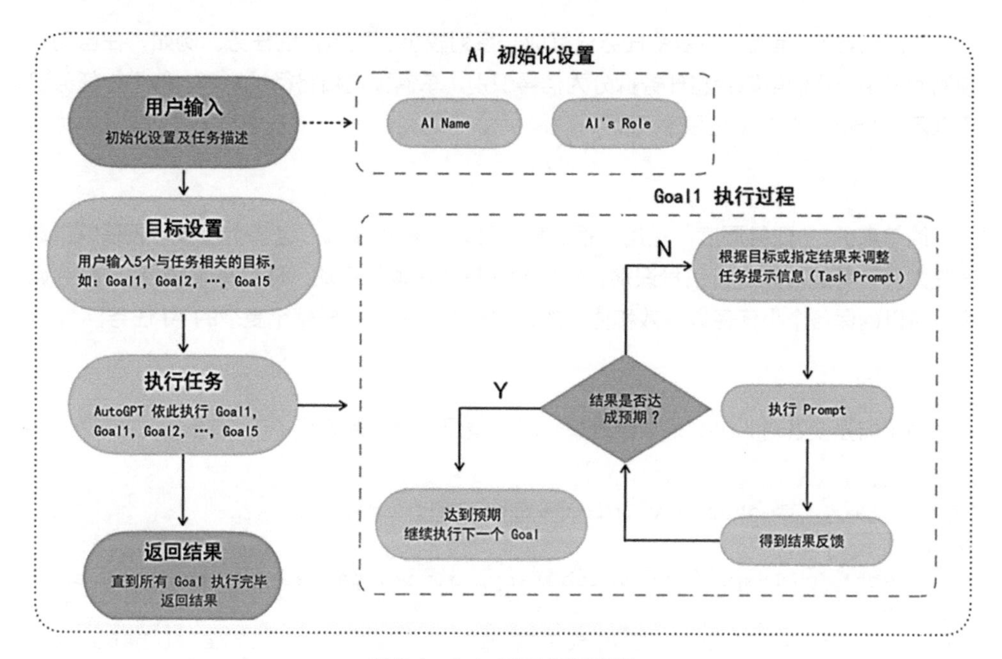

图 8-1 AutoGPT 运行流程

（1）**用户输入**：首次运行时需要为 AI 代理设置名称（Name）和角色（Role），如将 AI 代理名称设置为“Yoyo”（名称自定义），对角色，通常我们设置领域专属的角色即可，如“AI Technology Information Collector”。

（2）**目标设置**：需要用户输入 5 个目标——Goal1,Goal2,…,Goal5。即人为将目标拆分成多个具体的子目标，如“帮我查找 AI 领域相关名词”“将收集到的信息按照字母 A ~ Z 的顺序进行排序”等。每输入一个目标后按键盘上的“Enter”键保存，输入完 5 个子目标即完成目标设置。

（3）**执行任务**：任务一般会按照用户输入的顺序自动执行，在此过程中需要用户确认（按键盘上的“Y”键表示同意继续执行，按“N”键表示不同意继续执行）。如果用户按“N”键，则通常意味着 AI 执行结果并不符合用户预期。

（4）**返回结果**：在处理完一个 Goal 后，如果达到预期，则 AutoGPT 继续执行下一个 Goal，否则将根据目标或者指定结果来调整任务提示信息（Task Prompt），然后继续执行当前 Goal。在整个过程中会得到新的结果反馈，交由用户判断是否达到预期。这个过程会不断重复，直到用户得到预期结果或强制中断。

> 提示　目前 AI 输入信息大都需要使用英文，这是因为，AI 的训练数据集主要是英文的，AI 更擅长处理英文。

2. 拆分 AI 复杂任务

“任务拆分”是指，将复杂任务分解成一系列较小、更具体的任务。例如，在自动驾驶的例子中，我们可能会将任务拆分为信号识别、车辆预测和路径规划等。每个小任务都可以用一个特定的 AI 模型来处理。

3. 任务调度的方式

简单来说，“任务调度”是指，指定何时及以何种顺序执行这些小任务。还是以自动驾驶为例，可能首先进行信号识别，然后预测其他车辆的行动，最后规划路径。“任务调度”可以确保各个小任务以有效和协调的方式执行，从而完成整个复杂的 AI 任务。

4. 通过案例来加强理解

为了加强读者对 AutoGPT 的理解，下面演示一个实际案例。

```
AI Name: Yoyo
AI's Role: AI Technology Information Collector
Goal:
- Collect 10 AI-specific vocabulary, give detailed explanations and examples
- Arrange and sort the collected 10 nouns according to the alphabet A-Z
- Save the information in the HTML file, and use the Table to display the data
- Save the generated HTML file in a local directory:
/Users/[username]/Desktop
- Name the file: AI-Dictionary
```

我们为 AI 设置名字“Yoyo”，给它一个角色“AI 技术信息收集者”，并输入 5 个目标：

- 收集 10 个 AI 领域专用词，给出详细的解释和示例。
- 将收集的 10 个名词按照字母 A～Z 的顺序进行排序。
- 将信息保存在 HTML 文件中，使用表格展示数据。
- 将生成的 HTML 文件保存在本地目录“/Users/[username]/Desktop”中。
- 将文件命名为“AI-Dictionary”。

目标设置就绪后，按键盘上的 Enter 键， AutoGPT 就开始执行任务。它会自主通过用户桌面的浏览器进行信息查询，如图 8-2 所示。

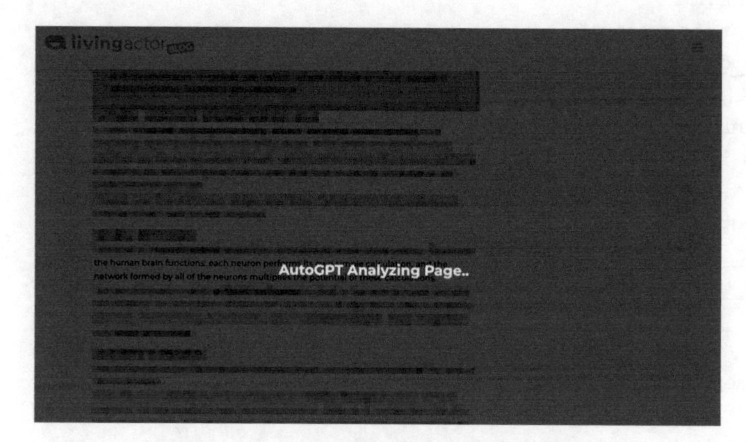

图 8-2　AutoGPT 通过浏览器进行信息查询

如果一切顺利，则会在用户桌面上创建出一个名称为 AI-Dictionary 的 HTML 文件。读者通过浏览器打开该文件，即可看到以表格方式呈现的 AI 领域专用词，并附带了详细的解释和示例。是不是很神奇？一个复杂任务完全不用人工操作，就被电脑自动完成了。

8.1.2　在本地运行 AutoGPT

如果读者想执行一个复杂的 AI 任务，则需要在本地搭建相关环境并运行 AutoGPT。

下面将搭建 AutoGPT，读者按照步骤即可快速掌握。

> 提示　因为笔者使用的是 macOS 操作系统，所以下文将以 macOS 操作系统作为运行环境进行演示。如果读者使用的是 Windows 操作系统，则需注意环境的细微差异。

1. 准备本地环境

按照 AutoGPT 官网提示，应确保本机具备如下环境。

- VSCode+DevContainer：无特殊版本要求。
- Docker 19.03 或更高版本。
- Python 3.9 或更高版本（说明：适用于 Windows）。
- OpenAI API 的密钥。

2. 将远程项目复制到本地

在命令行中执行 Clone 命令，并通过 cd 命令进入项目目录，示例代码详见本书配套资源。接下来，我们对 AutoGPT 的项目目录进行简单说明（因文件内容过多，以下为精简版，读者以源码目录结构为准）。

```
├── Dockerfile
├── LICENSE
├── README.md
├── ai_settings.yaml
├── auto_gpt_workspace
│   ├── AI-Dictionary.html
│   ├── autogpt-vue-demo
│   ├── …
│   └── vue-next
├── autogpt
│   ├── __init__.py
│   ├── __init__.pyc
│   ├── __main__.py
│   ├── …
│   ├── memory
│   ├── prompt.py
│   ├── promptgenerator.py
│   ├── setup.py
│   ├── token_counter.py
│   ├── utils.py
│   └── workspace.py
├── azure.yaml.template
├── benchmark
│   ├── __init__.py
│   └── benchmark_entrepeneur_gpt_with_difficult_user.py
├── docs
│   └── imgs
├── main.py
├── pyproject.toml
├── requirements.txt
├── run.sh
├── …
├── scripts
│   └── check_requirements.py
├── tests
│   ├── __init__.py
│   ├── …
│   └── unit
└── tests.py
```

需要重点注意以下几个目录。

（1）auto_gpt_workspace： AutoGPT 的工作区域，通常在执行用户任务后会将输出文件放置于此目录中。例如，在执行 AI-Dictionary 任务后，会在此目录中生成 AI-Dictionary.html 文件以备用户使用。

（2）autogpt：AutoGPT 源码的核心目录，在 8.1.5 节中会进行详细解读。

（3）run.sh：启动脚本，在其中可以选择 Python 的运行版本，以及必要的启动参数。如果强制使用 GPT-3，则需要加上参数--gpt3only，详情如下：

```
#!/bin/bash
python3 scripts/check_requirements.py requirements.txt
if [ $? -eq 1 ]
then
    echo Installing missing packages...
    pip3 install -r requirements.txt
fi
# 如果需要强制使用 GPT-3，则需要带上参数--gpt3only，如：python3 -m autogpt
--gpt3only $@
python3 -m autogpt
read -p "Press any key to continue..."
```

3. 安装相关依赖

因为 AutoGPT 依赖 Python 环境，所以我们先通过 Homebrew（主要功能是从源代码中自动编译和安装软件包，用于 macOS 操作系统）安装 Python 环境：

```
brew reinstall python@3.9
```

安装成功后，可通过--version 命令来查看版本信息以确保已成功安装：

```
python --version // Python 2.7.16
```

此处需要注意，上文指定了 Python 3.9 版本，但是命令行中输出的却是 Python 2.7.16 版本。这说明我们安装的版本并没有被真正使用，而是使用了 macOS 操作系统的默认 Python 版本。

那么该如何操作呢?

（1）配置环境变量，默认使用最新版本：

```
# 通过 VIM 编辑配置文件
vim ~/.bash_profile
```

写入如下信息：

```
alias python="/usr/local/bin/python3.9"
```

（2）更新环境变量。

在修改完环境变量后，如果希望在不退出命令行（Shell）的情况下使修改立即生效，则可以使用 source 命令重新加载 Shell 的配置文件（如 ~/.bashrc 或 ~/.bash_profile）：

```
source ~/.bash_profile
```

刷新成功后，再次执行--version 命令来查看版本信息，结果如下所示：

```
Python 3.9.7    // 发现修改生效
```

最后，安装项目的依赖：

```
pip3 install -r requirements.txt
```

4. 确定重要配置信息

需要我们确定如下重要配置信息。

（1）必要的配置。

- 将.env.template 文件复制一份，命名为.env，必须配置 OPENAI_API_KEY（可在 OpenAI 平台申请该 Key）。
- 如果读者使用的是 Azure 实例（提供了多种类型和大小的 VM 实例，以满足不同的应用需求），请将 USE_AZURE 设置为 True，然后将 azure.yaml.template 模板文件重命名为 azure.yaml，并在 azure_model_ma 部分中提供相关模型的配置信息，如 OPENAI_AZURE_API_BASE、OPENAI_AZURE_API_VERSION、OPENAI_AZURE_DEPLOYMENT_ID 这 3 个关键参数的值。

（2）不必要的配置。

- 如果需要使用语音模式，则需要在 elevenlabs.io 官方站点申请 ElevenLabs API 的密钥，并配置相关 Key 的值为 ELEVEN_LABS_ API_KEY。
- 如果在提问过程中需要进行网络搜索，则需要提前配置 Google（谷歌）API 的密钥。
- 如果需要存储一些历史问题和回答的向量缓存，则需要配置 Redis 或者 Pinecone（一种存储 AI 数据的向量数据库）。
- 默认情况下，AutoGPT 使用 DALL · E 进行图像生成。当然也可以配置 HUGGINGFACE_API_TOKEN 以使用 Stable Diffusion。

> 提示　截至 2023 年 12 月，国内用户仍然没有使用 GPT-4 的权限，程序默认使用 GPT-3.5。

5. 申请 Google API 的密钥

复杂的 AI 任务通常需要收集网络信息进行分析，因此必须配置 Google API 的密钥。

（1）进入 Google 官网创建一个无组织项目 AutoGPT（官网网址见本书配套资源），如图 8-3 所示。

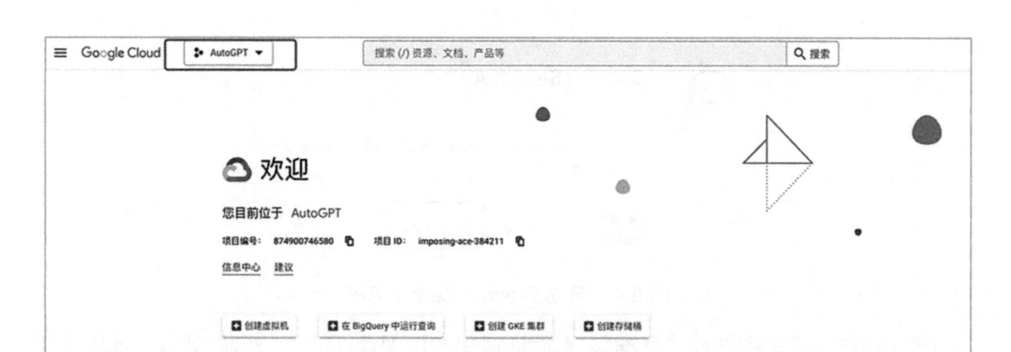

图 8-3　创建无组织项目 AutoGPT

（2）选择左侧的“API 和服务”→“库”，如图 8-4 所示。

图 8-4　选择库

（3）在打开的页面中搜索关键字“custom”，然后根据智能提示选择“custom search api”，如图 8-5 所示。

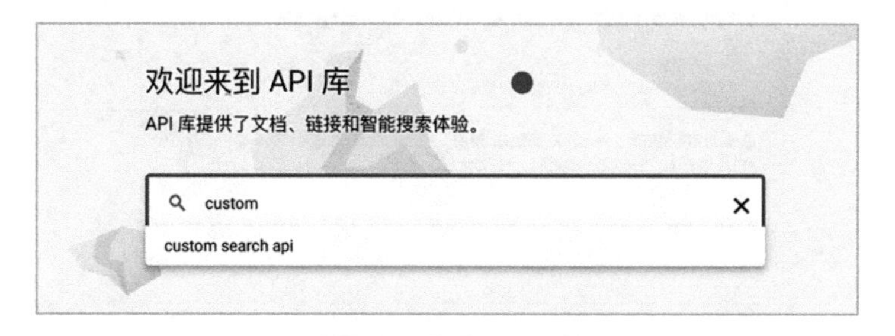

图 8-5　选择“custom search api”

（4）进入“Custom Search API”页面，启用 API 后的效果如图 8-6 所示。

图 8-6　启动 Custom Search API

（5）在左侧菜单中选择“凭据”，然后通过单击页面顶部的 “+创建凭据”找到子菜单中的“API 密钥”选项，如图 8-7 所示。

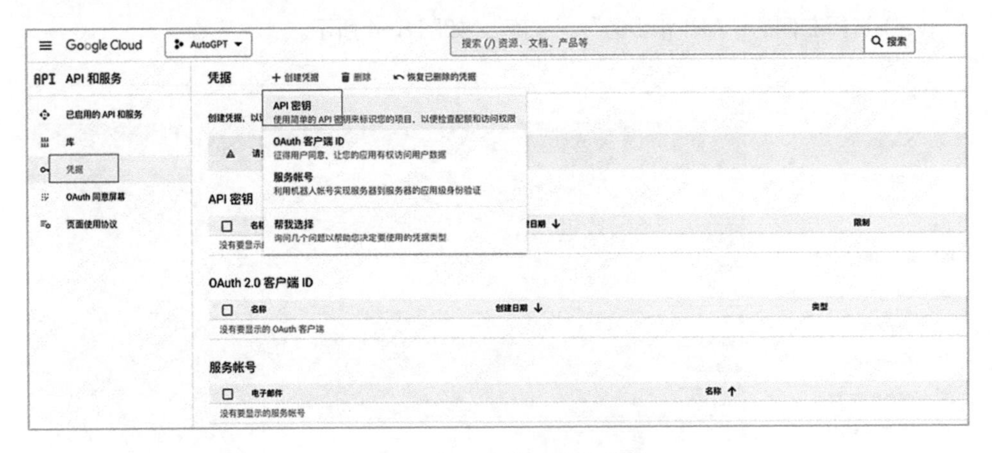

图 8-7　选择“API 密钥”选项

（6）创建完毕后，在当前页面中将展示最新创建的 API 密钥，如图 8-8 所示。

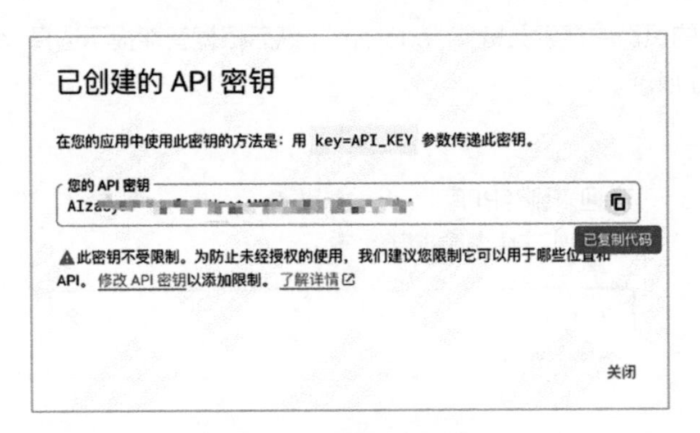

图 8-8　查看 API 密钥

（7）拿到 Google API 密钥后就可以配置.env 文件了，如图 8-9 所示。

```
∨ scripts            140  ### GOOGLE
  check_requirements.py  141  # GOOGLE_API_KEY - Google API key (Example: my-google-api-key)
> tests              142  # CUSTOM_SEARCH_ENGINE_ID - Custom search engine ID (Example: my-custom-search-engine-id)
.env                 143  GOOGLE_API_KEY=your-google-api-key
$ .env.template      144  CUSTOM_SEARCH_ENGINE_ID=your-custom-search-engine-id
$ .envrc             145
.flake8
```

图 8-9　配置代码中的 API 密钥

细心的读者可能发现了，代码中的“CUSTOM_SEARCH_ENGINE_ID”好像还没有配置，它具体有什么作用？“CUSTOM_SEARCH_ENGINE_ID”指 Google 的自定义搜索引擎（Custom Search Engine, CSE）的唯一标识符。

> 提示　CSE 是 Google 提供的一项服务，允许使用者创建自己的搜索引擎，以在个人网站上搜索公开的网页。使用 Google CSE，可以定制搜索引擎的搜索范围，例如，只搜索特定的网站或页面，从而得到更具针对性的搜索结果。
>
> 使用者还可以对搜索结果页面的外观进行定制，使其符合个人网站或应用的设计。

接下来，我们来看看“CUSTOM_SEARCH_ENGINE_ID”是如何生成的。

（1）打开 Google 引擎的官网地址（见本书配套资源），会看到“创建新的搜索引擎”的相关信息，如图 8-10 所示。给搜索引擎命名，并选中“在整个网络中搜索”选项。

（2）新的搜索引擎已创建，如图 8-11 所示。

图 8-10　创建新的搜索引擎

图 8-11　新的搜索引擎已创建

（3）单击“自定义”按钮，找到“搜索引擎 ID”复制即可。当然，别忘了将自定义搜索引擎的 ID“CUSTOM_SEARCH_ENGINE_ID”填入配置文件（如图 8-9 所示配置代码中的 API 密钥）。

6. 常见问题排查

通常情况下，AutoGPT 的安装和配置过程并没有那么顺利。如果读者碰到问题，不妨按照如下说明进行排查。

问题一：在运行过程中报错“The file 'AutoGpt.json' does not exist. Local memory would not be saved to a file”。

这是提示文件缺失，可以自查是否未创建对应的 AutoGpt.json 文件，在项目根目录下手动创建该文件即可。

问题二：在运行过程中报错“__main__.py: error: unrecognized arguments: start”。

该问题为 Python 启动报错，往往可能与项目版本或执行脚本的方式有关。可尝试在根目录下执行以下命令来启动程序：

```
./run.sh
```

7. 运行 AutoGPT

在启动命令正常运行后，会进入“终端交互”模式，读者按照引导操作即可，如图 8-12 所示。

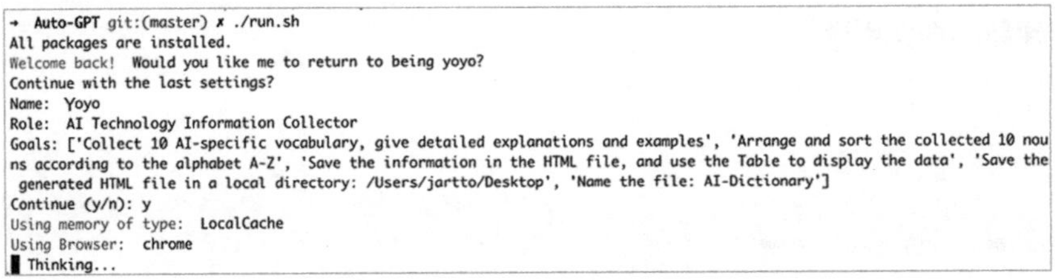

```
→ Auto-GPT git:(master) ✗ ./run.sh
All packages are installed.
Welcome back! Would you like me to return to being yoyo?
Continue with the last settings?
Name: Yoyo
Role: AI Technology Information Collector
Goals: ['Collect 10 AI-specific vocabulary, give detailed explanations and examples', 'Arrange and sort the collected 10 nou
ns according to the alphabet A-Z', 'Save the information in the HTML file, and use the Table to display the data', 'Save the
 generated HTML file in a local directory: /Users/jartto/Desktop', 'Name the file: AI-Dictionary']
Continue (y/n): y
Using memory of type: LocalCache
Using Browser: chrome
▌Thinking...
```

图 8-12 AutoGPT 运行效果

在执行过程中，独立的任务都会进行一次信息的整合，包括 THOUGHTS（想法）、REASONING（推理）、PLAN（计划）、CRITICISM（批评）、NEXT ACTION（下一步行动），如以下代码所示：

```
Using memory of type:  LocalCache
Using Browser:  chrome
THOUGHTS:  I will start by using the 'google' command to search for
AI-specific vocabulary.
REASONING:  I need to collect 10 AI-specific vocabulary and give detailed
explanations and examples. The 'google' command will help me find the
information I need.
PLAN:
- Use the 'google' command to search for AI-specific vocabulary
```

```
-  Collect 10 AI-specific vocabulary and give detailed explanations and
examples
-  Arrange and sort the collected 10 nouns according to the alphabet A-Z
-  Save the information in the HTML file, and use the Table to display
the data
-  Save the generated HTML file in a local directory:
/Users/jartto/Desktop
-  Name the file: AI-Dictionary
CRITICISM:  I need to ensure that the vocabulary I collect is relevant
to AI and that the explanations and examples are clear and concise.
NEXT ACTION:  COMMAND = google ARGUMENTS = {'input': 'AI-specific
vocabulary'}
Enter 'y' to authorise command, 'y -N' to run N continuous commands, 'n'
to exit program, or enter feedback for ...
```

在用户确认执行（输入 Y）后，程序会自动进行下一步操作，每一步操作的输出格式均保持一致，如下代码所示：

```
-=-=-=-=-=-=-= COMMAND AUTHORISED BY USER -=-=-=-=-=-=-=
SYSTEM:  Command google returned: ['https://[corporate 地址]
/en/glossary-artificial-intelligence-vocabulary/','https://[forbes 地
址]/sites/tomtaulli/2019/09/07/ai-artificial-intelligence-words-you-
need-to-know/', 'https://[business.twitter 地
址]/en/blog/artificial-intelligence-terms-marketers-need-to-know.htm
l', 'https://[expert.ai 地址]/glossary-of-ai-terms/',
'https://[papers.academic-conferences 地
址]/index.php/ecair/article/view/929']
THOUGHTS:  I will use the 'browse_website' command to visit the first
website and find AI-specific vocabulary.
REASONING:  The first website returned by the 'google' command seems to
be a good starting point. I will use the 'browse_website' command to visit
the website and find AI-specific vocabulary.
PLAN:
-  Use the 'browse_website' command to visit the first website returned
by the 'google' command
-  Find AI-specific vocabulary on the website
-  Collect 10 AI-specific vocabulary and give detailed explanations and
examples
-  Arrange and sort the collected 10 nouns according to the alphabet A-Z
-  Save the information in the HTML file, and use the Table to display
the data
-  Save the generated HTML file in a local directory:
/Users/jartto/Desktop
-  Name the file: AI-Dictionary
CRITICISM:  I need to ensure that the vocabulary I collect is relevant
to AI and that the explanations and examples are clear and concise.
```

```
NEXT ACTION:  COMMAND = browse_website ARGUMENTS = {'url':
'https://[corporate.livingactor地
址]/en/glossary-artificial-intelligence-vocabulary/', 'question':
'AI-specific vocabulary'}
Enter 'y' to authorise command, 'y -N' to run N continuous commands, 'n'
to exit program, or enter feedback for ...
```

AI 任务拆分会不断地循环执行，直到输出最终结果或被用户终止。

> 提示　如果涉及浏览器搜索，则 AutoGPT 会自动整理搜索信息，并尝试自主打开本地默认浏览器，以整合浏览器信息，如图 8-13 所示。这意味着，AutoGPT 可以帮助用户在浏览器中快速找到所需的信息，提高使用效率。

```
-=-=-=-=-=-=-= COMMAND AUTHORISED BY USER -=-=-=-=-=-=-=
[WDM] - Downloading: 100%|████████████████████| 8.29M/8.29M [00:17<00:00, 510kB/s]
Text length: 11487 characters
Adding chunk 1 / 3 to memory
Summarizing chunk 1 / 3
Added chunk 1 summary to memory
Adding chunk 2 / 3 to memory
Summarizing chunk 2 / 3
Added chunk 2 summary to memory
Adding chunk 3 / 3 to memory
Summarizing chunk 3 / 3
Added chunk 3 summary to memory
Summarized 3 chunks.
SYSTEM:  Command browse_website returned: ("Answer gathered from website: The text does not provide a specific list of AI-specific vocabulary, but it discu
sses key terms and expressions related to artificial intelligence, including chatbot, deep learning, machine learning, natural language processing (NLP), n
eural networks, and the Turing Test. It also explains the two types of AI, the importance of data crunching, learning scenarios, and supervised and unsuper
vised learning in AI. \n \n Links: ['                    ', 'Solutions (                              -artificial-intell
igence-vocabulary/)', 'Overview (https://corporate.livingactor.com/en/living-actor-chatbot-solutions-technology-in-support-of-your-profession/)', 'HR chatb
ots (https://corporate.livingactor.com/en/living-actor-hr-chatbots-your-hr-digitalization-tool/)', 'IT support (https://corporate.livingactor.com/en/living
-actor-it-support-chatbot-your-it-departments-secret-weapon/)']", <selenium.webdriver.chrome.webdriver.WebDriver (session="0cda96a8058232ebe7213ef719065512
")>)
 THOUGHTS:  I will use the 'message_agent' command to ask the GPT Agent to generate a list of 10 AI-specific vocabulary, and their detailed explanations an
d examples.
REASONING:  I need to collect 10 AI-specific vocabulary and give detailed explanations and examples. I can use the GPT Agent to generate the list for me.
PLAN:
-  Use the 'message_agent' command to ask the GPT Agent to generate a list of 10 AI-specific vocabulary, and their detailed explanations and examples
-  Arrange and sort the collected 10 nouns according to the alphabet A-Z
-  Save the information in the HTML file, and use the Table to display the data
-  Save the generated HTML file in a local directory: /Users/jartto/Desktop
-  Name the file: AI-Dictionary
CRITICISM:  I need to ensure that the vocabulary generated by the GPT Agent is relevant to AI and that the explanations and examples are clear and concise.
NEXT ACTION:  COMMAND = message_agent ARGUMENTS = {'key': 'gpt_agent', 'message': 'Please generate a list of 10 AI-specific vocabulary, and their detailed
explanations and examples.'}
Enter 'y' to authorise command, 'y -N' to run N continuous commands, 'n' to exit program, or enter feedback for ...
```

图 8-13　整合浏览器信息

至此，整个流程已经全部完成了。读者可以尝试组合不同的任务，看看 AI 是否能给出准确的结果。当一款 AI 工具能自动完成优化代码、搜索聚合信息、自动查找并修改 Bug 时，或许意味着它未来可能通过编程来不断强化自身能力，AI 的边界将再次被拓宽。

8.1.3　AutoGPT 的基本原理

为了更好地理解 AutoGPT 是如何工作的，让我们用一些简单的“比方”来说明。

1. 想象 AutoGPT 是一个足智多谋的机器人

主人每分配一个任务，机器人（AutoGPT）都会给出一个相应的解决方案。在需要浏览互联网或使用新数据时，机器人会调整其策略，直到完成任务。机器人就像一个能处理各种任务的“私人助理”，可以帮助主人完成信息的采集和分析（如市场分析、客户服务、营销策略、竞品分析等），而且可以不断自主迭代。

2. 这个特殊的机器人具有四个能力

- 思考推理能力：AutoGPT 底层使用了强大的 GPT-4 和 GPT-3.5 大语言模型，它们充当机器人的大脑，进行思考和推理。
- 自主迭代能力：有点像人类“从错误中学习”的能力。AutoGPT 可以回顾它以往的工作，在以前的基础上再接再厉，利用历史记录来产生更准确的结果。
- 长时记忆能力：机器人如果配备了长时记忆，则可以记住过去的经历。结合向量数据库（一种专门用于存储和查询向量数据的数据库系统），AutoGPT 能够保留上下文并做出更好的决策。
- 组合任务能力：机器人需要多种能力来处理更广泛的任务，因此它会组合任务（如文件操作、网页浏览、数据检索等）。

3. 使用向量数据库进行存储的魔力

为了帮助读者更好地理解“机器人”长时记忆的能力，下面重点介绍信息存储系统——向量数据库。

向量数据库与传统的关系型数据库或键值存储数据库不同，向量数据库的主要关注点是对向量进行高效的索引和相似性搜索。

在许多 AI 应用中，数据不仅是传统的结构化数据，还包括图像、音频、视频和自然语言等非结构化数据。这些非结构化数据通常可以表示为高维向量。

向量数据库通常具备以下特点。

- 向量索引：向量数据库使用高效的索引结构（例如树状结构或哈希表），可以快速定位和检索与给定向量相似的向量。这种相似性搜索对于聚类系统、分类系统、推荐系统等应用非常有用。
- 相似度度量：向量数据库提供了一系列相似度度量方法，例如欧氏距离、余弦相似度等度量方法，以便进行精确的相似性搜索。
- 高维向量支持：向量数据库能够有效地处理高维向量，这在许多应用中非常重要。例如，在图像检索中，每个图像可以表示为数千维的向量，向量数据库可以高效地处理这样的数据。
- 扩展性和性能：向量数据库通常具备良好的扩展性和性能，可以处理大规模的向量数据集。它们支持分布式存储和查询，以及并行计算和高效的查询处理。

8.1.4　AutoGPT 的架构

读者或许想了解 AutoGPT 内部究竟是如何工作的。下面从技术的角度来对 AutoGPT 进行深度剖析。AutoGPT 的架构如图 8-14 所示。

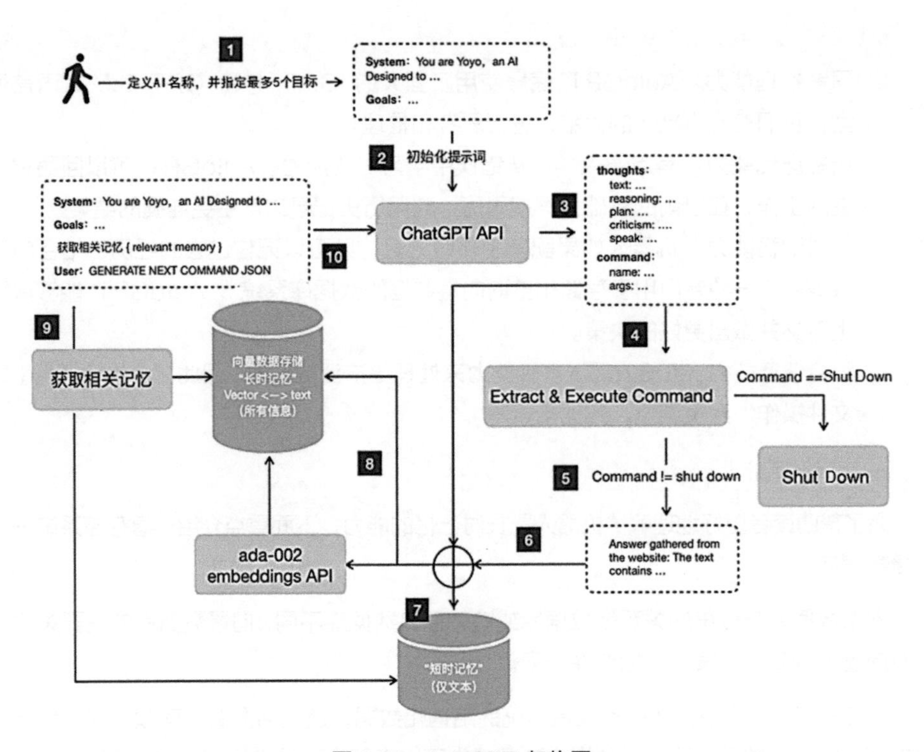

图 8-14 AutoGPT 架构图

下面对架构图进行说明。

- 步骤 1 ：用户定义 AI 名称，并指定最多 5 个目标。细节见 8.1.1 节。
- 步骤 2 ：根据步骤 1 中用户的设置，初始化提示词并将其发送到 ChatGPT API。初始提示词通常包含所有可用的命令，以及 JSON 格式的结果说明。
- 步骤 3 ：ChatGPT 返回一个 JSON 格式的数据，其中包含它的想法、推理、计划和批评，还包含下一步行动的相关信息，如命令和参数。
- 步骤 4 ：从 ChatGPT 的响应结果中提取和解析信息。如果用户发出的是关闭命令，则直接退出程序，否则继续执行下一步。
- 步骤 5 ：继续执行命令，并返回一个字符串值。利用 Google 进行搜索后返回搜索结果，browse_website 命令会返回网站内容的摘要，write_to_file 命令会返回写入文件的状态等。
- 步骤 6 ：组合步骤 4 和步骤 5 的命令与结果并将其写入内存，以备后续使用。
- 步骤 7 ：步骤 6 中的“命令与结果”数据被添加到“短时记忆”中，仅存储为文本，是使用 FIFO（First In First Out，先进先出）数据结构来实现的。在 AutoGPT 中存储了完整的消息历史记录，但仅选择前 9 条 ChatGPT 消息/命令返回的字符串作为短时记忆。

- 步骤 8 ：主要整合步骤 7 中的信息，也会将步骤 6 中的“命令与结果”数据添加到“长时记忆”中。通常的数据存储方式是，使用本地内存中的 Pinecone 服务来存储(vector,text)向量对信息，便于执行 KNN/approximate-KNN（一种非常直观且简单的机器学习算法）搜索，以从给定查询中找到前 K 个最相关的项目。补充一点，为了获取文本嵌入向量，我们需要使用 OpenAI 的 ada-002（文本嵌入模型）嵌入 API。

> **提示**　本地内存：通常指会进行本地存储的数据库，如 Facebook AI Similarity Search（由 Facebook AI 研究院开发的、用于高效相似性搜索和聚类的库）、FAISS。FAISS 专门为向量搜索和聚类任务设计，其目标是在大规模数据集中实现快速且精确的搜索。
>
> Pinecone：一个可扩展的向量搜索服务，它用于帮助开发者在自己的应用中实现向量搜索。

- 步骤 9 ：获取相关记忆（Relevant Memory），即使用“短时记忆”（步骤 7 ）中的最新上下文查询“长时记忆”（步骤 8 ），以获得前 K 个最相关的记忆片段（对于 AutoGPT 0.2.1 版本来说，K=10）。这样，Top-K 最相关的记忆就被添加到提示词中。
- 步骤 10 ：使用与初始提示词（步骤 2 ）相同的命令，结合相关记忆（步骤 9 ）及末尾的“GENERATE NEXT COMMAND JSON”命令，构建出一个“新提示词”，以便进一步调用 ChatGPT。
- 重复步骤 3 到步骤 10 ，直到任务完成，即 ChatGPT 发出关闭命令 task_complete。

8.1.5　深入解读 AutoGPT 的源码

在理解 AutoGPT 的架构后，我们将从 AutoGPT 源码中梳理执行逻辑，从“黑盒”内部来深入解读。

1. 下载 AutoGPT 的源码

在 8.1.2 节中，读者已经下载过 AutoGPT 的源码。可以通过代码编辑器（如 VSCode）将其打开。如果未下载，请按照如下地址进行源码下载。

```
# 为了避免源码仓库版本不一致的问题，以下为笔者本地验证过的版本，可下载使用
git clone https://[GitHub 地址]/AIGC-Vanguard/AutoGPT-Demo
```

2. 寻找程序入口——main()函数

在 autogpt 目录下找到文件__main__.py，其核心代码如下：

```
def main() -> None:
    """Main function for the script"""
```

```
    cfg = Config()
    # 此处填入 LLM Key 的值
    check_openai_api_key()
    parse_arguments()
    logger.set_level(logging.DEBUG if cfg.debug_mode else logging.INFO)
    ai_name = ""
    system_prompt = construct_prompt()
    # 初始化变量
    full_message_history = []
    next_action_count = 0
    triggering_prompt = (
        "Determine which next command to use, and respond using the"
        " format specified above:"
    )
    memory = get_memory(cfg, init=True)
    logger.typewriter_log(
        f"Using memory of type:", Fore.GREEN,
f"{memory.__class__.__name__}"
    )
    logger.typewriter_log(f"Using Browser:", Fore.GREEN,
cfg.selenium_web_browser)
    agent = Agent(
        ai_name=ai_name,
        memory=memory,
        full_message_history=full_message_history,
        next_action_count=next_action_count,
        system_prompt=system_prompt,
        triggering_prompt=triggering_prompt,
    )
agent.start_interaction_loop()
```

上面这段代码是 autogpt 包的主要脚本。它从包中的其他文件导入模块和类，并定义一个主函数 main()。main()函数的主要作用是初始化变量和对象，并在此过程中验证 OpenAI API 密钥、配置内存对象，以及实例化用于启动交互循环的 Agent 对象。它还负责设置日志级别，使我们能够调整日志输出的详细程度，并构造触发特定操作的提示。

> 提示　留意两个函数：construct_prompt()与 agent.start_interaction_loop()，它们分别是构建提示词和开始循环交互的重要函数，下文会重点介绍。

3. 使用 construct_prompt()函数构建提示词

在 prompt.py 中找到 construct_prompt()函数。该函数会先加载当前用户输入的 ai_name、ai_role、ai_goals 等信息，然后调用 config.construct_full_prompt()函数返回完整的提示词，最后调用和它在同一个文件中的 get_prompt()函数获取提示词。核心代码如下：

```
def construct_prompt() -> str:
    """Construct the prompt for the AI to respond to

    Returns:
        str: The prompt string
    """
    config = AIConfig.load(CFG.ai_settings_file)
    if CFG.skip_reprompt and config.ai_name:
        logger.typewriter_log("Name :", Fore.GREEN, config.ai_name)
        logger.typewriter_log("Role :", Fore.GREEN, config.ai_role)
        logger.typewriter_log("Goals:", Fore.GREEN,
f"{config.ai_goals}")
    elif config.ai_name:
        logger.typewriter_log(
            "Welcome back! ",
            Fore.GREEN,
            f"Would you like me to return to being {config.ai_name}?",
            speak_text=True,
        )
        should_continue = clean_input(
            f"""Continue with the last settings?
Name:  {config.ai_name}
Role:  {config.ai_role}
Goals: {config.ai_goals}
Continue (y/n): """
        )
        if should_continue.lower() == "n":
            config = AIConfig()

    if not config.ai_name:
        config = prompt_user()
        config.save(CFG.ai_settings_file)

    global ai_name
    ai_name = config.ai_name

    return config.construct_full_prompt()
```

上面这段代码定义了一个 construct_prompt()函数，它用于构造一个 AI 响应的提示。它首先从文件加载 AI 配置文件。

- 如果给 AI 配置文件设置了名称，并且用户选择了“跳过重新提示”选项，则系统会记录 AI 的名称、角色和目标。
- 如果 AI 配置文件设置了名称，但用户没有选择“跳过重新提示”选项，则系统会询问用户是否沿用之前的设置。

- 如果用户拒绝设置信息，则它会创建一个新的 AI 配置文件。
- 如果 AI 配置文件没有名称，则它会提示用户输入名称并将其保存到配置文件中。

然后，该函数会将全局变量 ai_name 设置为配置文件中的名称，并返回根据配置设置构建的完整提示。

4. 通过 setup()函数为 AI 命名并指定目标

setup()函数主要有 3 个作用：获取用户输入的 AI 名称、获取用户输入的 AI 角色、为 AI 输入最多 5 个目标。其核心代码如下所示：

```
def prompt_user() -> AIConfig:
    """Prompt the user for input

    Returns:
        AIConfig: The AIConfig object containing the user's input
    """
    ai_name = ""
    # 构建提示词
    logger.typewriter_log(
        "Welcome to Auto-GPT! ",
        Fore.GREEN,
        "Enter the name of your AI and its role below. Entering nothing
will load"
        " defaults.",
        speak_text=True,
    )

    # 获取用户输入的 AI 名称
    logger.typewriter_log(
        "Name your AI: ", Fore.GREEN, "For example, 'Entrepreneur-GPT'"
    )
    ai_name = utils.clean_input("AI Name: ")
    if ai_name == "":
        ai_name = "Entrepreneur-GPT"

    logger.typewriter_log(
        f"{ai_name} here!", Fore.LIGHTBLUE_EX, "I am at your service.",
speak_text=True
    )

    # 获取用户输入的 AI 角色
    logger.typewriter_log(
        "Describe your AI's role: ",
```

```
        Fore.GREEN,
        "For example, 'an AI designed to autonomously develop and run
businesses with"
        " the sole goal of increasing your net worth.'",
    )
    ai_role = utils.clean_input(f"{ai_name} is: ")
    if ai_role == "":
        ai_role = "an AI designed to autonomously develop and run
businesses with the"
        " sole goal of increasing your net worth."

    # 为 AI 输入最多 5 个目标
    logger.typewriter_log(
        "Enter up to 5 goals for your AI: ",
        Fore.GREEN,
        "For example: \nIncrease net worth, Grow Twitter Account, Develop
and manage"
        " multiple businesses autonomously'",
    )
    print("Enter nothing to load defaults, enter nothing when finished.",
flush=True)
    ai_goals = []
    for i in range(5):
        ai_goal = utils.clean_input(f"{Fore.LIGHTBLUE_
EX}Goal{Style.RESET_ALL} {i+1}: ")
        if ai_goal == "":
            break
        ai_goals.append(ai_goal)
    if not ai_goals:
        ai_goals = [
            "Increase net worth",
            "Grow Twitter Account",
            "Develop and manage multiple businesses autonomously",
        ]

    return AIConfig(ai_name, ai_role, ai_goals)
```

至此，我们就搞清楚了 AutoGPT 是如何初始化用户设置和启动程序的。

5. 使用 get_relevant()函数存储并查找向量数据

在 memory 目录下的 local.py 文件中定义了一个 get_relevant()函数，它接收两个参数（一个字符串 text 和一个整数 k），并返回一个文本列表，其中，前 *k* 个文本与输入文本最相关。

该函数首先为输入文本创建一个嵌入向量，然后计算嵌入矩阵中每一行与输入文本的嵌入向量的点积，之后找到前 k 个最大分数的索引，并返回与这些索引相对应的文本。其核心代码如下：

```
def get_relevant(self, text: str, k: int) -> list[Any]:
    """ "
    matrix-vector mult to find score-for-each-row-of-matrix
     get indices for top-k winning scores
     return texts for those indices
    Args:
        text: str
        k: int

    Returns: List[str]
    """
    embedding = create_embedding_with_ada(text)

    scores = np.dot(self.data.embeddings, embedding)

    top_k_indices = np.argsort(scores)[-k:][::-1]

    return [self.data.texts[i] for i in top_k_indices]
```

AutoGPT 通过存储对话的上下文，找到全部历史信息中最近 k 个（默认值为 10）关键上下文组成下一次搜索的上下文。比如，LocalCache 就是通过 ada 算法（目标是将一组弱分类器结合起来形成一个强分类器）来实现 Top K 搜索的。

6. 调用 get_memory ()函数获取“长/短时记忆”

在__init__.py 文件中，还需要关注 get_memory()函数。它接收一个配置对象 cfg 和一个布尔值 init 作为参数。它将变量 memory 初始化为 None，然后检查 cfg.memory_backend 的值，以确定要使用的数据库类型。

```
def get_memory(cfg, init=False):
   memory = None
   if cfg.memory_backend == "pinecone":
      if not PineconeMemory:
         print(
            "Error: Pinecone is not installed. Please install
pinecone"
            " to use Pinecone as a memory backend."
         )
      else:
         memory = PineconeMemory(cfg)
         if init:
            memory.clear()
   elif cfg.memory_backend == "redis":
```

```
        if not RedisMemory:
            print(
                "Error: Redis is not installed. Please install redis-py
to"
                " use Redis as a memory backend."
            )
        else:
            memory = RedisMemory(cfg)
    elif cfg.memory_backend == "weaviate":
        if not WeaviateMemory:
            print(
                "Error: Weaviate is not installed. Please install
weaviate-client to"
                " use Weaviate as a memory backend."
            )
        else:
            memory = WeaviateMemory(cfg)
    elif cfg.memory_backend == "milvus":
        if not MilvusMemory:
            print(
                "Error: Milvus sdk is not installed."
                "Please install pymilvus to use Milvus as memory backend."
            )
        else:
            memory = MilvusMemory(cfg)
    elif cfg.memory_backend == "no_memory":
        memory = NoMemory(cfg)

    if memory is None:
        memory = LocalCache(cfg)
        if init:
            memory.clear()
    return memory
```

在上面的代码中，如果内存数据库使用的是“pinecone”、“redis”、“weaviate”或“milvus”，则会实例化适当的内存类（如 PineconeMemory(cfg)）并分配给内存。如果 init 为 True，则对内存对象调用 clear()方法。如果未指定内存数据库，则使用本地内存（即 LocalCache）。最后返回内存对象。

7. 借助 start_interaction_loop()函数实现循环交互

AutoGPT 是如何与用户进行交互的呢？我们打开 agent 目录，找到 agent.py 文件，其中定义了 start_interaction_loop()函数：

```
def start_interaction_loop(self):
        # 交互循环
```

```
    cfg = Config()
    loop_count = 0
    command_name = None
    arguments = None
    user_input = ""

    while True:
        # 如果达到连续限制则停止
        loop_count += 1
        if (
            cfg.continuous_mode
            and cfg.continuous_limit > 0
            and loop_count > cfg.continuous_limit
        ):
            logger.typewriter_log(
                "Continuous Limit Reached: ", Fore.YELLOW,
f"{cfg.continuous_limit}"
            )
            break

        # 向 AI 发送消息，得到响应
        with Spinner("Thinking... "):
            assistant_reply = chat_with_ai(
                self.system_prompt,
                self.triggering_prompt,
                self.full_message_history,
                self.memory,
                cfg.fast_token_limit,
            )

        assistant_reply_json =
fix_json_using_multiple_techniques(assistant_reply)

        # 打印助手的想法
        if assistant_reply_json != {}:
            validate_json(assistant_reply_json,
"llm_response_format_1")
            # 获取命令名称和参数
            try:
                print_assistant_thoughts(self.ai_name,
assistant_reply_json)
                command_name, arguments =
get_command(assistant_reply_json)
                command_name, arguments =
assistant_reply_json_valid["command"]["name"],
```

```
assistant_reply_json_valid["command"]["args"]
                if cfg.speak_mode:
                    say_text(f"I want to execute {command_name}")
            except Exception as e:
                logger.error("Error: \n", str(e))

        if not cfg.continuous_mode and self.next_action_count == 0:
            ### 获取用户授权以执行命令 ###
            # 提示用户按 Enter 键继续
            logger.typewriter_log(
                "NEXT ACTION: ",
                Fore.CYAN,
                f"COMMAND =
{Fore.CYAN}{command_name}{Style.RESET_ALL}  "
                f"ARGUMENTS =
{Fore.CYAN}{arguments}{Style.RESET_ALL}",
            )
            print(
                "Enter 'y' to authorise command, 'y -N' to run N
continuous "
                "commands, 'n' to exit program, or enter feedback for "
                f"{self.ai_name}...",
                flush=True,
            )
            # 打印命令
            logger.typewriter_log(
                "NEXT ACTION: ",
                Fore.CYAN,
                f"COMMAND =
{Fore.CYAN}{command_name}{Style.RESET_ALL}"
                f"  ARGUMENTS =
{Fore.CYAN}{arguments}{Style.RESET_ALL}",
            )

        # 执行命令
        if command_name is not None and
command_name.lower().startswith("error"):
            result = (
                f"Command {command_name} threw the following error:
{arguments}"
            )
        elif command_name == "human_feedback":
            result = f"Human feedback: {user_input}"
        else:
            result = (
```

```
                f"Command {command_name} returned: "
                f"{execute_command(command_name, arguments)}"
            )
            if self.next_action_count > 0:
                self.next_action_count -= 1

        memory_to_add = (
            f"Assistant Reply: {assistant_reply} "
            f"\nResult: {result} "
            f"\nHuman Feedback: {user_input} "
        )

        self.memory.add(memory_to_add)

        # 检查命令是否有结果，如有则将其附加到消息中
        if result is not None:
            self.full_message_history.append(create_chat_
message("system", result))
            logger.typewriter_log("SYSTEM: ", Fore.YELLOW, result)
        else:
            self.full_message_history.append(
                create_chat_message("system", "Unable to execute
command")
            )
            logger.typewriter_log(
                "SYSTEM: ", Fore.YELLOW, "Unable to execute command"
            )
```

以上代码比较长，读者只需要关注注释部分的解释即可。值得注意的是，大部分代码是处理逻辑和循环，核心代码是 chat_with_ai()函数，它决定了如何把用户给出的目标（Goal）分解成一个个命令（Commond），如以下代码所示：

```
# 将消息发送到AI，并获取反馈
 with Spinner("Thinking... "):
    assistant_reply = chat_with_ai(
        self.system_prompt,
        self.triggering_prompt,
        self.full_message_history,
        self.memory,
        cfg.fast_token_limit,
    )
```

简单解释一下，system_prompt 和 triggering_prompt 是传递给 AI 的提示词（Prompt）；full_message_history 是用户和 AI 之间发送的所有消息的列表；memory 是包含永久记忆的内存对象；fast_token_limit 是在 API 调用中允许的最大令牌数。

在此处就不深入讲解 chat_with_ai()函数了。该函数与 OpenAI API 交互，以生成对用户输入的响应。此外，该函数接收提示词、用户输入、用户和 AI 交互的所有消息历史、永久记忆对象及令牌限制等参数。在收到这些输入后，该函数会生成上下文，然后将该上下文连同用户输入一同传送到 OpenAI API，以生成相应的响应。最后，这个响应将被添加到消息历史记录中，并返给调用函数。

> 提示　在上段代码中还包含一些有关令牌和速率的限制逻辑，以确保 API 调用不会超出设定的限制。

8.1.6　AutoGPT 现阶段的“不完美”

由于 AutoGPT 扩大了自己的应用范围，包括文件操作、网页浏览和数据检索等，因此很容易给读者造成一种错误认知——AutoGPT 是“无所不能”的。

事实上，AutoGPT 现阶段并不完美，下面具体说明。

1. AutoGPT 的优缺点

（1）优点。

①基于向量数据库，AutoGPT 能够保留上下文，并做出更好的决策。此外，它可以回顾以前的工作，在以前的基础上再接再厉，并利用历史记录来产生更准确的结果。

②AutoGPT 因为具有文件操作、网页浏览和数据检索等功能，从而可以处理更广泛的任务。

③对本地机器的硬件条件要求不高，用户本地部署它很便捷，可以不断试错和验证。

（2）缺点。

①不够灵活，对多技术栈的支持有欠缺。例如，AutoGPT 本身是基于 Python 语言的，因此它对于其他语言的任务会出现语言转换的异常（体现在“语言理解”和“转换语法”上）。

②成本高昂。平均而言，AutoGPT 完成一项小任务需要 50 个 Step。按照推算，完成单个任务的成本（提示成本+结果成本）就是：50 个 Step × 0.288 美元/Step = 14.4 美元。

③AutoGPT 无法将操作链上的任务序列化作为可重用的功能。因此，用户在每次解决问题时，都必须从头开发任务链。也正是因为这一点，导致它无法被投入实际的生产工作。

2. AutoGPT 的局限性

用户在每次解决问题时都必须从头开发，不仅费时费力，还费钱。这种低下的效率引发了对于 AutoGPT 在现实世界生产环境中实用性的质疑，也突显了 AutoGPT 在为大型问题解决提供可持续、经济有效的解决方案方面的局限性。

就在 AutoGPT 项目在 GitHub 社区突破 10 万颗星之际（2023 年 4 月 24 日），OpenAI 也放出重磅炸弹，其联合创始人 Greg Brockman 亲自演示了 ChatGPT 即将上线的新功能。这些新功能包括描述并生成图片、在聊天界面中直接操作用户购物车、自主发推特等。此外，联网能力的加入，可以让其自动对回答进行事实核验。

是不是很眼熟？ChatGPT 推出了官方版本的 AutoGPT，这将再次把 AutoGPT 推向高潮。期望在未来的某天，我们迎来“完美”的 AutoGPT，让 AI 协作变得经济、便捷又靠谱。

8.2 利用大语言模型作为控制器的 HuggingGPT 系统

HuggingGPT 是一个能够理解和回应人类输入的聊天机器人，它可以进行对话、提供信息和解答问题。更为强大的是，它可以基于先前的对话训练，并通过阅读大量的文本数据来学习语言的语法、上下文和语义，然后使用这些“学习”来生成有关用户输入的合理回应。

为了处理复杂的 AI 任务，大语言模型（Large Language Model，LLM）需要与外部 AI 模型协调，以利用它们的能力。因此，HuggingGPT 引入了一个概念“语言是大语言模型连接外部 AI 模型的通用接口”：通过将外部 AI 模型的描述信息融入提示词中，大语言模型可以被视为管理外部 AI 模型的“大脑”，能够调用外部 AI 模型来解决 AI 任务。

HuggingGPT 的主要目标是，利用大语言模型（如 ChatGPT）作为控制器来管理和连接各种现有的人工智能模型（如 Hugging Face 社区中的模型），以解决复杂的 AI 任务。它依赖于用户输入和语言界面，然后根据任务要求执行子任务，并进行结果总结。

8.2.1 HuggingGPT 和 Hugging Face 的关系

我们先来介绍 HuggingGPT 和 Hugging Face 的关系。

1. HuggingGPT 是 Hugging Face 提供的具体应用

Hugging Face 是一个开源社区，致力于推动自然语言处理（NLP）技术的发展。它提供了一个名为 Transformers 的开源库，其中包含各种预训练的语言模型，如 GPT、BERT、RoBERTa 等。这些模型可以用于文本生成、情感分析、命名实体识别等多种自然语言处理任务。

HuggingGPT 是 Hugging Face 社区中的一种模型，它是基于 GPT 模型的聊天机器人。HuggingGPT 是 Transformers 库中的一部分，它使用了 GPT 模型的变种，经过预训练和微调，具备了对话和回答问题的能力。因此，HuggingGPT 可以被视为 Hugging Face 社区提供的一种具体应用。

Hugging Face 社区提供了易于使用的工具和教程，使开发者能够使用预训练的语言模型进行自然语言处理任务。开发者可以通过 Transformers 库加载、训练和微调模型，也可以通过 Hugging Face 社区的 Model Hub 平台分享和下载模型。

2. HuggingGPT 与 Hugging Face 社区交互过程

HuggingGPT 的主要目标是利用大语言模型（如 ChatGPT）作为控制器来管理和连接各种现有的人工智能模型（如 Hugging Face 社区中的模型），以解决复杂的 AI 任务。那么，HuggingGPT 与 Hugging Face 社区之间是如何进行交互的呢?

（1）获取 HuggingGPT 模型。

开发者通过访问 Hugging Face 社区的 Model Hub 平台，可以找到并下载预训练的 HuggingGPT 模型。Model Hub 平台提供了各种语言模型的存储库，我们可以选择适合特定任务的模型。

（2）使用 Transformers 库加载模型。

用户使用 Hugging Face 社区的 Transformers 库，可以轻松地将 HuggingGPT 模型加载到代码中。Transformers 提供了方便的 API 和工具，使得模型的加载和使用变得简单。

（3）进行对话和回答问题。

一旦加载了 HuggingGPT 模型，用户可以使用模型的 generate()函数来与其进行对话。通常情况下，用户的输入信息会被传递给模型，从而生成一个回答，并将其结果返回。用户可以循环这个过程实现一个基本的聊天交互。

（4）微调和自定义模型。

Hugging Face 社区的 Transformers 库还提供了微调和自定义模型的功能，用户可以使用自己的数据集对预训练的模型进行微调，以适应特定的任务或领域。

（5）贡献和共享模型。

我们在享受 Hugging Face 社区提供的大模型便利的同时，也可以将自己训练的模型或微调的模型分享到 Model Hub 上供其他开发者使用和参考。这可以促进模型的改进和共享。

8.2.2 快速体验 HuggingGPT 系统

下面通过一些简单的应用来快速体验 HuggingGPT 系统。

（1）打开 Hugging Face 社区官方体验地址（具体地址见本书配套资源）。

（2）熟悉页面结构，如图 8-15 所示。

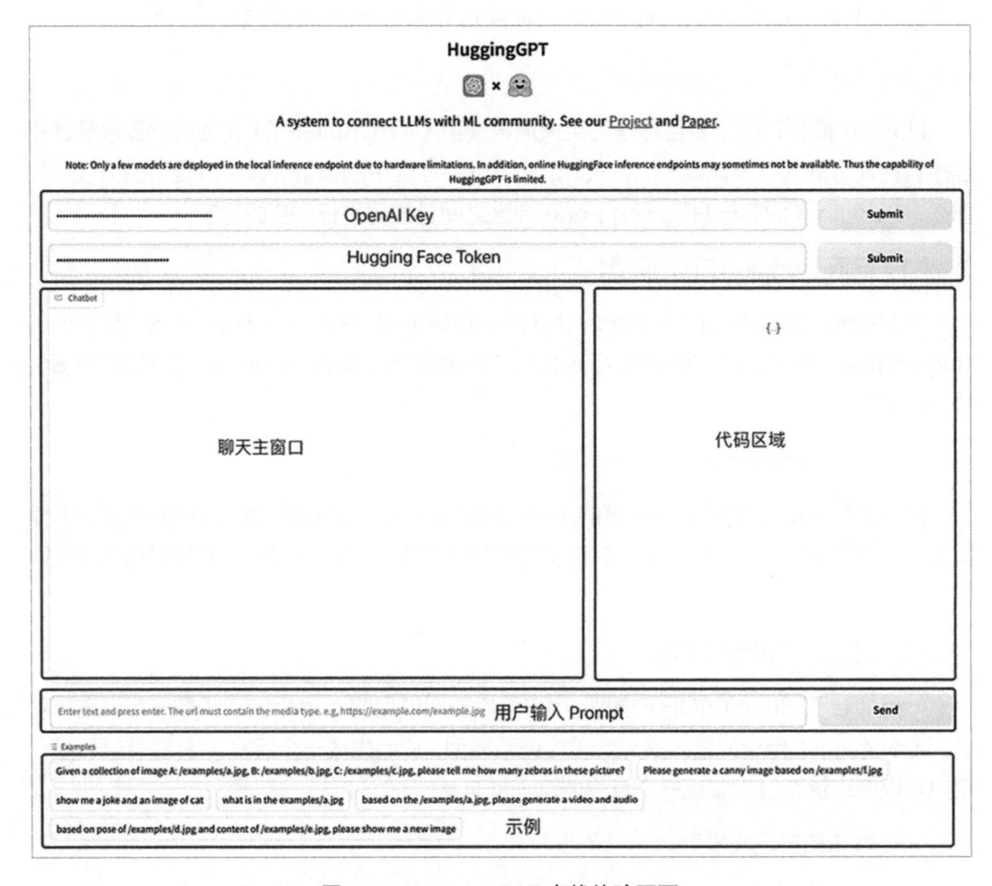

图 8-15　HuggingGPT 在线体验页面

（3）在上方的输入框中分别填入 OpenAI Key（可在 OpenAI 平台申请）和 Hugging Face Token（可在 Hugging Face 平台申请，下文会重点介绍）。

（4）在“用户输入”部分，尝试输入提示词（Prompt），然后单击 Send 按钮。此处为了便捷，我们输入“示例”部分的提示词，如图 8-16 所示。

读者也可以换一些提示词来探索 HuggingGPT 的强大能力。

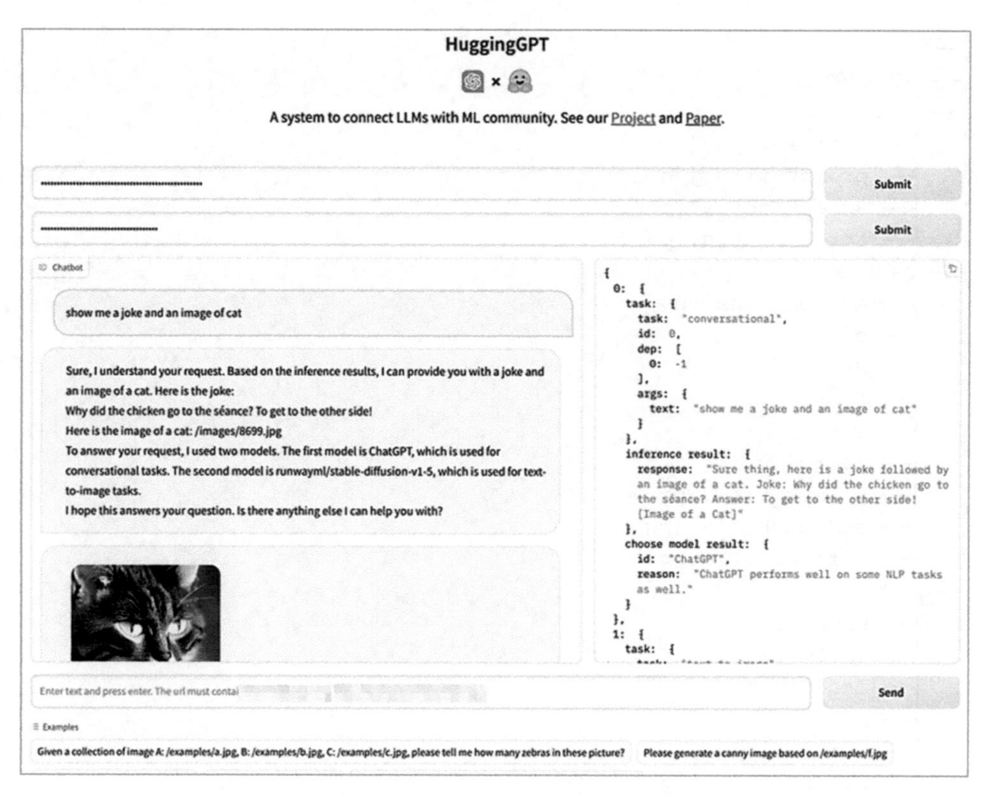

图 8-16　HuggingGPT 使用演示

8.2.3　在本地运行 HuggingGPT

很多企业选择将 HuggingGPT 开源代码部署在本地以获得最佳体验。接下来，我们将在本地部署并运行 HuggingGPT，读者可以按照步骤完成 HuggingGPT 的本地私有化部署。

1. 下载 HuggingGPT 源码

HuggingGPT 在 GitHub 上对应的项目名称为 JARVIS，该项目是由微软开源的。

> 提示　JARVIS 是一个在漫威电影《钢铁侠》中出现的虚构人工智能项目，由托尼·斯塔克（钢铁侠）开发。JARVIS 代表“Just A Rather Very Intelligent System”（只是一个相当智能的系统），它是一个个性化的智能助理，为托尼·斯塔克提供各种服务和支持。

将 JARVIS 克隆到本地，详见本书配套资源。

下载完代码之后，我们可以看到如下的目录结构：

```
├── CITATION.cff
├── CODE_OF_CONDUCT.md
```

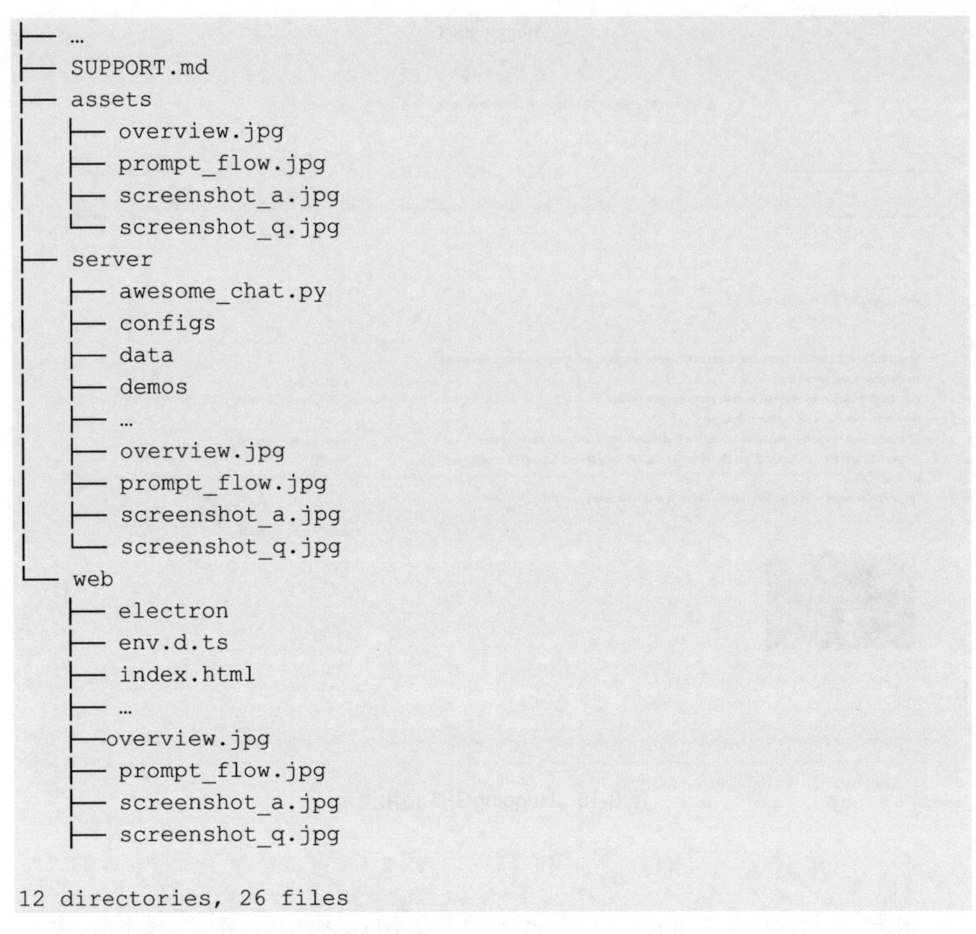

```
├── …
├── SUPPORT.md
├── assets
│   ├── overview.jpg
│   ├── prompt_flow.jpg
│   ├── screenshot_a.jpg
│   └── screenshot_q.jpg
├── server
│   ├── awesome_chat.py
│   ├── configs
│   ├── data
│   ├── demos
│   ├── …
│   ├── overview.jpg
│   ├── prompt_flow.jpg
│   ├── screenshot_a.jpg
│   └── screenshot_q.jpg
└── web
    ├── electron
    ├── env.d.ts
    ├── index.html
    ├── …
    ├──overview.jpg
    ├── prompt_flow.jpg
    ├── screenshot_a.jpg
    ├── screenshot_q.jpg

12 directories, 26 files
```

我们只需要关注以下 3 个文件夹。

- server：存放服务器端的代码。启动后，用户可以访问由 JARVIS 的提供的 Web API。
- web：提供了一个网页。在服务器模式下启动 awesome_chat.py 后，用户可以在该网页中运行命令与 JARVIS 通信。
- assets：存放静态资源，如图片、音频、视频等。

2. 明确系统配置要求

由于 HuggingGPT 需要运行大量的模型数据，因此对电脑硬件有较高的要求。

（1）操作系统要选择 Ubuntu 16.04 LTS（长期支持版）。

（2）显存（VRAM）要大于或等于 24GB。

（3）内存（RAM）通常有 3 种选择，即：12GB（最小要求），16GB（标准配置），

80GB（完整配置）。建议内存为 16GB 及以上，避免因为内存不足导致程序运行失败。

（4）硬盘可用空间要大于 284GB。

硬盘用于存放模型数据，尽量留一些冗余空间，避免模型数据缺失，以及部分依赖无法安装。

3. 安装相关依赖

接下来安装相关依赖。

（1）服务器端准备。

```
# 设置环境
cd server
# 创建新的 Python 环境并指定版本为 3.8
conda create -n jarvis python=3.8

# 激活、进入 JARVIS 环境
conda activate jarvis
conda install pytorch torchvision torchaudio pytorch-cuda=11.7 -c
pytorch -c nvidia
pip install -r requirements.txt

# 下载模型，确保安装了 git-lfs。
cd models
bash download.sh

# 运行服务器
cd ..
# 当 inference_mode 被设置为 local 或 hybrid 时，需要进行相应的配置
python models_server.py --config configs/config.default.yaml

# 适配 text-davinci-003
python awesome_chat.py --config configs/config.default.yaml --mode
server
```

在服务正常启动后，我们可以通过 Web API 访问 JARVIS 的服务。

- /hugginggpt --method POST，访问完整服务。
- /tasks --method POST，访问 Stage #1（任务规划）的中间结果。
- /results --method POST，访问 Stage #1 至 Stage #3（任务规划、模型选择、任务执行）的中间结果。

举个例子：

```
# 请求
curl --location 'http://localhost:8004/tasks' \
--header 'Content-Type: application/json' \
--data '{
   "messages": [
       {
           "role": "user",
           "content": "based on pose of /examples/d.jpg and content of /examples/e.jpg, please show me a new image"
       }
   ]
}'

# 响应
[{"args":{"image":"/examples/d.jpg"},"dep":[-1],"id":0,"task":"openpose-control"},{"args":{"image":"/examples/e.jpg"},"dep":[-1],"id":1,"task":"image-to-text"},{"args":{"image":"<GENERATED>-0","text":"<GENERATED>-1"},"dep":[1,0],"id":2,"task":"openpose-text-to-image"}]
```

安装依赖的过程如图 8-17 所示，请确保每个模块都正常安装。

```
Collecting datasets==2.11.0
  Downloading datasets-2.11.0-py3-none-any.whl (468 kB)
     ━━━━━━━━━━━━━━━━━━━━━━━━━━━━━━━━━━━━━━━━ 468.7/468.7 kB 59.2 kB/s eta 0:00:00
Collecting asteroid==0.6.0
  Downloading asteroid-0.6.0-py3-none-any.whl (246 kB)
     ━━━━━━━━━━━━━━━━━━━━━━━━━━━━━━━━━━━━━━━━ 246.3/246.3 kB 78.4 kB/s eta 0:00:00
Collecting speechbrain==0.5.14
  Downloading speechbrain-0.5.14-py3-none-any.whl (519 kB)
     ━━━━━━━━━━━━━━━━━━━━━━━━━━━━━━━━━━━━━━━━ 519.0/519.0 kB 74.2 kB/s eta 0:00:00
Collecting timm==0.6.13
  Downloading timm-0.6.13-py3-none-any.whl (549 kB)
     ━━━━━━━━━━━━━━━━━━━━━━━━━━━━━━━━━━━━━━━━ 549.1/549.1 kB 94.3 kB/s eta 0:00:00
Collecting typeguard==2.13.3
  Downloading typeguard-2.13.3-py3-none-any.whl (17 kB)
Collecting accelerate==0.18.0
  Downloading accelerate-0.18.0-py3-none-any.whl (215 kB)
     ━━━━━━━━━━━━━━━━━━━━━━━━━━━━━━━━━━━━━━━━ 215.3/215.3 kB 64.6 kB/s eta 0:00:00
Collecting pytesseract==0.3.10
  Downloading pytesseract-0.3.10-py3-none-any.whl (14 kB)
Collecting gradio==3.24.1
  Downloading gradio-3.24.1-py3-none-any.whl (15.7 MB)
     ━━━━━━━━━━━━━━━━━━━━━━━━━━━━━━━━━━━╸━━━━ 13.7/15.7 MB 47.9 kB/s eta 0:00:43
```

图 8-17　安装依赖

接下来是模型的下载过程（下载命令为：bash download.sh），过程比较慢，读者耐心等待执行即可。

模型数量较多（大概 27 个），并且每个文件都比较大，该过程需要确保网络畅通。

（2）Web 端准备。

在服务器模式下启动 awesome_chat.py 后，用户就可以在浏览器中运行命令与

JARVIS 进行通信了。

接下来就可以开始着手准备 Web 端环境了。HuggingGPT 提供了一个对用户友好的操作界面，读者只需要按照如下步骤进行即可：

- 安装 Node.js（一个开源的、跨平台的 JavaScript 运行时环境，它让开发者可以在服务器端运行 JavaScript 代码）和 NPM（Node Package Manager，一个用于 Node.js 包的默认包管理器）。
- 如果用户在另一台机器上运行 Web 客户端，则需要将 http://{LAN_IP_of_the_server}:{port} 设置为 web/src/config/index.ts 的 HUGGINGGPT_BASE_URL。
- 如果要使用视频生成功能，则需要使用 H.264 （一种视频压缩标准）手动编译 FFmpeg（一个可以用来记录、转换数字音频、视频，并能将其转化为流的开源计算机程序）。

具体的操作命令如下所示：

```
cd web
npm install
npm run dev

# 可选：安装 FFmpeg
# 此命令需要无错误地执行
LD_LIBRARY_PATH=/usr/local/lib /usr/local/bin/ffmpeg -i input.mp4
-vcodec libx264 output.mp4
```

4. 准备重要配置信息

在运行 HuggingGPT 之前需要准备 OpenAI Key 和 Hugging Face Token，在“server/configs”目录下的 config.default.yaml 文件中配套它们，如图 8-18 所示。

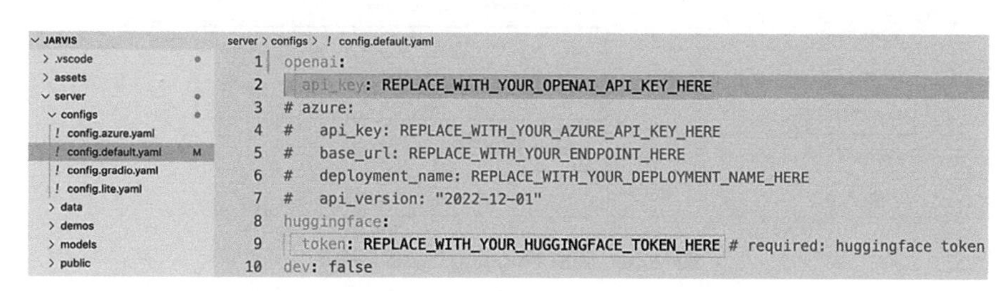

图 8-18　配置 OpenAI Key 和 Hugging Face Token

（1）申请 OpenAI Key。

在读者注册完 OpenAI 账号后，访问本书配套资源中的地址来申请。申请过程如图 8-19 所示。

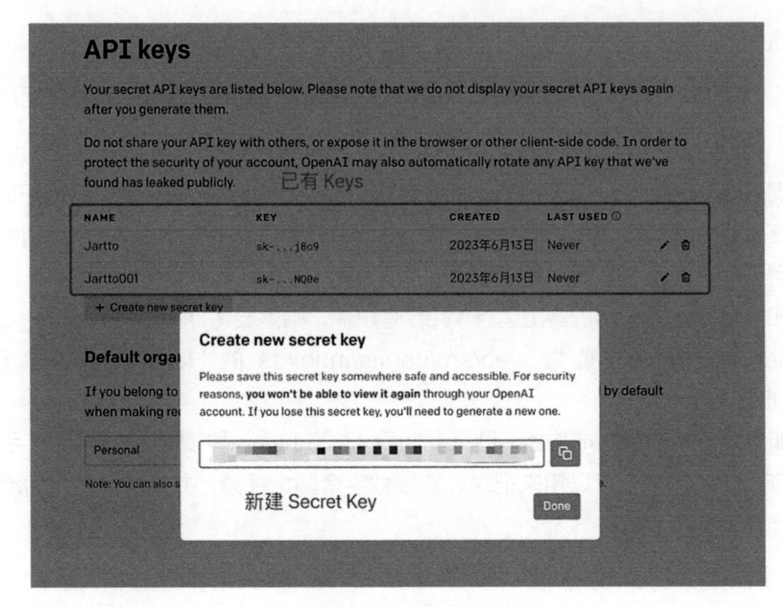

图 8-19　申请过程

（2）申请 Hugging Face Token。

需要先在 Hugging Face 官网注册账号，然后才能访问设置菜单（Setting）中的 Access Tokens 子菜单，如图 8-20 所示。

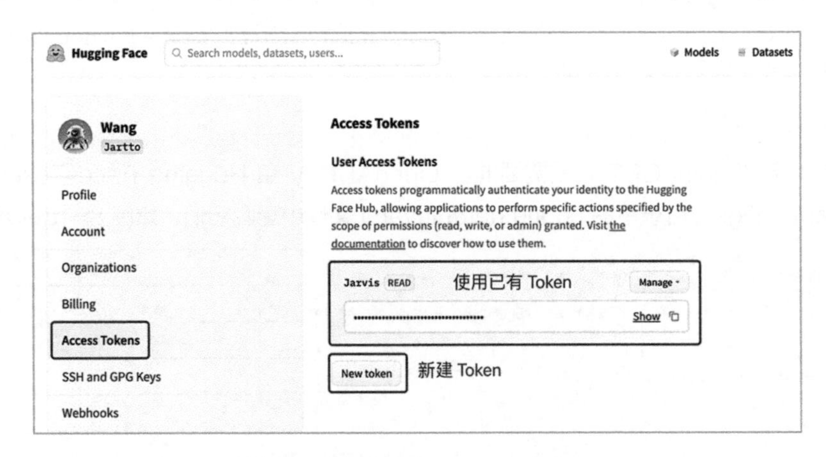

图 8-20　申请 Hugging Face Token

5. 运行 HuggingGPT

在服务器模式下启动 awesome_chat.py 后，用户可以启动 Web 端用户界面（在 Web 目录下执行 npm run dev 命令），这样就可以在浏览器中运行命令与 JARVIS 进行通信了，如图 8-21 所示。

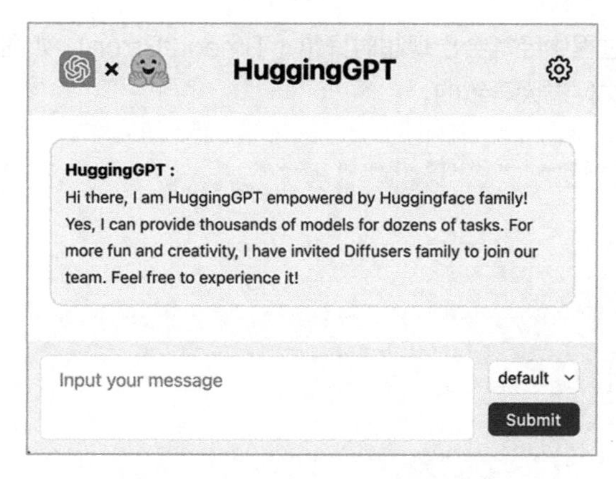

图 8-21　HuggingGPT 的用户界面

界面很简洁，操作也比较直观。这里就不再演示了。

6. 异常自查

（1）Node.js 版本过低。

如果碰到如下异常，则可能是 Node.js 版本过低导致的。可以切换至高版本，如 16.18.1 版本。

```
/Users/jartto/Documents/Project/JARVIS/web/node_modules/esbuild/inst
all.js:154
    } catch {
            ^
SyntaxError: Unexpected token {
    at createScript (vm.js:80:10)
    at Object.runInThisContext (vm.js:139:10)
    at Module._compile (module.js:599:28)
    at Object.Module._extensions..js (module.js:646:10)
    at Module.load (module.js:554:32)
    at tryModuleLoad (module.js:497:12)
    at Function.Module._load (module.js:489:3)
    at Function.Module.runMain (module.js:676:10)
    at startup (bootstrap_node.js:187:16)
    at bootstrap_node.js:608:3
}
```

（2）报错“command not found: conda”。

出现这种报错信息，说明本地并没有安装 Anaconda，可以从其官网下载。

（3）安装模块时提示“TimeoutError: The read operation timed out”。

在下载模块的过程中经常会出现超时异常（TimeoutError），如图 8-22 所示，一般是因为网络原因或文件过大导致的。

```
  Downloading torch-2.0.1-cp310-none-macosx_10_9_x86_64.whl (143.4 MB)
     ━━━━━━━━━━━━━━━━━━━━━━━━━━━━━━━━━ 49.5/143.4 MB 3.3 MB/s eta 0:00:29
ERROR: Exception:
Traceback (most recent call last):
  File "/Users/jartto/anaconda3/lib/python3.10/site-packages/pip/_vendor/urllib3/response.py", line 437, in _error_catcher
    yield
  File "/Users/jartto/anaconda3/lib/python3.10/site-packages/pip/_vendor/urllib3/response.py", line 560, in read
    data = self._fp_read(amt) if not fp_closed else b""
  File "/Users/jartto/anaconda3/lib/python3.10/site-packages/pip/_vendor/urllib3/response.py", line 526, in _fp_read
    return self._fp.read(amt) if amt is not None else self._fp.read()
  File "/Users/jartto/anaconda3/lib/python3.10/site-packages/pip/_vendor/cachecontrol/filewrapper.py", line 90, in read
    data = self.__fp.read(amt)
  File "/Users/jartto/anaconda3/lib/python3.10/http/client.py", line 465, in read
    s = self.fp.read(amt)
  File "/Users/jartto/anaconda3/lib/python3.10/socket.py", line 705, in readinto
    return self._sock.recv_into(b)
  File "/Users/jartto/anaconda3/lib/python3.10/ssl.py", line 1274, in recv_into
    return self.read(nbytes, buffer)
  File "/Users/jartto/anaconda3/lib/python3.10/ssl.py", line 1130, in read
    return self._sslobj.read(len, buffer)
TimeoutError: The read operation timed out
```

图 8-22　在下载模块过程中出现超时异常

（4）git-lfs 异常——“'lfs' is not a git command. See 'git --help'”。

如果出现该异常（如图 8-23 所示），则要先安装 git-lfs（Git Large File Storage，是 Git 的一款扩展工具，用于改善大文件，如音频、视频、数据集等），否则后续步骤会持续报错。

```
The most similar command is
        log
----- Downloading from [blurred]sets/Matthijs/cmu-arctic-xvectors -----
hint: Pulling without specifying how to reconcile divergent branches is
hint: discouraged. You can squelch this message by running one of the following
hint: commands sometime before your next pull:
hint:
hint:   git config pull.rebase false  # merge (the default strategy)
hint:   git config pull.rebase true   # rebase
hint:   git config pull.ff only       # fast-forward only
hint:
hint: You can replace "git config" with "git config --global" to set a default
hint: preference for all repositories. You can also pass --rebase, --no-rebase,
hint: or --ff-only on the command line to override the configured default per
hint: invocation.
Already up to date.
git: 'lfs' is not a git command. See 'git --help'.
```

图 8-23　git-lfs 异常

读者可以使用 Homebrew（一款开源的软件包管理系统，它能够简化在 macOS 上安装软件的过程）快速安装 git-lfs，如下：

```
brew install git-lfs
```

安装过程如图 8-24 所示。

```
(base) → server git:(main) ✗ brew install git-lfs
==> Fetching git-lfs
==> Downloading homebrew-bottles/bottles/git-lfs-3.3.0.big_sur.bottle.tar.gz
######################################################################## 100.0%
==> Pouring git-lfs-3.3.0.big_sur.bottle.tar.gz
==> Caveats
Update your git config to finish installation:

  # Update global git config
  $ git lfs install

  # Update system git config
  $ git lfs install --system
==> Summary
🍺 /usr/local/Cellar/git-lfs/3.3.0: 76 files, 12.8MB
==> Running `brew cleanup git-lfs`...
Disable this behaviour by setting HOMEBREW_NO_INSTALL_CLEANUP.
Hide these hints with HOMEBREW_NO_ENV_HINTS (see `man brew`).
==> `brew cleanup` has not been run in the last 30 days, running now...
Disable this behaviour by setting HOMEBREW_NO_INSTALL_CLEANUP.
Hide these hints with HOMEBREW_NO_ENV_HINTS (see `man brew`).
Removing: /Users/jartto/Library/Caches/Homebrew/gnuplot_bottle_manifest--5.4.2... (29.5KB)
Removing: /Users/jartto/Library/Caches/Homebrew/lua--5.4.3... (261.0KB)
Removing: /Users/jartto/Library/Caches/Homebrew/qt@5--5.15.2... (130.6MB)
Removing: /Users/jartto/Library/Caches/Homebrew/lua_bottle_manifest--5.4.3-2... (7.5KB)
Removing: /Users/jartto/Library/Caches/Homebrew/gnuplot--5.4.2... (1MB)
Removing: /Users/jartto/Library/Caches/Homebrew/qt@5_bottle_manifest--5.15.2-1... (26.8KB)
Removing: /Users/jartto/Library/Caches/Homebrew/libcerf_bottle_manifest--1.17... (7.2KB)
Removing: /Users/jartto/Library/Caches/Homebrew/libcerf--1.17... (42KB)
Removing: /Users/jartto/Library/Logs/Homebrew/python@3.9... (2 files, 2.4KB)
```

图 8-24　通过 Homebrew 安装 git-lfs

> 提示　如果读者“先安装模型，后安装 git-lfs”，则需要重新安装模型（执行 bash download.sh 命令）。

8.2.4　HuggingGPT 底层技术揭秘

读者在成功运行 HuggingGPT 后，一定会被它的“魔力”所吸引。HuggingGPT 底层技术是怎样的呢？下面具体介绍。

1. HuggingGPT 架构全景

官方给的 HuggingGPT 架构全景的简化版如图 8-25 所示。

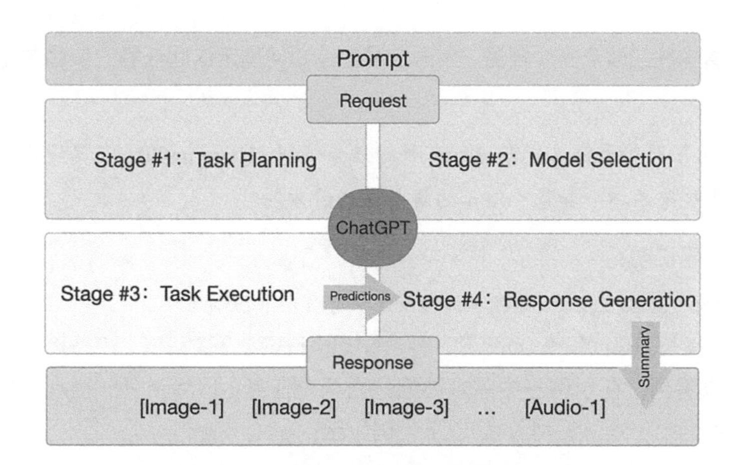

图 8-25　HuggingGPT 架构全景的简化版

下面将对核心步骤进行说明。

- Request：用户提出明确的请求（Prompt）并发送请求给 HuggingGPT。
  - Stage #1 Task Planning（任务规划）：HuggingGPT 借助 ChatGPT 分析用户请求，洞悉其需求，并将用户需求细化为多个小任务（称为“任务解析”）。在此过程中，HuggingGPT 会明确任务间的依赖关系与执行顺序。同时，HuggingGPT 与用户间的聊天内容会保存在“资源历史”中以便后续查阅。
  - Stage #2 Model Selection（模型选择）：为解决 Stage #1 中规划的任务，HuggingGPT 通过“任务–模型”匹配机制，为每个任务挑选出最合适的模型。这类似做单项选择题。为确保模型选择的准确性，HuggingGPT 依据下载次数将模型排序，进而实现 Top-K 精选。
  - Stage #3 Task Execution（任务执行）：HuggingGPT 会调用 Stage #2 中选定的模型执行任务，并将结果返给 ChatGPT。为提高效率，HuggingGPT 能并行运行多个模型，此时多个模型间不共享资源。例如，在用户请求生成猫图片和斑马图片后，生成猫图片的模型和生成斑马图片的模型可并行运行。但在串行运行多个模型时，模型间可以共享资源，此时 HuggingGPT 通过 <resource>属性来有效管理资源的使用，确保资源得到合理分配。
  - Stage #4 Response Generation（生成响应）：HuggingGPT 整合所有模型的推理结果，通过 ChatGPT 生成清晰、结构化的响应结果。
- Response：将 Stage #4 中的响应结果返回用户端呈现给用户。

2. HuggingGPT 源码实现

为了避免过于枯燥地解读 HuggingGPT 源码，下面将从 4 个核心流程切入。

（1）任务规划。

复杂的请求往往涉及多个任务，大语言模型是如何确定这些任务的依赖关系和执行顺序的呢?

> 提示　为了引导大语言模型进行有效的任务规划，HuggingGPT 在其提示设计中同时采用了基于规范的指令和基于演示的解析这两种方法。

举个例子来说明：

```
# 示例一：看看/exp1.jpg，你能告诉我图片中有多少个物体吗?
Look at /exp1.jpg, Can you tell me how many objects in the picture?
```

我们可以看到，在示例一中需求被细分为两个任务：image-to-text（图转文）和 object-detection（物体识别），如以下代码所示：

```
[
    {
```

```
    "task": "image-to-text",
    "id": 0, "dep": [-1],
    "args": {"image": "/exp1.jpg"}
  },
{
    "task": "object-detection",
    "id": 0,
    "dep": [-1],
    "args": {"image": "/exp1.jpg" }
}
]
```

不同的用户问题，复杂度是不一样的，因此会有不同的解析结果。例如以下用户问题：

```
# 示例二：在 /exp2.jpg 中，动物是什么，它在做什么？
In /exp2.jpg, what's the ani- mal and what's it doing?
```

该示例既要读懂图片，又要进行分类，还要解释“做什么”。因此，需求被细化为 4 个任务：image-to-text（图转文）、image-classification（图像分类）、visual-question-answering （视觉问答），以及 object-detection（物体识别），如以下代码所示：

```
[
  {
   "task": "image-to-text",
   "id": 0, "dep":[-1],
   "args": {"image": "/exp2.jpg" }
  },
  {
   "task":"image-classification",
   "id": 1, "dep": [-1],
   "args": {"image": "/exp2.jpg" }
  },
  {
   "task":"object-detection",
   "id": 2,
   "dep": [-1],
   "args": {"image": "/exp2.jpg" }
  },
  {
   "task": "visual- question-answering",
   "id": 3,
   "dep":[-1],
   "args": {"text": "What's the animal doing?",
   "image": "/exp2.jpg" }
}]
```

（2）模型选择。

为了执行预定的任务，HuggingGPT 首先从 Hugging Face 社区获取模型的详细描述，然后通过一种独特的“上下文任务与模型的动态分配”机制，为当前任务选择最适配的模型。这种方法实现了模型的渐进式访问（只需要提供模型的描述），从而更加开放和灵活。

在具体操作中，HuggingGPT 会先依据任务的类型筛选模型，仅保留那些与当前任务匹配的模型；然后会参照各模型在 Hugging Face 社区的下载量进行排序，从前 *K* 名模型中选取最优的模型作为 HuggingGPT 的备选模型，以进行后续的选择。

通常情况下，模型中会存储一些接口的基本信息，如以下代码所示：

```
# 模型举例：/server/data/p0_models.jsonl
{
"downloads": 1677372,
"id": "ProsusAI/finbert",
"likes": 186,
"pipeline_tag": "text-classification",
"task": "text-classification",
"meta": {"language": "en", "tags": ["financial-sentiment-analysis",
"sentiment-analysis"], "widget": [{"text": "Stocks rallied and the
British pound gained."}]},
"description": "nnFinBERT is a pre-trained NLP model to analyze sentiment
of financial text. It is built by further training the BERT language model
in the finance domain, using a large financial corpus and thereby
fine-tuning it for financial sentiment classification.on Medium.nnThe
model will give softmax outputs for three labels: positive, negative or
neutral.nn"
}
```

（3）任务执行。

在此阶段，HuggingGPT 调用并执行所有选定的模型，并将结果反馈给 ChatGPT。一旦任务被指派给特定模型，则下一步就是任务执行（即模型进行推理计算）。

为了优化计算速度并保持计算的稳定性，HuggingGPT 会选择在混合推理端点上运行这些模型。这些模型将任务参数作为输入进行推理计算，并将结果返给大语言模型，从而完成整个操作过程。相关代码如下：

```
def huggingface_model_inference(model_id, data, task):
    task_url = f"https://[api-inference.huggingface地址]/models/
{model_id}"
    inference = InferenceApi(repo_id=model_id,
token=config["huggingface"]["token"])
    # 自然语言处理（NLP）任务
```

```
    if task == "question-answering":
        inputs = {"question": data["text"], "context": (data["context"]
if "context" in data else "" )}
        result = inference(inputs)
    if task == "sentence-similarity":
        inputs = {"source_sentence": data["text1"], "target_sentence":
data["text2"]}
        result = inference(inputs)
    if task in ["text-classification", "token-classification",
"text2text-generation", "summarization", "translation",
"conversational", "text-generation"]:
        inputs = data["text"]
        result = inference(inputs)

    # 计算机视觉（CV）任务
    if task == "visual-question-answering" or task ==
"document-question-answering":
        img_url = data["image"]
        text = data["text"]
        img_data = image_to_bytes(img_url)
        img_base64 = base64.b64encode(img_data).decode("utf-8")
        json_data = {}
        json_data["inputs"] = {}
        json_data["inputs"]["question"] = text
        json_data["inputs"]["image"] = img_base64
        result = requests.post(task_url, headers=HUGGINGFACE_HEADERS,
json=json_data).json()
```

为了进一步提高推理计算的效率，没有资源依赖性的多个模型可以并行处理。这意味着，我们可以同时启动多个任务，如以下代码所示：

```
        # 图片转文本
        if model_id == "Salesforce/blip-image-captioning-large":
            raw_image =
load_image(request.get_json()["img_url"]).convert('RGB')
            text = request.get_json()["text"]
            inputs = pipes[model_id]["processor"](raw_image,
return_tensors="pt").to(pipes[model_id]["device"])
            out = pipe.generate(**inputs)
            caption = pipes[model_id]["processor"].decode(out[0],
skip_special_tokens=True)
            result = {"generated text": caption}
        # 文本转图片
        if model_id == "runwayml/stable-diffusion-v1-5":
            file_name = str(uuid.uuid4())[:4]
            text = request.get_json()["text"]
```

```
    out = pipe(prompt=text)
    out["images"][0].save(f"public/images/{file_name}.jpg")
    result = {"path": f"/images/{file_name}.jpg"}

# VQA 算法，用于图像处理、自然语言处理和深度学习模型
if model_id == "dandelin/vilt-b32-finetuned-vqa":
    question = request.get_json()["text"]
    img_url = request.get_json()["img_url"]
    result = pipe(question=question, image=img_url)

#DQA 针对文档问答的预训练模型
if model_id == "impira/layoutlm-document-qa":
    question = request.get_json()["text"]
    img_url = request.get_json()["img_url"]
    result = pipe(img_url, question)
```

（4）生成响应。

在所有任务执行完毕后，HuggingGPT 便进入生成响应阶段。

ChatGPT 将所有模型的推理计算的结果进行综合，为用户生成最终的答案。核心过程是，将前述各个阶段的结果汇集并构成提示词（Prompt），进而作为摘要模型的输入进行生成。

在此阶段，HuggingGPT 将前 3 个阶段的所有信息（包括预设的任务列表、为每项任务所选定的模型，以及每个模型的推理计算的结果）整合并简化。

其中，推理计算的结果尤为关键，它为 HuggingGPT 最后的决策提供依据。这些推理计算结果会以结构化的形式展现，例如，物体检测模型会返回带有是某个物体的概率的边界框，问题回答模型返回答案及其概率分布信息等。

HuggingGPT 允许大语言模型以结构化的推理计算结果作为输入，并以易于理解的人类语言形式生成回应。而且，大语言模型不是简单地总结结果，而是积极生成对应用户请求的响应，并提供可靠度高的决策。

8.2.5 HuggingGPT 与 AutoGPT 的本质区别

到这里，相信读者心中会产生一个疑惑，HuggingGPT 与 AutoGPT 的本质区别是什么？在实际生产过程中，究竟应该选择哪个技术方案？让我们一起带着问题，从“技术方案的异同”和“软硬件条件要求的异同”两方面展开。

1. 技术方案的异同

HuggingGPT 是一个协同工作的系统，由大语言模型（LLM）作为主控制器，以及由众多专家模型作为执行者共同构成。

- 在任务规划阶段，HuggingGPT 一旦收到请求，就将需求细化为一系列结构化的任务，并且鉴别这些任务之间的依赖性及执行顺序。
- 在模型选择阶段，LLM 将解析后的任务分派给相应的专家模型。
- 在任务执行阶段，专家模型在混合推理端点上运行，不仅实时反馈运行详情，还将推理计算结果精准地传递给 LLM。
- 在生成响应阶段，LLM 对执行过程日志和推理计算结果进行综合，并将结果返给用户。

AutoGPT 是一个自动生成文本的模型，能够自动地创作各类文本，比如新闻报道、小说、诗歌等。AutoGPT 的核心特点在于，它作为一种 AI 代理会将目标拆分为多个任务，不同于 HuggingGPT 这样的协同系统。

2. 软硬件条件要求的异同

对于 AutoGPT，只需要确定好运行环境即可，具体的运行环境如下：

- Docker：版本没有特别要求。
- Python：3.10 或更高版本。
- VSCode 和 DevContainer：无特别要求。

HuggingGPT 因为涉及众多专家模型的调度及运行，所以对软硬件条件有较高要求。

（1）默认（推荐）。

对于 configs/config.default.yaml：

- Ubuntu 采用 16.04 LTS 版本。
- VRAM（显存）≥24GB。
- RAM（内存）> 12GB（最小要求），标准配置要求 16GB，完整配置要求 80GB。
- 硬盘空间 > 284GB。
  - damo-vilab/text-to-video-ms-1.7b 模型需要 42GB。
  - ControlNet 模型需要 126GB。
  - stable-diffusion-v1-5 模型需要 66GB。
  - 其他任务需要 50GB。

（2）最低配置（精简版）。

对于 configs/config.lite.yaml：

- Ubuntu 采用 16.04 LTS 版本。
- 其他无要求。

如果读者的本地环境不满足上述要求，则建议您不要轻易尝试运行源码，否则可能会由于电脑的显卡、内存、硬盘空间不足等，导致应用程序出现异常或者闪崩。

> ☛ 提示　总的来说，HuggingGPT 的目标是利用所有可用的 AI 模型接口来完成一个复杂的任务，其更像是一个针对特定技术问题的解决方案；而 AutoGPT 更像是一个决策机器人，它的行动范围比单一的 AI 模型更为广泛，因为它融合了 Google 搜索、网页浏览、代码执行等多种能力。

用户可以根据“是需要解决一个单一技术问题，还是需要进行决策并执行”来选择是使用 HuggingGPT 还是 AutoGPT。

8.2.6　HuggingGPT 是通用人工智能的雏形

通用人工智能（AGI），也被称为“全能人工智能”，指可以理解、学习、适应和实现任何智能任务的智能。这种人工智能能够在任何情况下进行自主学习，理解复杂的概念，用各种方式与环境互动，并适应各种环境。

我们先来大致了解一下人工智能的 3 个重要阶段。

1. 人工智能的 3 个重要阶段

人工智能通常被分为 3 个阶段，如图 8-26 所示。

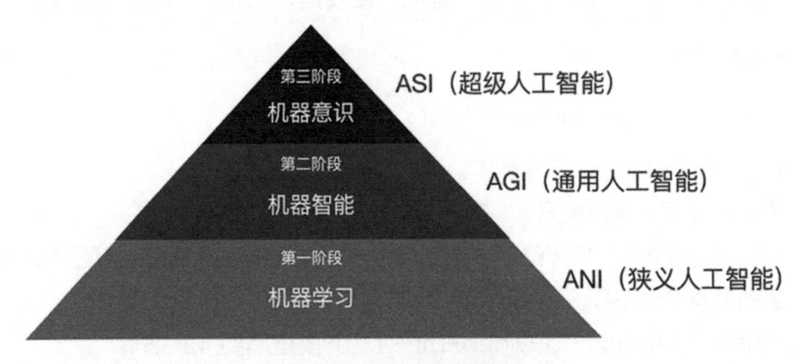

图 8-26　人工智能阶段

（1）ANI（Artificial Narrow Intelligence，狭义人工智能）。

ANI 也被称为“弱人工智能”，是我们目前最常见的人工智能类型。ANI 是专门针对单一任务进行训练的人工智能，比如语音识别系统、推荐算法、自动驾驶系统，以及玩围棋的 AlphaGo。它们在某个领域内可能表现得比人类更好，但缺乏理解和应对它们未被训练过的任务的能力。

（2）AGI（Artificial General Intelligence，通用人工智能）。

AGI 也被称为“强人工智能”，这是一种理论上的人工智能，它能够执行人类可以做的智能任务。AGI 系统能够理解、学习、适应和实现从“语言翻译”到“游戏、玩耍”等各种任务，它们能够自我理解、自我改进，还能够独立地进行抽象思维和创新，甚至在没有人工干预的情况下也可以学习。虽然我们还远未实现 AGI，但这是许多研究者正在努力的目标。

（3）ASI（Artificial Superintelligence，超级人工智能）。

ASI 是人工智能发展的最高阶段，也是一种理论上的人工智能。它在所有重要的智能指标（包括创造力、理解力、社交能力等）上都远超过人类。ASI 的出现将会带来深远的影响，可能在科技、社会、经济等方面都产生根本性的变化。然而，对它的可能性及其对人类社会的影响，目前学术界与科技界正在热烈地讨论和研究中。

2. 通俗易懂地理解 AGI

为了让 AGI（通用人工智能）这个概念变得更加通俗易懂，我们可以把它想象成一个拥有与人类相似智能的复杂系统。这个系统极具灵活性，能够展现出人类智能的各种特性，并在众多任务和领域中发挥其优势。

AGI 与我们目前常见的 ANI 有着显著的差异：ANI 主要针对特定的任务进行优化训练，AGI 则表现出更为全面和综合的特性。

读者可以把 AGI 想象成一个极其先进的机器人或虚拟助手，它不仅可以完成某些特定任务，还可以完成更多复杂的任务。这些复杂的任务包括理解抽象的概念、解答未曾遇到过的问题，甚至进行创新思考。AGI 具有自我学习和改进的能力，可以从错误中学习，不断适应和理解全新的环境和场景。

设想你有一个具备 AGI 的机器人。今天，你让它帮你烹饪晚餐，它能自主学习新的菜谱，理解烹饪流程，并做出美味佳肴。明天，你可能需要它帮你修复电脑，虽然它以前并未接触过电脑硬件，但它能够自我学习，从而理解电脑的工作原理，找到并解决问题。后天，你或许希望它帮你撰写一篇论文，它能理解主题，进行研究，然后写出一篇逻辑清晰、富有深度的文章。

然而，现实中我们尚未实现 AGI。目前我们拥有的人工智能主要还是狭义人工智能。

3. HuggingGPT 是 AGI 的雏形

再次聚焦于 HuggingGPT。以公司中的情况来打比方：公司内有一群工程师（专家模型），有一位经理（HuggingGPT）负责协调这些工程师的工作，协调时需要依赖大语言模型的调度能力。当用户通过提示词提出需求时，经理会分析需求并将其分配给合适的多位工程师进行处理。最后，经理将多位工程师的工作成果整合呈现给用户。这种协作方式确保了用户需求的精准满足。

HuggingGPT 是一个具有革命性的系统，其利用语言的力量来连接和管理来自不同领域和模态的现有 AI 模型，为实现 AGI 铺平了道路。

AGI 是未来人工智能的目标之一，尽管我们现在还无法确定具体的实现路径和时间，然而我们可以对未来可能出现的 AGI 情景进行一些推测和讨论。

（1）科学研究和技术发展。

如果 AGI 的技术水平和理解力达到甚至超过人类的水平，则它可能会极大地推动各个领域的科学研究和技术发展。从医学研究到空间探索，AGI 都有可能提供全新的解决方案，帮助我们更深入地理解生命和宇宙。

（2）工作和就业。

AGI 可能会对许多工作产生深远影响。许多传统的、需要大量人力的工作可能会被 AGI 取代，同时也可能会出现全新的工作岗位。社会和政策制定者需要思考如何在这个变革中实现公正和公平。

（3）教育和学习。

AGI 可以根据每个人的需求和能力，提供个性化的教育和学习方案。AGI 可能会改变我们对教育和学习的理解，让学习变得更有效和有趣。

（4）艺术和娱乐。

AGI 可能会在艺术和娱乐领域创造出我们从未想象过的新形式。它们可能会创作出独特的艺术作品，也可能会提供新颖的娱乐体验。

（5）伦理和道德问题。

AGI 的出现可能会带来许多新的伦理和道德问题。比如，我们是否应该赋予 AGI 某种形式的权利和责任？我们如何防止 AGI 被用于有害的目的？这些问题需要我们提前考虑并找到合适的解决方案。

第 4 篇 企业应用

第 9 章 实战——搭建企业级“文生视频”应用

传统的视频制作既耗时又需要专业的设备和技能。利用“文生视频”这类应用，可以轻松地将文字转为视频，使内容的创造和分享变得更加自由和多元。

9.1 理解“文生视频”技术

为了更好地理解“文生视频”技术，我们通过一个例子来说明。

9.1.1 类比电影制作来理解“文生视频”

以电影制作为例，“文生视频”可被视为利用 AI 技术来创作一部电影。这个复杂而精致的过程可以被细分为以下几个核心步骤。

1. 理解故事（文本解析与理解）

这是电影制作的第一步，也是最重要的一步。AI 需要像一位导演那样深入理解文本中的故事情节、人物性格、情感波动等。这需要通过先进的自然语言处理技术分析文字的语义和情感，确保故事的核心得以准确传达。

2. 编写剧本（视频脚本生成）

AI 需要将理解的故事转化为一个详细的剧本，这不仅包括场景的设定、人物的动作和对话，还涉及镜头的选择、音乐的搭配等，相当于构建了一个全方位、多维度的视觉和听觉体验的蓝图。

3. 找到演员和场景（视频元素生成或检索）

有了剧本后，AI 就像一位选角导演，需要为每个角色挑选合适的演员，需要找到合适的场景。这可能需要从现有的图像和视频库中检索素材，也可能需要通过计算机图形技术生成全新的虚拟角色和场景。

4. 指导演出并录制下来（视频合成）

最后一步是真正的电影拍摄阶段。AI 需要像一位经验丰富的导演那样精确控制每个镜头的拍摄，协调演员的表演，确保灯光、音效等元素的和谐统一，然后将所有这些元素合成为一部连贯流畅的电影。

通过这一系列精心设计和协调的步骤，“文生视频”技术就像一位全能的电影人，将文字的故事转化为了富有动感的视觉体验。这不仅让内容的表现更加生动和引人入胜，也打破了传统视频制作的时间和成本限制，让更多人有机会讲述自己的故事，并以全新的方式分享给世界。

9.1.2 “文生视频”的三大技术方案

“文生视频”技术大致分为三类：图像拼接生成、GAN/VAE/Flow-based 生成、基于自回归模型和稳定扩散模型生成。

1. 方案一：图像拼接生成

这是早期采用的方案。这种方案的基础在于图像技术，将一系列单独的静态图像按照特定的时间序列组合起来，从而形成一个动态的视觉效果。

这种方法的缺点也是显而易见的：生成的视频质量往往较低，过渡不自然。

2. 方案二：GAN/VAE/Flow-based 生成

随着机器学习技术的发展，一系列先进的模型和方法，如生成对抗网络（GAN）、变分自编码器（VAE）及基于流的模型（Flow-based model），开始被引入视频生成任务中。这个阶段的发展主要集中在改进模型训练方法和生成算法方面。

由于直接对视频进行建模的难度极大，所以工程师和研究人员采取了一些创新的方法来进行突破。例如，一些模型通过将视频的前景和背景解耦，将运动和内容分解，这样可以更精确地控制视频生成的各个方面。还有一些方法尝试基于对图像的翻译来改进生成效果，以加强连续帧之间的平滑过渡。

然而在实际应用中，这些模型和方法还存在许多局限性：生成的视频在视觉连贯性、真实感和复杂性方面仍存在欠缺。

3. 方案三：基于自回归模型和稳定扩散模型生成

随着 Transformer 和 Stable Diffusion 在语言生成和图像生成领域取得了突破性成功，基于自回归模型和稳定扩散模型的视频生成逐渐成为主流。这两种模型在视频生成领域的运用展示了新的可能性和方向。

（1）自回归模型。

自回归模型在视频生成方面的优势是，可以根据之前的帧来预测下一帧，使得生成的视频更加连贯、自然。这种方法在帧与帧之间的关系捕捉上具有先进性，从而增强了视频的动态效果。然而，自回归模型也存在一些挑战，例如生成效率低，而且错误容易在连续帧之间积累，导致生成长视频存在一定困难。

（2）稳定扩散模型。

一些研究将稳定扩散模型在图像生成方面的成果迁移到了视频生成中。通过对图像生成架构进行改进和优化，使其适应连续、动态的视频生成任务。这种方法的显著优点是，生成的视频具有高保真的效果，可以捕捉更丰富、更复杂的视觉细节。然而，这也带来了一些问题，如需要更多的训练数据、更长的训练时间，以及更高的计算资源。

这种方案仍不可避免出现一些问题，如跳帧现象，这可能使观看体验受到影响。同时，内容表现的逻辑性也可能存在欠缺，导致生成的视频在故事线、情感表达或主题连贯性方面存在缺陷。

总的来说，基于自回归模型和稳定扩散模型的视频生成开启了新的研究方向，展示了前所未有的潜力。未来的研究将可能集中在提高生成效率、减少错误积累、增强逻辑连贯性、降低对资源的依赖等方面，以期望推动视频生成技术向更广泛、更实用的方向发展。

9.1.3 “文生视频”通用的技术方案

虽然“文生视频”依赖的算法模型存在较大差异，但通用的技术方案却大同小异，如图 9-1 所示。

步骤①：用户输入提示词，如“请使用【古老村庄】【村民离奇失踪】【未解之谜】编写一个悬疑故事，其中出现两次反转”，通过 ChatGPT 生成一段文本内容（用户故事）。具体方法在第 3 章已详细讲解过，此处不再赘述。

步骤②：将步骤①中生成的文本内容进行格式化处理，主要包含：文本预处理（分词、命名实体识别）、句子解析（判断句子成分）、信息提取（提取视频制作的关键信息）这 3 个步骤，这样我们就准备好了视频脚本。

步骤③：针对用户故事中的特定关键词进行信息提取，选择用户指定的图片或者视频片段，即特定素材。如果无特殊指定，则可以跳过此步骤。

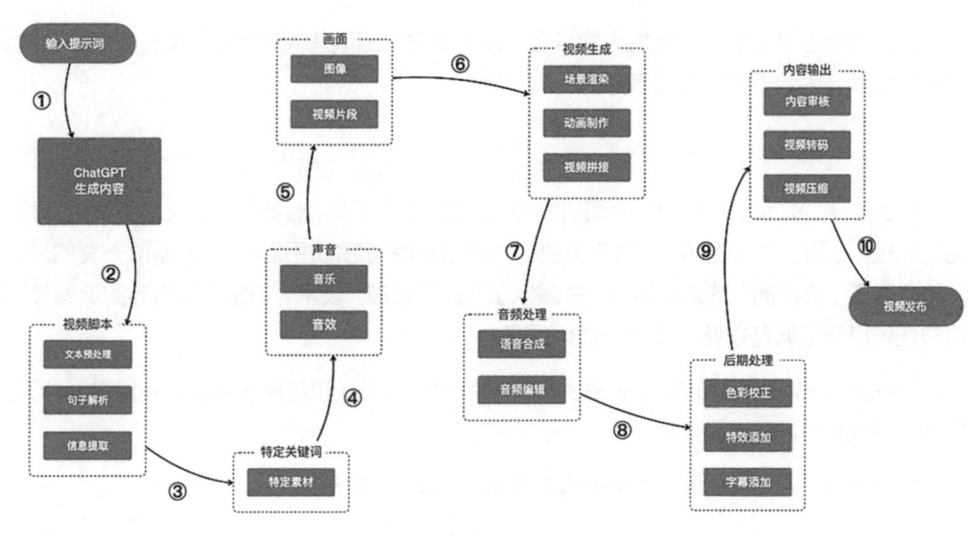

图 9-1　“文生视频”技术方案

步骤④：选择声音。根据用户故事的情感和内容选择合适的背景音乐和音效。

步骤⑤：形成画面。根据用户故事，自动或手动搜索相应的图像或视频片段。

步骤⑥：生成视频。将步骤③至步骤⑤中的素材片段进行整合，完成视频拼接。如果其中涉及 3D 或虚拟场景，则需要先完成场景渲染。如果用户故事需要动画展示，则需要制作对应的动画。

步骤⑦：进行音频处理。主要包含语音合成和音频编辑这两个动作。语音合成可以将用户故事的文本转化为语音，作为视频的配音。音频剪辑则对语音、音乐和音效进行剪辑和混音。此步骤非必要。

步骤⑧：后期处理。进行色彩校正、特效添加、字幕添加等处理，使得视频内容更加饱满。

步骤⑨：内容输出。做好内容审核（避免非法内容、敏感信息等）、视频转码和视频压缩等，完成发布前的准备。

步骤⑩：将视频发布到各大平台。

9.2　“文生视频”应用的行业领军者

在 9.1.3 节中探讨了如何创建一个企业级别的“文生视频”应用，相信读者已经认识到，实现这样的功能需要考虑众多环节，并涉及许多技术细节。

行业领军者已经在这个领域大放异彩。接下来将介绍这些领军者在“文生视频”领域的应用技术，为我们的技术选型提供一些思路。

9.2.1 Meta 公司的 Make-A-Video

Make-A-Video 是 Meta 公司研发的 AI 视频制作工具，能够根据给定的文本内容快速生成视频。用户输入提示词，该工具便能生产出充满创意的短视频。让人眼前一亮的是：此技术基于“文生图”的最新研究，并融入了“时空管道”技术，确保视频内容的流畅性。用户还可以灵活调整视频，增添个性化创意。

Make-A-Video 通过带描述的图像来学习对世界的认知与描述习惯，并通过无标签视频来掌握物体的动态运动。

Make-A-Video 提供了丰富的官方示例，如图 9-2 所示。

图 9-2　Make-A-Video 的官方示例

1. 特色功能

Make-A-Video 的核心功能如下。

（1）从文本生成视频。

用户仅需输入几个关键词或简短的句子，Make-A-Video 便可为其打造与之相符的视频画面。无论用户的想象是现实的还是虚构的，是壮丽风景还是生动人物，是抽象概念还是具体场景，Make-A-Video 都能捕捉并呈现。它会依据用户的输入挑选合适的场景、调整颜色、选择最佳角度和光线等元素，综合打磨出一个完美的视频作品。

（2）从图像生成视频。

用户只需上传一两张图像，Make-A-Video 即可为其打造与之相应的视频，或为两图之间制作过渡动画效果。Make-A-Video 会深入分析用户所上传图像的内容、风格与情感特点，进而按照其内在联系制作出生动的视频。

（3）创建视频变体。

用户可以基于现有视频制作出富有新意或风格独特的视频变体。只需上传一个已有视频，无论是用户亲自创作的还是从网络上获取的，Make-A-Video 都能为用户打造出一个既保留原有特色又带有新鲜元素的视频。用户既可以选择保留原视频的内容、风格与情感基调，也可根据需要调整某些成分，使视频更符合用户的个性或特定需求。

2. Make-A-Video 是如何工作的

Make-A-Video 是如何实现这个强大的“文生视频”能力的呢? Make-A-Video 巧妙地将近期在文生图（T2I）领域的显著进展应用到文生视频（T2V）上，核心思想是：通过匹配的文本与图像数据来理解世界的外观和其描述，并从无监督的视频片段中学习物体的动态变化。

Make-A-Video 具有 3 个显著特点：

（1）大大加速了文生视频（T2V）模型的训练过程，用户无须从零开始掌握视觉及多模态表达。

（2）无须基于匹配的文本-视频数据。

（3）所生成的视频汲取了当下图像生成技术在美感、奇幻描绘等方面的丰富多样性。

除此之外，Make-A-Video 还为文生图（T2I）模型构建了一个创新的、高效的时空模块。首先，Make-A-Video 对“全时间 U-Net”（一个深度学习模型，主要用于处理序列数据）及其“注意张量”（一种机制或方法，用于在处理图像、文本或其他数据时集中注意力于特定的部分或特征）进行了分解，并在空间与时间维度上进行了近似处理；接着，Make-A-Video 设计了一套时空处理流程，通过视频解码器、插值模型及两种超分辨率模型，能够输出高清晰度、高帧率的视频，适用于文生视频（T2V）及其他多种应用场景。

从空间和时间的分辨率、与文本的一致性，到整体质量，Make-A-Video 都为文生视频设立了新的行业标杆。

3. 核心技术

下面介绍 Make-A-Video 的核心技术。

（1）Make-A-Video 的模型架构。

Make-A-Video 的模型架构共分为 6 部分，如图 9-3 所示。

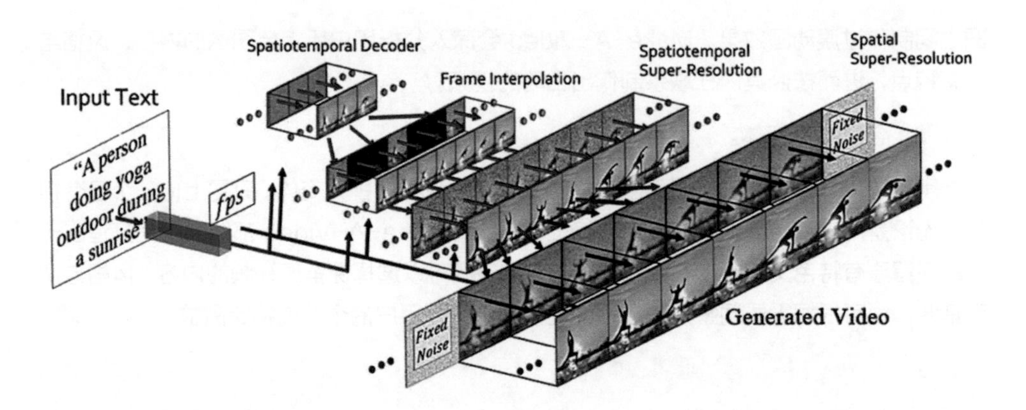

图 9-3 Make-A-Video 的模型架构（图片来自 Meta 公司的论文 Make-A-Video.pdf）

- Input Text：输入生成视频的提示词。
- Spatiotemporal Decoder：时空解码器，它会利用编码器输出的特征图谱进行空间和时间上的解码，以此获得更为精准的图像或视频输出。
- Frame Interpolation：帧插值，用于提高帧率（fps）。
- Spatiotemporal Super Resolution（STSR）：时空超分辨率，主要是提高视频的视觉质量，具体来说，它可以在时间和空间上增强视频的分辨率和清晰度。
- Spatial Super Resolution（SSR）：空间超分辨率，它从低分辨率图像中提取特征，并使用这些特征来恢复高分辨率图像，从而使得图像的细节与纹理更加清晰和丰富。
- Generated Video：最终生成视频并输出。

（2）时空层结构

为了给二维条件网络（即只能生成二维图像）添加时间维度，Make-A-Video 修改了两个关键构建块（卷积层和注意力层）。这两个构建块不仅需要时间维度，还需要空间维度，以便生成视频。

9.2.2 Google 公司的 Imagen Video 与 Phenaki

Google 公司也推出了两大重磅产品——Imagen Video 和 Phenaki。

- Imagen Video 在分辨率上超越了 Meta 的 Make-A-Video，能够生成 1280 像素 × 768 像素分辨率的、24 帧/秒的视频片段。
- Phenaki 的独特之处在于，仅需约 200 个单词的文本描述，就能呈现出长达 2 分钟的视频，绘制一个连贯的小故事。

下面重点介绍 Imagen Video。

Imagen Video 是一个基于视频扩散模型级联技术的文生视频系统。只需要用户输入一段文本提示词，Imagen Video 便会创造出具有极高清晰度的视频。

此外，Imagen Video 还将图像生成的研究成果应用于视频生成领域。最终，Imagen Video 采用“渐进式蒸馏”技术，借助无分类器的引导，实现了快速且高质量的视频生成。Imagen Video 不仅可以制作出高保真度的视频，还能够生成多种艺术风格的视频和文本动画，并展现出对 3D 对象的深入理解。

> 提示　“渐进式蒸馏”(Progressive Distillation) 技术的目的是对训练好的扩散模型进行逐步“蒸馏”，每次“蒸馏”都会把采样时间步降低一半。最终，只需要 4 次采样步骤，就能生成高保真图像。

下面剖析从输入提示词到生成视频的流程，如图 9-4 所示。

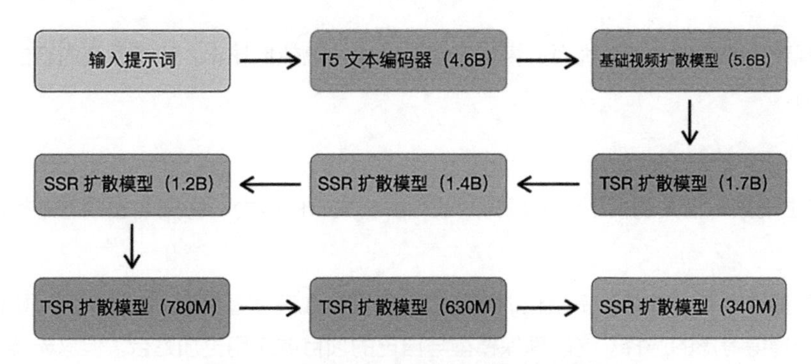

图 9-4　从输入提示词到生成视频的流程

> 提示　对于大语言模型，M 和 B 都表示模型参数的个数，M 表示百万 (Million) 个，而 B 表示十亿 (Billion) 个。

整个架构共涉及 8 个模型：T5 文本编码器 (1 个)、基础视频扩散模型 (1 个)、TSR (Temporal Super Resolution，时间超分辨率) 扩散模型 (3 个)、SSR (Spatial Super Resolution，空间超分辨率) 扩散模型 (3 个)，约 116 亿个参数。

各个模型的作用分别如下。

- T5 文本编码器：一个高效的文本处理模型，它的主要任务是将给定的文本提示词转化为一个固定的数值表示，通常称之为 text_embedding。T5 采用了 Transformer 模型结构，这意味着，它能够捕捉文本中的各种复杂关系和模式，并将这些信息编码进输出的 text_embedding 中。
- 基础视频扩散模型：接收来自 T5 文本编码器的 text_embedding，并以此为条件产生一个初始的、低分辨率或低帧数的视频。
- TSR 扩散模型：从“时间”的角度来增加视频的帧率，使得视频更加平滑和连续。

常见的 TSR 方法是在相邻帧之间插入新的帧来增加帧率，使得视频更加流畅。其核心机制在于研究连续帧之间的微妙动态，从而准确预测并补充中间帧。

- SSR 扩散模型：从“空间”这个角度来增加图像的分辨率（空间指的是图像中的像素分布和排列情况）。其核心技术基于对众多“低分辨率与高分辨率视频对”的深度分析，使用一些算法和技术将低分辨率图像转换为高分辨率图像。

9.3 从零开始搭建一个“文生视频”应用

接下来将详细介绍如何从零开始搭建起自己的“文生视频”应用。

9.3.1 选择合适的开源模型

在视频生成领域，一个优质的模型不仅能够确保高效地输出，还能保证内容的真实性和吸引力。

1. 使用开源模型或自行训练模型

“文生视频”相关的模型通常具有处理和解析文本的能力，并据此生成与之相匹配的视频。

对于那些拥有丰富数据资源和训练经验的研究者或开发者来说，自己从头开始训练模型是一个值得考虑的选择。这能确保模型与自己的项目或应用更加贴合。但这无疑需要更多的时间、资源和技巧。

不过，无论是选择现有的开源模型还是自行训练模型，关键在于对模型的深入理解和合理应用。只有这样，AIGC 才能真正发挥其潜力。

2. 典型的开源模型

为了在短时间内成功实现“文生视频”功能，我们采用扩散模型以确保高效且准确地生成所需的视频。

扩散模型为我们提供了一个既直观又高效的方法，能够轻松地将文本转化为生动的视频。

Hugging Face 社区为用户提供了种类繁多的模型资源。在此挑选 modelscope-damo-text-to-video-synthesis 模型。该模型由 3 个子模块组成：“文本特征提取”模块、“文本特征到视频潜在空间”模块和“视频潜在空间到视频视觉空间”模块。该模型支持英文输入，采用 Unet3D 结构。

9.3.2　搭建应用

接下来正式开始搭建应用。

1. 准备 SSH Key

SSH Key（Secure Shell Key）用于身份验证，以实现在用户和服务器之间安全地进行通信。与基于密码的身份验证相比，SSH Key 提供了更高级别的安全性。

从 Hugging Face 社区下载模型需要通过 SSH Key 验证。读者可以在社区官网用户头像下拉菜单中找到“Settings”选项，如图 9-5 所示。

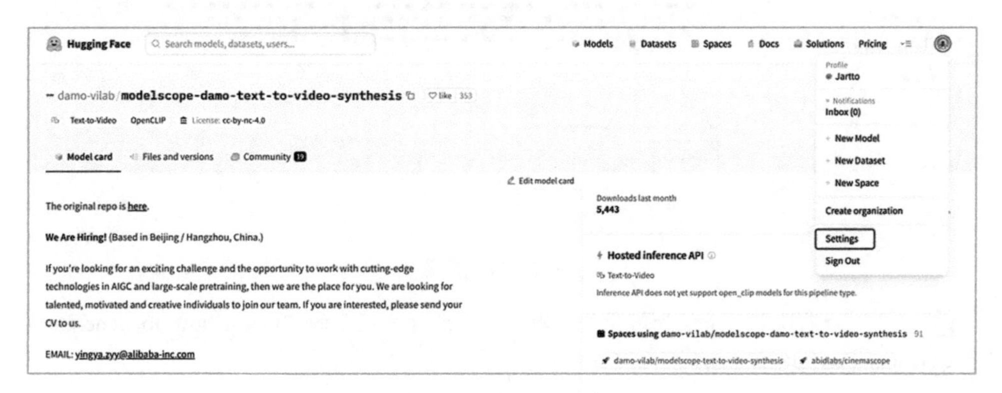

图 9-5　进入用户设置

进入新页面后，单击“SSH and GPG Keys”（①），然后单击“Add SSH Key”（②），如图 9-6 所示。

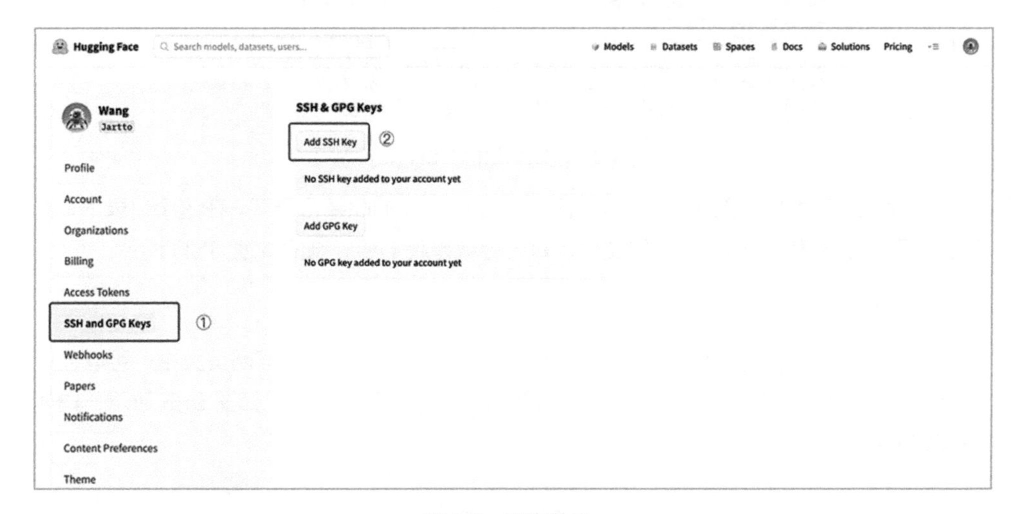

图 9-6　两次单击

在新打开的页面中填入“Key name”（①）和“SSH Public key”（②），并单击“Add key”按钮（③），即可完成配置，如图 9-7 所示。

Hugging Face　Search models, datasets, users...　Models　Datasets　Spaces　Docs　Solutions　Pricing

Wang
Jartto
Profile
Account
Organizations
Billing
Access Tokens
SSH and GPG Keys
Webhooks
Papers
Notifications
Content Preferences
Theme

Add a SSH key
Key name
Jartto-home ①
SSH Public key ②
ssh-rsa
Learn how to generate a SSH key here.
Add key ③

图 9-7　完成配置

> 提示　如果读者不清楚如何操作，则可以按照官方提示的“Learn how to generate a SSH key here”进行生成。

在本地生成 SSH Key 后，可以通过 cat 命令进行查看并复制，如图 9-8 所示。

→ Project ~/.ssh
→ .ssh ls
id_rsa id_rsa.pub ① known_hosts known_hosts.old
→ .ssh cat id_rsa.pub
②
ssh-rsa AAAAB3NzaC1yc2EAAAADAQABAAABgQCdWiz6+kXMU6M9G8LxzAxL0rIMg5ZTVB0
Ri8v7oT69omOrp92ojbwECSuKhpEvd5p6g6bdeyVsbN4WyAeZnPdTQAsMwSNqvQNwe40WV
Axc94gX4ySSDITMwA6LKl1+/j1EAL8hS7+m/7fzU8W/HXHUZqep7LZ4TXbIKkNemWxPULY
g1bvlAljSNdhvcNxn7+SICy0hGRDW9HVEaKpQ0= jartto@JarttodeiMac.lan

图 9-8　复制本地的 SSH Key

以 macOS 为例，SSH Key 通常存放在名为.ssh 的隐藏目录下。在这个目录下，读者会找到一个名为 id_rsa.pub 的文件，其内容就是我们要复制的本地 SSH Key。

2. 下载项目

在 modelscope-damo-text-to-video-synthesis 模型的官网首页中，可以通过“Clone this model repository”弹窗中的 Clone 命令下载项目，如图 9-9 所示，具体过程如下：

```
# SSH 方式
git clone
git@hf.co:damo-vilab/modelscope-damo-text-to-video-synthesis
```

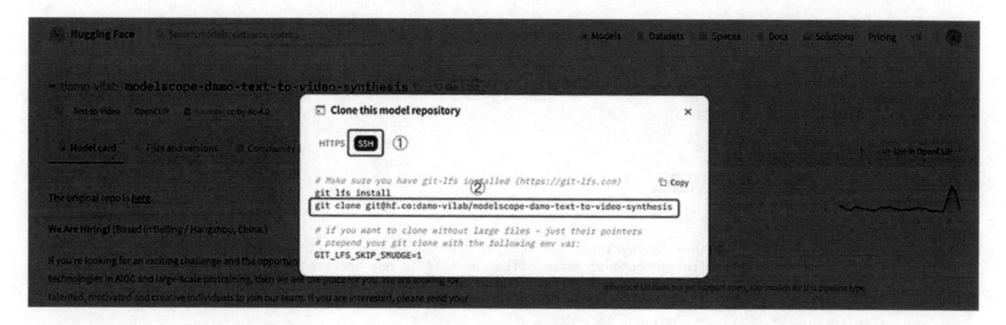

图 9-9　下载项目

在成功下载项目到本地后，还需要安装模型的相关依赖。

（1）安装 ModelScope。

ModelScope 提供了必要的分层 API，以便将来自 CV、NLP、语音、多模态，以及科学计算的模型集成到 ModelScope 生态系统中。所有这些不同模型的实现都以一种简单、统一访问的方式进行了封装，用户只需要通过几行代码即可完成模型的推理、微调和评估。

同时，灵活的模块化设计使得在必要时也可以自定义模型训练过程中的不同组件。

安装 ModelScope 的命令如下（官方下载地址见本书配套资源）：

```
pip install modelscope==1.4.2
```

安装过程如图 9-10 所示。

```
→ modelscope-damo-text-to-video-synthesis git:(main) pip3 install modelscope==1.4.2
Defaulting to user installation because normal site-packages is not writeable
Collecting modelscope==1.4.2
  Downloading modelscope-1.4.2-py3-none-any.whl (4.2 MB)
     |████████████████████████████████| 4.2 MB 392 kB/s
Collecting tqdm>=4.64.0
  Downloading tqdm-4.66.1-py3-none-any.whl (78 kB)
     |████████████████████████████████| 78 kB 9.9 MB/s
Collecting filelock>=3.3.0
  Downloading filelock-3.12.2-py3-none-any.whl (10 kB)
Collecting datasets<=2.8.0,>=2.7.0
  Downloading datasets-2.8.0-py3-none-any.whl (452 kB)
     |████████████████████████████████| 452 kB 11.3 MB/s
Collecting attrs
  Downloading attrs-23.1.0-py3-none-any.whl (61 kB)
     |████████████████████████████████| 61 kB 9.1 MB/s
Collecting addict
  Downloading addict-2.4.0-py3-none-any.whl (3.8 kB)
Collecting pyarrow!=9.0.0,>=6.0.0
  Downloading pyarrow-12.0.1.tar.gz (1.0 MB)
     |████████████████████████████████| 1.0 MB 94 kB/s
  Installing build dependencies ... -
```

图 9-10　安装 ModelScope

（2）安装 open_clip_torch。

open_clip_torch 旨在通过“图像与文本的对比性监督”来训练模型，以提升模型性能。

安装 open_clip_torch 比较简单，直接运行如下命令即可，官方下载地址见本书配套资源。

```
pip install open_clip_torch
```

安装过程如图 9-11 所示。

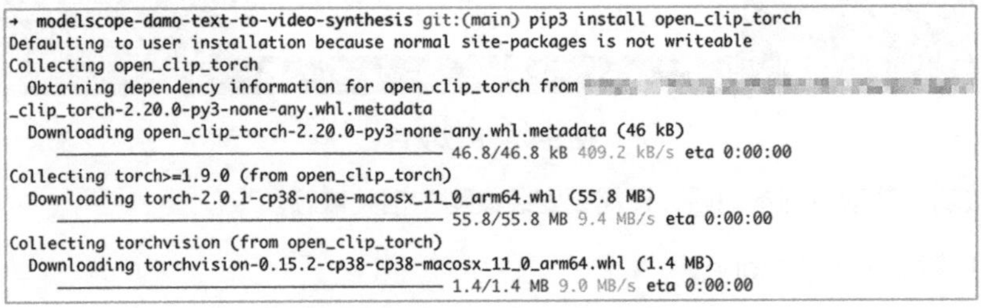

```
→ modelscope-damo-text-to-video-synthesis git:(main) pip3 install open_clip_torch
Defaulting to user installation because normal site-packages is not writeable
Collecting open_clip_torch
  Obtaining dependency information for open_clip_torch from
_clip_torch-2.20.0-py3-none-any.whl.metadata
  Downloading open_clip_torch-2.20.0-py3-none-any.whl.metadata (46 kB)
     ---------------------------------------- 46.8/46.8 kB 409.2 kB/s eta 0:00:00
Collecting torch>=1.9.0 (from open_clip_torch)
  Downloading torch-2.0.1-cp38-none-macosx_11_0_arm64.whl (55.8 MB)
     ---------------------------------------- 55.8/55.8 MB 9.4 MB/s eta 0:00:00
Collecting torchvision (from open_clip_torch)
  Downloading torchvision-0.15.2-cp38-cp38-macosx_11_0_arm64.whl (1.4 MB)
     ---------------------------------------- 1.4/1.4 MB 9.0 MB/s eta 0:00:00
```

图 9-11　安装 open_clip_torch

（3）安装 PyTorch Lightning。

PyTorch Lightning 是一个开源的 PyTorch 加速框架，它不仅可以帮助用户轻松扩展模型，还可以大大减少冗余的模板代码。

运行如下命令安装 PyTorch Lightning，官方下载地址见本书配套资源。

```
pip install pytorch-lightning
```

安装过程如图 9-12 所示。

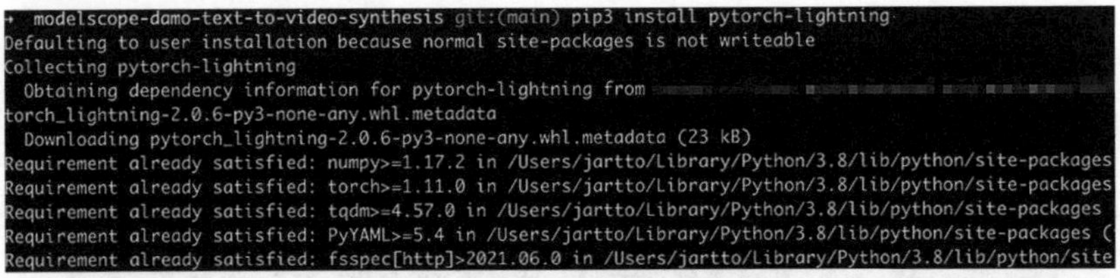

```
→ modelscope-damo-text-to-video-synthesis git:(main) pip3 install pytorch-lightning
Defaulting to user installation because normal site-packages is not writeable
Collecting pytorch-lightning
  Obtaining dependency information for pytorch-lightning from
torch_lightning-2.0.6-py3-none-any.whl.metadata
  Downloading pytorch_lightning-2.0.6-py3-none-any.whl.metadata (23 kB)
Requirement already satisfied: numpy>=1.17.2 in /Users/jartto/Library/Python/3.8/lib/python/site-packages
Requirement already satisfied: torch>=1.11.0 in /Users/jartto/Library/Python/3.8/lib/python/site-packages
Requirement already satisfied: tqdm>=4.57.0 in /Users/jartto/Library/Python/3.8/lib/python/site-packages
Requirement already satisfied: PyYAML>=5.4 in /Users/jartto/Library/Python/3.8/lib/python/site-packages (
Requirement already satisfied: fsspec[http]>2021.06.0 in /Users/jartto/Library/Python/3.8/lib/python/site
```

图 9-12　安装 PyTorch Lightning

3. 加载模型并使用

只需要编写几行代码，即可使用 ModelScope 库中的 pipline 加载“文生视频”模型进而根据文本生成视频。

```
from huggingface_hub import snapshot_download

from modelscope.pipelines import pipeline
from modelscope.outputs import OutputKeys
import pathlib
```

```
model_dir = pathlib.Path('weights')
snapshot_download('damo-vilab/modelscope-damo-text-to-video-synthesi
s', repo_type='model', local_dir=model_dir)

pipe = pipeline('text-to-video-synthesis', model_dir.as_posix())
test_text = {
    'text': 'A panda eating bamboo on a rock.',
}
output_video_path = pipe(test_text,)[OutputKeys.OUTPUT_VIDEO]
print('output_video_path:', output_video_path)
```

上述代码创建了一个管道对象，并通过这个管道对象基于所提供的输入文本（A panda eating bamboo on a rock.）生成视频。完成后会输出生成视频的保存路径。

> 提示　ModelScope 模型需要大约 16GB 的 CPU 内存和 16GB 的 GPU 内存，并且目前只支持在 GPU 上进行生成。

9.3.3　体验“文生视频”的效果

如果读者的本地电脑不满足“文生视频”模型的运行要求，则可以通过官方提供的演示来体验其运行效果。

1. 官方体验

打开官方体验地址（搜索关键字 modelscope-text-to-video-synthesis 可找到），在页面中输入“puppy playing basketball”，等待 3~5 秒后生成视频，如图 9-13 所示。

图 9-13　生成视频

也可以对“文生视频”进行参数优化，如图 9-14 所示。

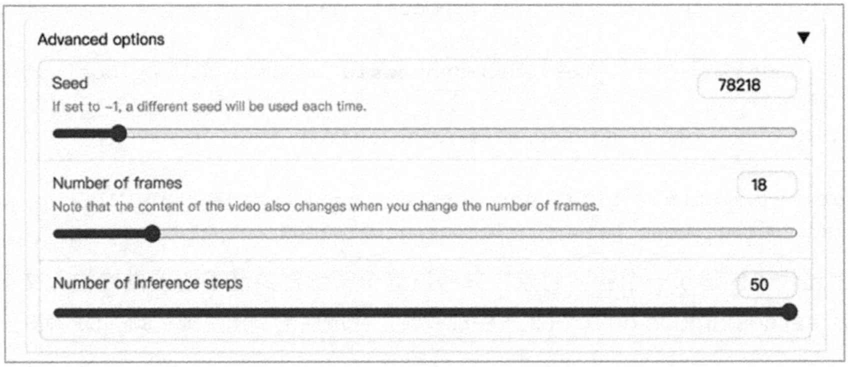

图 9-14　参数优化

接下来说明上述参数的含义。

（1）Seed（种子）参数。

Seed 值在许多算法和程序中都非常重要。设定一个 Seed 值可以确保在每次运行时都获得相同的随机序列，这对于测试和调试非常有用。Seed 被设置为 −1 ，意味着在每次运行程序或算法时，都会选择一个新的随机种子，从而确保每次的结果都是不同的。这为用户提供了一种方式来观察模型在不同初始化情况下的表现。

（2）Number of frames 参数。

视频是由多个连续的静止图像或帧组成的，Number of frames 参数允许用户调整视频的帧数。更多的帧可以使视频看起来更为流畅，但也意味着更高的存储和处理需求。

（3）Number of inference steps 参数。

推理是 AI 模型对新数据进行预测的过程。Number of inference steps 参数决定了模型在生成视频时应执行的推理步骤数。更大的推理步骤数意味着更精细、更高质量的输出，但也会增加计算的复杂性和时间。用户可以根据自己的需求和资源选择适当的推理步骤数。

2. modelscope-text-to-video-synthesis 模型的局限性

- 数据集偏差：该模型是基于公开数据集进行训练的，因此，其生成的结果可能会存在与训练数据分布情况相关的偏差。
- 生成能力：该模型无法实现完美的影视级生成。
- 文本清晰度：该模型无法生成清晰的文本。
- 语言支持：该模型主要使用英文语料进行训练，暂时不支持生成其他语言的内容。
- 组合性任务：该模型在处理复杂的组合性生成任务上的表现尚有提高空间。

尽管当前的“文生视频”技术尚有不足，但我们坚信，随着时间的推移，其发展潜力将不可估量。“文生视频”不仅是一项技术革新，更是一次信息传递方式的革命，它正在重新定义我们如何创造、交流和理解信息，也为企业和个人提供了全新的商业机遇和价值空间。

第 10 章 实战——基于 AI 全面升级软件研发体系

受 AI 影响最大的行业，除与图文、视频相关的内容生产行业外，就是软件开发行业。AI 技术自从诞生之初，就和软件开发（尤其是其中的 AI 软件）行业息息相关。

AI 软件应用场景主要是指，在软件产品中，通过应用人工智能技术实现业务提升的场景。这些软件产品包括拍照修图、语音助手等个人端应用，也包括组织资源管理、自动化仓储管理等企业端应用。

传统 AI 软件应用场景主要基于传统的计算机视觉、自然语言处理和机器学习等技术为软件产品赋能。

- 个人端应用示例：在拍照修图过程中，先通过 AI 人脸识别技术对人脸轮廓和五官进行自动化的、像素级的精准定位，再通过图像变形算法对脸形、肤色和五官的位置进行调整，大幅提升了人像图片的编辑效率。
- 企业端应用示例：在自动化仓储过程中，通过 AI 自动驾驶技术驱动分拣机器人在多点进行商品运输，通过 AI 图像识别技术驱动分拣机器人对商品的标识特征进行识别，在几乎无人干预的情况下完成商品的入库、归类和出库。

这些应用场景都是针对软件功能的增强，不涉及软件本身的交付，原因主要是传统的 AI 技术尚无法应对复杂的软件研发体系，但是，这个瓶颈随着 AIGC 技术的出现被打破。

AIGC 底层是基于超大参数集和语料库进行训练的，并且在语料库中包括了 GitHub 上全部的开源项目，因此，最后训练出的大语言模型（LLM）具备了编写代码的基本能力。在“嗅到”这个机会后，GitHub 自己率先进行突破，推出智能开发工具 GitHub Copilot，在其帮助下有的开发者的开发效率提升了 50%以上（参考论文“The Impact of AI on Developer Productivity”，Sida Peng 等著）。除此之外，有的商业公司基于 AIGC 技术推出了自己的软件研发提效工具，包括但不限于 Cursor、Mendable 等。

传统的软件开发模式正在逐渐发生变化，在 AIGC 技术的加持下，软件的交付效率可能成倍提升，而效率更高的企业和个人将在 AI 时代占据更多优势。

本章将基于软件研发体系，介绍当前热门的 AIGC 软件研发提效工具/平台，以及笔者对自研相关工具/平台的理解和探索，以帮助读者更快地将 AIGC 技术引入自己的软件研发流程中。

10.1 软件研发智能化全景

大语言模型是同时基于常识类语料和代码类语料进行训练的，它可以同时理解自然语言和代码编程语言。因此，AIGC 对软件研发体系的影响，不会仅局限于代码生成，而是会扩散到软件研发体系的方方面面，以及每个流程节点。

10.1.1 传统软件开发的现状和困境

软件开发行业是伴随第三次信息产业技术革命而诞生的，至今已有数十年，相关体系已趋于成熟。本节参考行业通用的 PDLC（Project Development Life Cycle，项目开发生命周期）的流程对软件研发体系的现状进行梳理。

PDLC 的流程如图 10-1 所示。

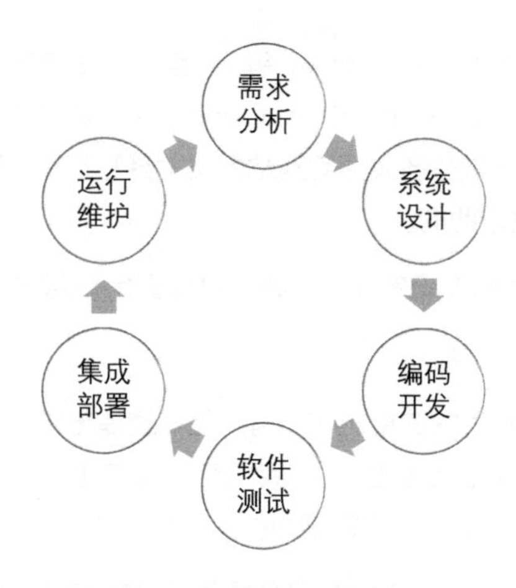

图 10-1　PDLC 的流程

- **需求分析**：业务分析师和设计师通常会与客户进行深入交流和讨论，以便准确地理解客户的业务需求。
- **系统设计**：设计师会根据需求分析结果，设计出软件的整体架构和各个模块。

- **编码开发**：开发人员会根据设计文档进行实际的编程工作。
- **软件测试**：测试人员会对软件进行各种测试，以确保软件的质量和性能。
- **集成部署**：运维人员会将软件部署到实际的运行环境中。
- **运行维护**：运维人员会对软件进行日常的运行和维护工作。

这些流程构成了一个闭环，推动着软件功能的持续迭代和交付。在这个流程中，常常会遇到以下问题。

- 需求变动频繁：需求变动是常见的。这不仅会导致项目延期，还会增加项目的成本。
- 技术更新快速：由于技术的快速更新，团队需要不断学习新的技术和方法。这无疑增加了团队的学习压力和工作负担。
- 测试效率低下：由于软件复杂性的增加，测试工作的难度也在增加。同时，由于缺乏有效的自动化测试工具和方法，测试的效率和效果也不理想。
- 部署和运维困难：由于环境复杂，部署和运维的难度也在增加。这不仅增加了项目的成本，还可能影响系统的稳定性和性能。
- 项目管理困难：由于缺乏有效的项目管理工具和方法，项目管理的效率和效果也不理想。这可能会导致项目延期、超预算、质量不达标等问题。
- 团队协作问题：由于缺乏有效的协作工具和方法，团队协作的效率和效果也不理想。这可能会影响项目的进度和质量。

10.1.2 智能化软件研发体系介绍

LLM 高度智能化的能力，是 OpenAI 等 AI 巨头公司基于开放语料库训练出来的。在这些语料库中，不仅包括 GitHub、StackOverflow 等知名开放技术平台的全部信息，也包括软件开发行业几十年来在各大博客网站的技术经验积累。因此，对于软件开发行业的痛点，LLM 是可以提供帮助的。

对话应用是 LLM 提供的最简单应用，我们可以直接利用它来提升软件研发效率。

1. 示例 1

举一个产品需求沟通方面的简单示例：当产品经理提出需求“制作一个手机软件，其背景颜色能随手机壳颜色变化而变化”时，我们可以咨询 LLM 应该如何和产品经理进行沟通，图 10-2 为“文心一言”在需求沟通中的应用示例。

从这个对话中我们可以看到，LLM 已经具备了基本的软件项目管理常识，并了解技术的可行性、用户体验、开发成本等核心要素。

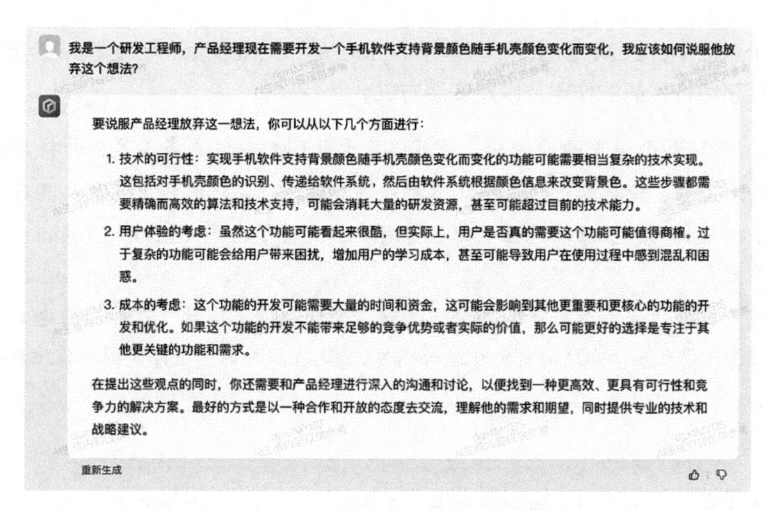

图 10-2　“文心一言”在需求沟通中的应用示例

2. 示例 2

再举一个纯技术方面的简单示例：一个软件开发者想在 Python 环境下将公历日期转换为农历日期，但他对 Python 和相关库不熟悉，此时也可以直接咨询 LLM。图 10-3 为“文心一言”给出的回复。

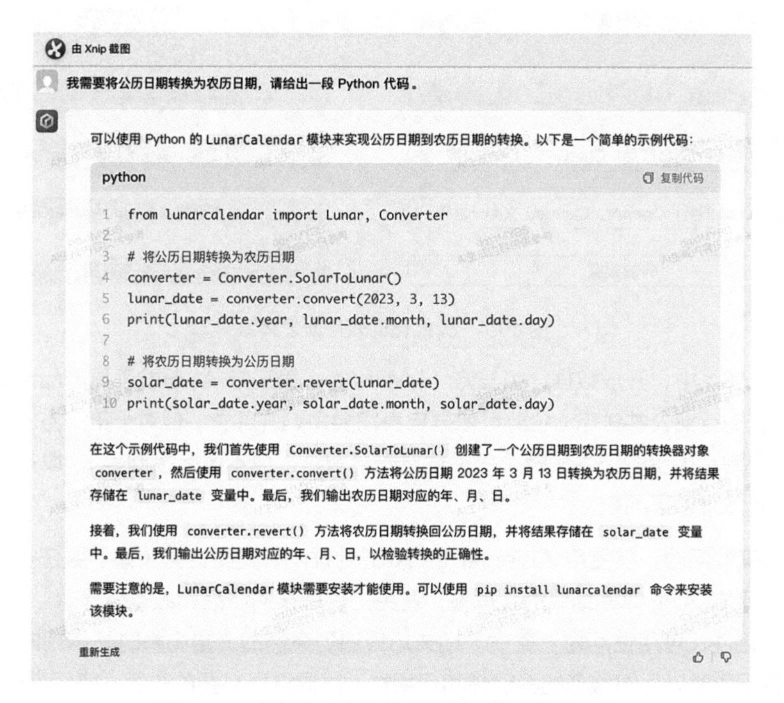

图 10-3　“文心一言”在代码编写中的应用示例

在这个对话中，LLM 给出了一段基于 Python 的 LunarCalendar 模块的示例代码，并详细解释了每行代码的作用，以及安装方式。

> 提示　除这两个简单的示例外，还可以基于 LLM 封装更多工具，并将其嵌入日常的软件开发流程，使得其中的每个环节都能够提效。产品化这些工具本身具有很大的商机，很多初创公司甚至互联网巨头都投身其中，交付了诸如 GitHub Copilot、Mendable 等知名产品。
>
> 考虑到软件代码和数据是软件公司的核心商业机密。因此，软件团队也需要围绕自身的核心资产建立基于私域的智能化软件研发工具，在提升开发效率的同时保障核心商业信息的安全。

3. 智能化的软件研发体系

考虑以上背景，我们认为在智能时代，智能化的软件研发体系可能如图 10-4 所示。

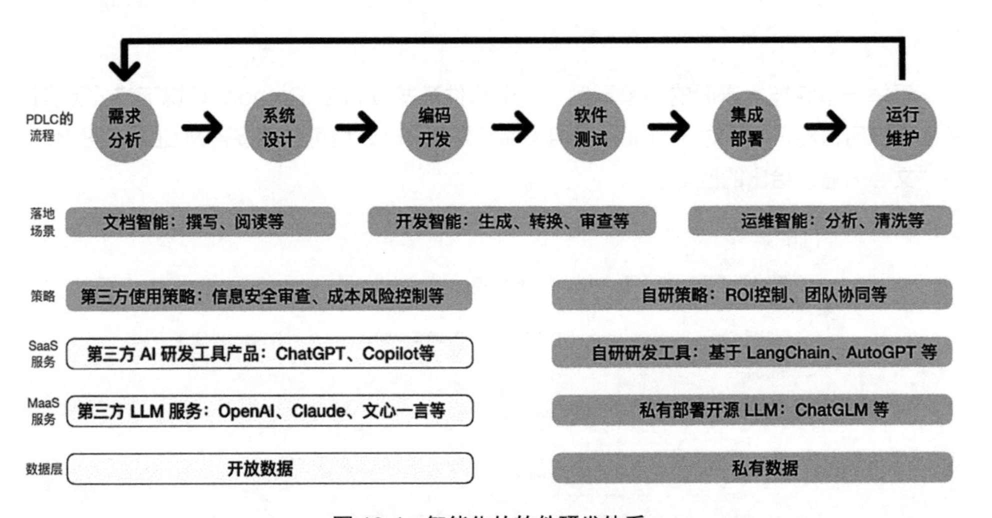

图 10-4　智能化的软件研发体系

在这个体系中，开放数据、第三方 LLM 服务、第三方 AI 研发工具产品共同构成智能软件研发的行业公共生态，企业可依据自身需要采购并部署。但对于第三方的服务和产品，则需要制定相应的技术策略（包括信息安全审查、成本风险控制等），以规避可能的风险，需要注意以下问题。

- **准确性问题**：在使用 OpenAI 的 API 处理问答类型任务（如客服任务）时，需要评估 API 返回结果的正确性，避免提供错误的产品和服务信息。
- **稳定性、可用性问题**：在 AI 相关场景遇到突然的流量高峰时，常规的 LLM 服务配额难以保障服务的稳定性和可用性，需要进行必要的扩容、降级等应急处理。

- **隐私问题**：对于私有数据，可以在企业内部私有化部署开源的大模型框架（如 ChatGLM 等），这样不用担心核心数据被泄露。在私有化部署后，还可以基于私有数据对开源的 LLM 进行微调，让其更好地理解企业内部信息。

自研研发工具可以基于私有的 LLM 服务，也可以基于第三方的 LLM 服务。企业技术选型的原则取决于企业自研技术的战略规划，即结合企业真实情况，综合考量 ROI、团队组织协同成本等。对于小型企业，代码等知识资产规模较小，也没有专职团队负责自研研发工具，因此更适合直接购买第三方成熟的解决方案。对于大型企业，私域知识规模庞大，并且这些知识并未纳入第三方 LLM 服务的预训练集中，如果贸然使用第三方的 LLM 服务，则可能导致返回信息不准确，或者泄露企业内部信息。因此，对于大型企业，采用私有化部署甚至自研研发工具是更优的选择。

4. 三个应用场景

结合 PDLC 流程，AIGC 可以有以下三个应用场景。

- **文档智能场景**：主要影响需求分析、系统设计这两个环节。在这个场景中，AIGC 不仅能帮助产品经理更快地撰写产品需求文档，也能帮助开发者更快地撰写技术文档，还能帮助开发者更快地阅读、理解产品需求文档和其他人撰写的技术文档。
- **开发智能场景**：主要影响编码开发、软件测试这两个环节。在这个场景中，AIGC 不仅能帮助开发者自动生成代码和测试用例，提升研发效率，还能帮助其优化现有代码的逻辑，增加代码的稳健性。
- **运维智能场景**：主要影响集成部署、运行维护这两个环节，并且运维数据的分析结果也可能影响下一轮的需求分析。在这个场景中，AIGC 主要帮助团队分析产品的线上运行状态，能更快地发现可能的隐患和商机。

10.2　巧用第三方研发工具

下面介绍热门的第三方研发工具，以及自研研发工具的几种可能性，启发读者创建自己的智能研发体系。

10.2.1　智能文档工具——Mendable、Docuwriter

撰写文档是软件开发人员最头疼的工作。文档的阅读、撰写和维护，都会消耗开发人员大量的时间和精力。

在阅读文档时，受限于文档的语言和质量，开发者常会耗费较多的时间才能找到想要的信息。例如，在一个关于 Kubernetes 的文档中，使用的都是“Kubernetes”全称，导致开发者难以通过检索其简称“K8s”来找到想要的信息。另外，绝大部分技术文档都是使用英文撰写的，要么不存在中文版本，要么内容存在歧义，这都增加了国内开发者的阅读成本。

在撰写文档方面，最常见的 AIGC 应用场景是基于实际代码来交付对应的使用文档。但在实际开发场景中，代码和接口可能会经常变化，导致开发者需要经常调整文档的内容。长期维护这种一致性会耗费开发者不少的时间。

对于以上这两个场景，AIGC 落地了以下两个标杆产品。

（1）Mendable：可以被低成本地嵌入文档，通过对话式的 UI 交互来解答读者对于文档的问题，并支持关联“Kubernetes”和“K8s”等功能。

（2）Docuwriter：支持从代码智能地生成可读文档，降低了文档的撰写和维护成本。

下面将对其分别进行介绍。

1. Mendable：智能文档客服

Mendable 来自 SideGuide 公司，LangChain 框架的官方网站都在使用它。

目前 Mendable 具有以下核心能力。

- **文档集成管理**：能处理多种文档源的录入和管理，文档源支持 GitHub 仓库、Docusaurus、Notion、Google Drive、Slack、Website、YouTube、自定义的文档文件和 API。
- **文档 API 集成**：被封装为 API 形式的智能文档服务，提供数据上传 API、对话 API 和回答统计 API。接入者可以基于 API 自定义全流程交互。
- **文档组件集成**：针对对话 API 封装的、开箱即用的组件库，提供了搜索框和悬浮栏这两大组件，内置了对话式交互 UI，降低了文档的维护成本。

Mendable 的核心原理并不复杂，和基于 LLM 的私有知识库类似，都是在将文档分割、嵌入（embedding）后，依据每次的搜索结果选取关联向量对应的文档片段进行查询和总结。

Mendable 目前已默认集成在 LangChain 官方文档中，可以实现对文档全文的对话式检索、返回问题总结和相关文档链接，如图 10-5 所示。

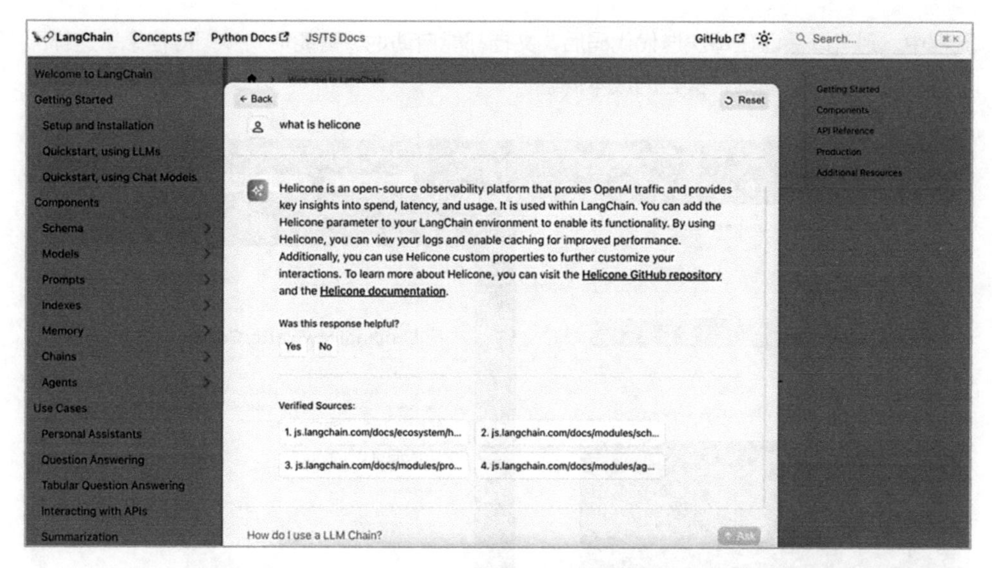

图 10-5　LangChain 官方文档中的 Mendable 应用示例

相比传统的信息检索，Mendable 的匹配成功率更高，并且对自然语言风格有更高的识别能力。它还能基于 AIGC 对返回的结果进行总结，并给出相关文档的链接。在效率和体验上，它都远远优于传统的信息检索。

在 Mendable 后台还提供了对多文档源信息的管理，支持汇总多个文档的信息。

2. Docuwriter：智能文档生成

Docuwriter 是一款基于源代码智能生成文档的平台。目前它具有以下能力。

- **生成文档**：基于源代码快速生成准确的、一致的、完整的文档描述。该能力可以自动保持文档和代码的同步，从而降低维护文档的成本。
- **生成测试用例**：基于源代码生成准确的、高质量的测试用例，以便快速发现问题。
- **优化代码**：基于 AIGC 智能优化代码，支持注释补全、代码命名优化等功能。

> 提示　Docuwriter 提供了针对 VSCode 的插件，在该插件中可使用上述功能。

生成文档能力是 Docuwriter 最核心的能力。推测其底层也是基于提示词工程的，但在其上可能增加了对代码的语法分析、Markdown 文件的格式化处理等功能，进而最终支持“输入任意源代码，输出高质量的 Markdown 技术文档”。

在图 10-6 中可以看到，源码并未携带任何注释，Docuwriter 仅依赖代码中的命名，即可推断出这部分代码的作用（在图 10-6 中对一段 PHP 代码进行了推断）。最终输出结果是 Markdown 格式的，并支持预览和导出。Markdown 格式是软件开发行业最常用的文档格式，可以将其导出为网页或者 PDF。如果将上述流程集成到代码的常规集成流程中，则可以保证在每次迭代代码后，文档都能自动地、智能地同步相应信息，这样即可解决技术人员手动维护文档的成本问题。

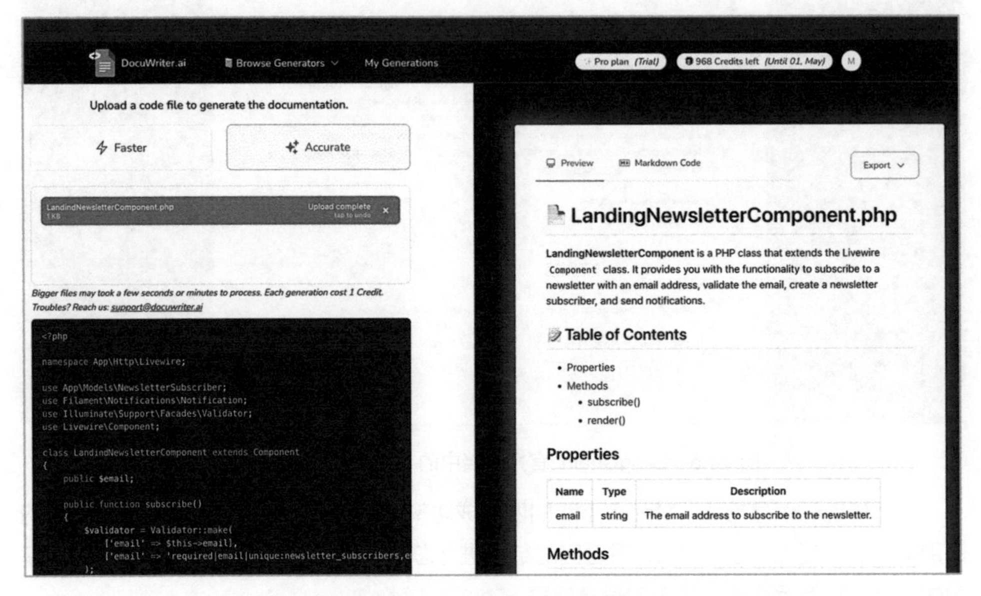

图 10-6　使用 Docuwriter 的示例

10.2.2　智能开发工具——GitHub Copilot、Locofy、Code Language Converter、Jigsaw、Codium

1. GitHub Copilot：最热门的代码开发智能助手

GitHub Copilot 是 GitHub 团队在 OpenAI Codex 基础上开发的，它支持在编辑器中进行实时的代码建议和代码补全。其核心功能如下。

- **针对 VSCode、JetBrain 等主流代码编辑器提供了插件**：支持在各种代码编辑器中进行代码的提示和补全。
- **将自然语言转为代码**：理解用自然语言编写的注释或函数命名，进而基于当前代码文件所使用的编程语言，智能地补全注释内容并自动添加代码，从而极大地提升了代码的可读性和可维护性。
- **自动生成测试用例**：支持“分析源代码，然后自动生成对应的测试用例”。
- **保障安全**：自动过滤易受攻击的代码。

由于 GitHub Copilot 是基于 GitHub 上全部公开仓库进行训练的，因此它几乎能完美支持所有的编程语言，尤其是 GitHub 上开源社区活跃的编程语言，如 JavaScript、Go、Python 等。

在官方示例中，在给出函数的命名和接口定义后，GitHub Copilot 能自动补全多种语言的实现代码，如图 10-7 所示。

fetch_tweets.js　fetch_tweets.py　fetch_tweets.rb　fetch_tweets.ts　fetch_tweets.go

```
1 const token = process.env["TWITTER_BEARER_TOKEN"]
2
3 const fetchTweetsFromUser = async (screenName, count) => {
4   const response = await fetch(
5     `[illegible]/statuses/user_timeline.json?screen_name=${screenName}&count:
6     {
7       headers: {
8         Authorization: `Bearer ${token}`,
9       },
10     }
11   )
12   const json = await response.json()
13   return json
14 }
```

Copilot　Replay

图 10-7　GitHub Copilot 的代码自动补全示例

在图 10-7 中，通过第 1 行的 token 从环境变量 TWITTER_BEARER_TOKEN 中取值，可以推断出需要将这个值用于用户账号的鉴权；通过第 3 行函数名 fetchTweetsFromUser，可以推断出函数的内容是通过网络请求获取用户的 Tweets 信息。另外，结合通用的网络请求代码，GitHub Copilot 可以自动补全网络请求部分，包括鉴权和请求返回响应体的 JSON 格式部分。

上述代码自动补全功能看似复杂，但熟悉提示词工程的读者都可以复现如图 10-7 所示的示例效果。

如图 10-8 所示，我们使用 GPT-3 完成必要的背景设定，即可实现和 GitHub Copilot 类似的代码自动补全功能。

从这个示例中可以看到，当我们遵循提示词工程规范提问时，在正确设置好角色“资深前端开发工程师”、代码语言“JS 代码”和任务“给出具体实现建议”后，ChatGPT 就能自动补全和 GitHub Copilot 类似水平的代码。熟悉这个原理后，企业可以利用其私有技术框架扩展出代码自动补全功能。

2. Locofy：让设计稿自动生成代码

Locofy 基于 AI 技术，是同时服务设计团队和前端研发团队的平台。它能快速、自动地将设计团队产出的设计样式转化为前端研发团队的代码实现，从而大幅提升团队的工作效率。

Locofy 的核心能力如图 10-9 所示。

由 Xnip 截图

你是一个资深前端开发工程师，下面是一个JS代码片段，请给出具体实现建议：

```
const token = process.env["TWITTER_BEARER_TOKEN"]
const fetchTweetsFromUser = async (screenName, count) => {
```

2023/7/2 19:21

作为一个资深前端开发工程师，我可以给出以下的具体实现建议：

```
const token = process.env["TWITTER_BEARER_TOKEN"];
const fetchTweetsFromUser = async (screenName, count) => {
  try {
    // 使用你选择的HTTP库发送GET请求到Twitter API
    const response = await axios.get(`https://
api.twitter.com/1.1/statuses/user_timeline.json?
screen_name=${screenName}&count=${count}`, {
      headers: {
        'Authorization': `Bearer ${token}`
      }
    });

    // 解析响应数据
    const tweets = response.data;

    // 返回获取到的推文数据
    return tweets;
  } catch (error) {
    // 处理错误情况
    console.error('Error:', error);
    throw new Error('Failed to fetch tweets from user');
  }
};
```

上述代码使用了Axios库来发送HTTP请求，你需要在项目中安装并导入Axios库。此外，你需要确保你的环境中已经设置了正确的`TWITTER_BEARER_TOKEN`环境变量，以便进行身份验证。

请注意，这只是一个基本的实现示例，实际使用时可能需要根据你选择的HTTP库和Twitter API的具体要求进行修改。同时，还要确保你正确处理了所有可能的错误和异常情况。

2023/7/2 19:21

图 10-8　基于 GPT-3 复现 GitHub Copilot 的代码补全示例

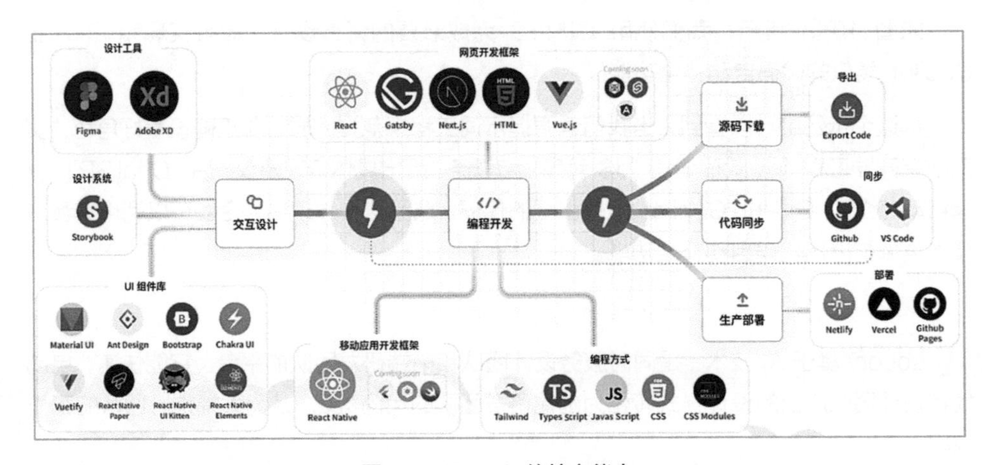

图 10-9　Locofy 的核心能力

可以看出，其核心能力按照左中右分为三大类，即设计侧能力、开发侧能力、运维侧能力。

- **设计侧能力**：Locofy 提供了面向设计工具 Figma 和 Adobe XD，以及设计系统 Storybook 的插件，还兼容了多种热门 UI 组件库（包括 Material UI、Ant Design、Bootstrap 等）的规范。这样可以更好地适应不同团队的设计和研发习惯。
- **开发侧能力**：Locofy 支持多个主流网页开发框架，包括 React、Vue.js 等。针对移动端开发场景，它单独支持 React Native 等移动应用开发框架。Locofy 还兼容了不同研发团队的开发方式，包括 JavaScript 和 TypeScript 的编程语言开发习惯，以及 Tailwind、CSS、CSS Modules 等的样式开发习惯，以适应不同团队的研发方式。
- **运维侧能力**：Locofy 支持代码的源码下载、GitHub 仓库的自动化同步，以及面向 Netlify、Vercel、GitHub Pages 等平台的自动化生产部署。对于小型静态页面，自动化的代码同步和生产部署能力能大幅提升页面的上线速度。

如图 10-10 所示，左侧是设计团队输出的设计稿，右侧是基于这个设计稿自动生成的基于 React 框架的页面源码。在右侧顶部也可以选择生成其他框架的页面源码。Locofy 能基于设计稿生成多种技术栈的页面源码，并且代码的命名、格式也有较高的可读性。

图 10-10　Locofy 的工作效果图

对于一份在移动端和 PC 端采用不同分辨率的设计稿，Locofy 可以分别生成移动端和 PC 端技术框架的代码。

3. Code Language Converter：智能代码重构

Code Language Converter 是基于 AIGC 的代码重构工具。其主要功能是，将一种语言的代码转换为另外一种语言的代码。目前这个功能在小规模代码转换上表现优异。

在官方给出的代码转换示例中，待转换的代码是用 TypeScript 实现的文件上传代码。在将这段代码输入转换工具后，选择要转换的语言是 Java，则 Code Language Converter 能自动找到 Java 的依赖库，并将上传的这段代码转换为 Java 代码，能处理好两种语言的差异，如图 10-11 所示。

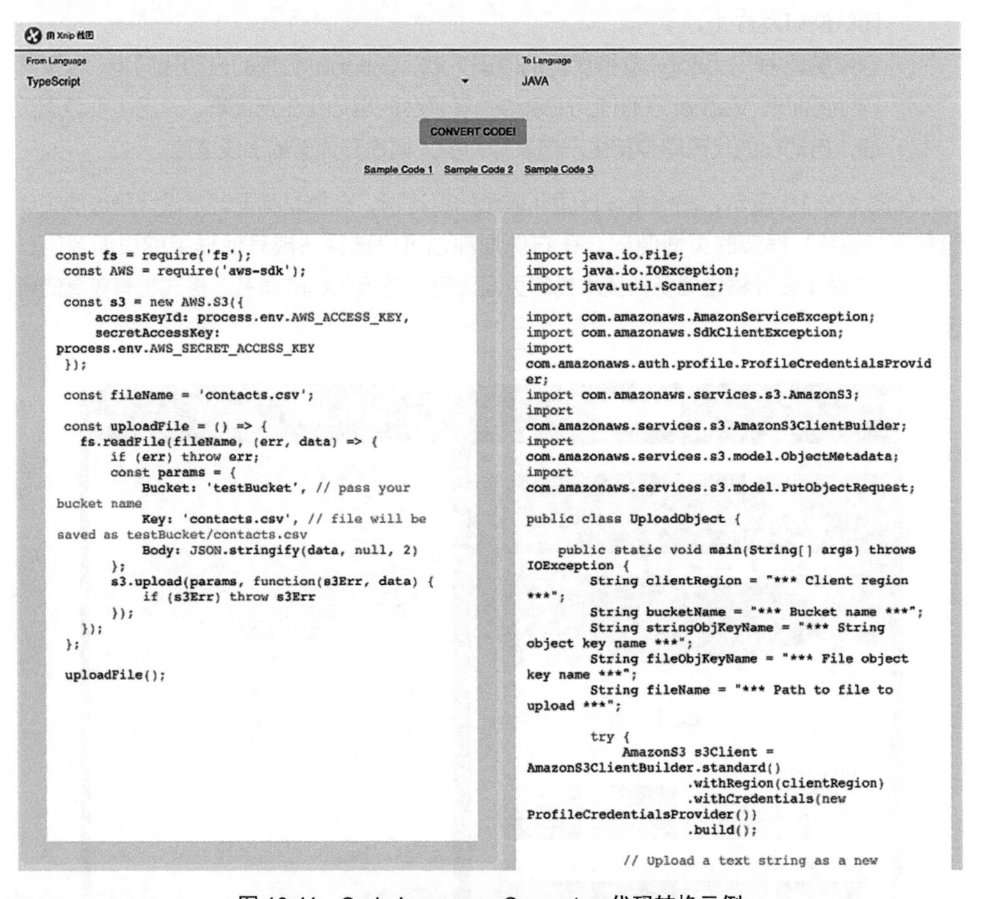

图 10-11 Code Language Converter 代码转换示例

> **提示** 关注细节的读者不难发现，这两段代码对异常的处理逻辑并不完全一致。这就需要使用者依据具体场景判断是需要差异化处理还是统一处理。

基于 AI 的代码重构还处于探索阶段，所有商业化产品的能力都还较为弱。通过分析 GitHub 社区中开源项目 mckaywrigley/ai-code-translator 的源码，我们发现可以通过提示词模板实现 AI 代码重构。在 mckaywrigley/ai-code-translator 项目内观察 utils/index.ts 的源码，可以看到以下关键代码：

```
const createPrompt = (
  inputLanguage: string,
  outputLanguage: string,
  inputCode: string,
) => {
…
return endent`
     You are an expert programmer in all programming languages. Translate
the "${inputLanguage}" code to "${outputLanguage}" code. Do not include
\`\`\`.

     Example translating from JavaScript to Python:

     JavaScript code:
     for (let i = 0; i < 10; i++) {
       console.log(i);
     }

     Python code:
     for i in range(10):
       print(i)

     ${inputLanguage} code:
     ${inputCode}

     ${outputLanguage} code (no \`\`\`):
     `;
}
```

这段代码遵循提示词工程规范，给出了转换编程语言的提示词模板，包括 AI 角色设定（一个掌握所有编程语言的编程专家）、任务设定（将输入语言转换为输出语言）、任务示例（从 JavaScript 语言到 Python 语言的代码转换）。这个提示词模板接收 3 个入参：输入语言、输出语言和实际输入的源代码。

如果将输入/输出语言替换为“natural language”，则能实现代码和自然语言的双向转换——这个能力可以被用于生成注释，以及利用自然语言生成代码的场景。

4. Jigsaw：智能代码审查

这里的 Jigsaw 特指微软的 AI 辅助编程工具。

常规的代码智能生成系统一般都是开环的，即开发者输入生成代码的提示词，系统输出最终生成的代码，由开发者人工判断生成的代码是否符合采纳标准。而 Jigsaw 则尝试构建这个流程的闭环，以提升生成代码的准确性。

Jigsaw 的核心功能：从用户的反馈和标准 I/O 案例进行学习，并将学习结果作用于 AIGC 生成代码的输入/输出环节。

图 10-12 为 Jigsaw 生成代码的流程图。

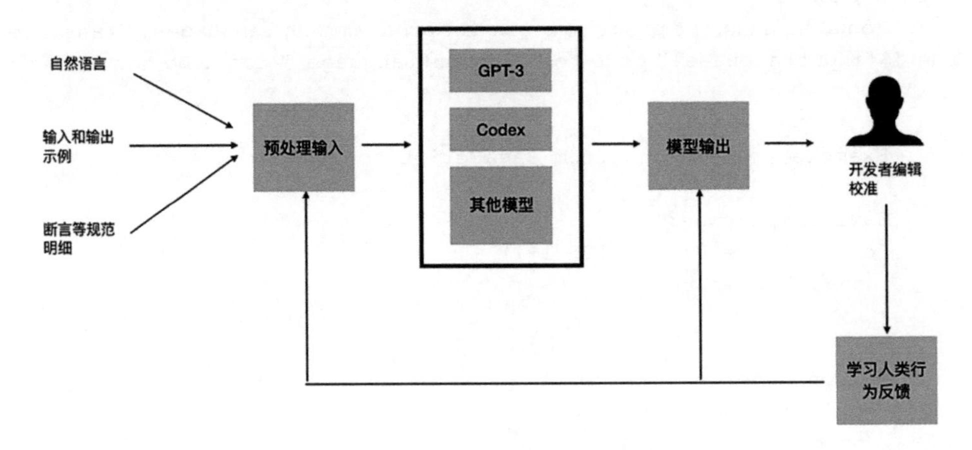

图 10-12　Jigsaw 生成代码的流程图

下面是微软官方基于 Pandas 给出的 Jigsaw 使用示例：

```
%jigsaw -q "Get fourth value from column 'C' in dfin
and assign to dfout"      # 将数据框 dfin 中 C 列第 4 个元素赋值给 dfout

dfout = dfin.ix[3, 'C']   # 预训练模型的回答
dfout = dfin.loc[3, 'C']  # Jigsaw 校准后的回答
```

上面两种回答的结果都能运行，但 ix 索引在 Pandas 文档中已被废弃，loc 索引是目前推荐使用的索引。但是，因为大语言模型是基于所有存量代码进行训练的，所以它会将已废弃的内容错误地学习和记忆。而 Jigsaw 是基于用户反馈和 I/O 标准案例的，所以可以有效地避免这个问题。

5. Codium：智能测试

Codium 可以基于 AIGC 技术，利用 Python、JavaScript、TypeScript 自动化生产有效的测试用例，帮助开发者在产品上线前发现其潜在问题。自动化生成测试用例，可

以降低开发成本和维护成本。

Codium 提供了主流编辑器（包括 VSCode 和 JetBrain IDE）的插件，方便开发者快速集成使用它。其具有以下 5 个核心功能。

- **自动生成测试用例**：可以为各种类型的代码（包括类、函数和代码片段）生成测试用例。
- **代码分析**：智能分析代码的功能和原理，并产出分析报告。帮助开发者进行代码文档的撰写、代码问题排查和代码逻辑验证等工作。
- **代码优化建议**：结合代码分析功能，提供代码优化建议。该功能还可以在 TestGPT 帮助下给出提高代码质量的建议。
- **测试执行**：支持在生成代码测试用例后，通过操作 Codium AI 控制面板自动化执行测试。
- **测试增强**：支持通过和 TestGPT 模型的对话来微调生成的测试用例，以提升测试用例的使用效果。

除上述核心功能外，Codium 还提供了用例管理、mock 数据生成等功能，帮助开发者更高效地执行测试。

图 10-13 展示了 Codium 的测试用例管理页面。

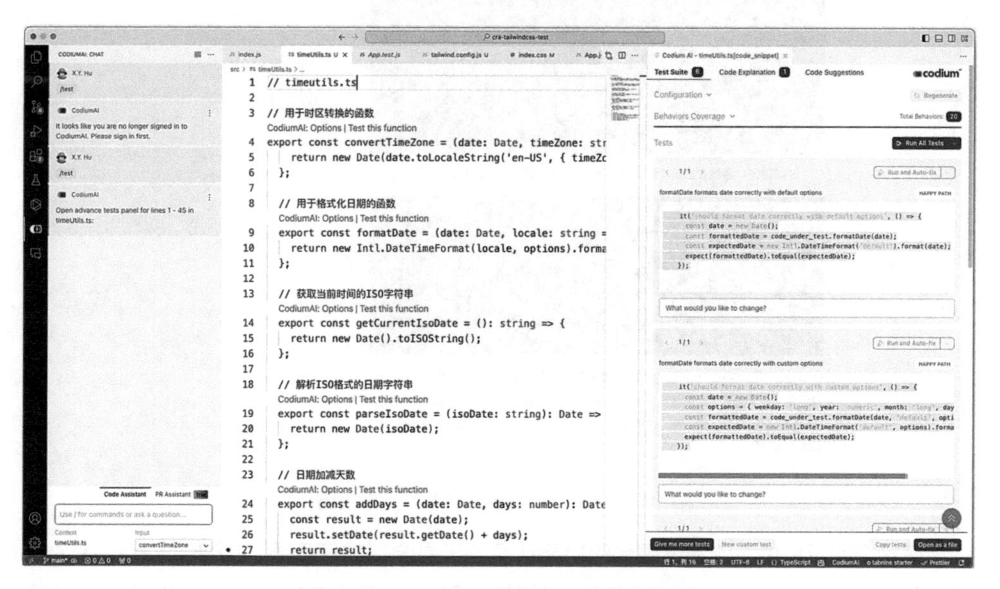

图 10-13　Codium 的测试用例管理页面

Codium 的 VSCode 插件不仅提供了一键自动生成测试用例的功能，还提供了简单的交互功能，以帮助开发者管理测试用例。

Codium 的自动生成测试用例功能也可以通过优化提示词模板来实现。比如，我们要求 ChatGPT 针对一个 JavaScript 函数生成 3 个测试用例，如图 10-14 所示。

你是一个资深测试工程师，精通Jest测试框架。请针对以下JavaScript 函数生成3个测试用例

```
function getWeekNumber(today) {
  const yearStart = new Date(today.getFullYear(), 0, 1);
  const diff = (today - yearStart) +
((yearStart.getTimezoneOffset() -
today.getTimezoneOffset()) * 60 * 1000);
  const oneWeek = 7 * 24 * 60 * 60 * 1000;
  return Math.ceil(diff / oneWeek);
}
```

今天 18:56

作为一个 GPT-3.5，我可以帮助您编写一些使用 Jest 测试框架的测试用例来测试您提供的函数。以下是 3 个示例测试用例：

1. **测试用例：函数在当前年份的第一周的第一天被调用时，返回值应为 1。**

```
test('Test case 1: First day of the first week of the
year', () => {
  const getWeekNumber = require('./your-file-name.js'); //
导入函数（请确保此文件路径正确）
  const date = new Date('2023-01-01');
  const result = getWeekNumber(date);
  expect(result).toBe(1);
});
```

2. **测试用例：函数在当前年份的最后一天被调用时，返回值应在 52 和 53 之间。**

```
test('Test case 2: Last day of the year', () => {
  const getWeekNumber = require('./your-file-name.js'); //
导入函数（请确保此文件路径正确）
  const date = new Date('2023-12-31');
  const result = getWeekNumber(date);
  expect(result).toBeGreaterThanOrEqual(52);
  expect(result).toBeLessThanOrEqual(53);
});
```

3. **测试用例：函数在当前年份的中间某个日期被调用时，返回值应大于 1。**

```
test('Test case 3: Date in a different week of the year',
() => {
  const getWeekNumber = require('./your-file-name.js'); //
导入函数（请确保此文件路径正确）
  const date = new Date('2023-05-10');
  const result = getWeekNumber(date);
  expect(result).toBeGreaterThan(1);
});
```

使用 Jest 测试框架，您可以编写这些测试用例并运行它们来验证函数的行为是否符合预期。请确保将文件名替换为实际使用的文件名，并根据需要调整测试用例的日期和期望结果。请注意，使用 Jest 测试框架时，您需要安装 Jest 并设置适当的测试环境。

图 10-14 利用 ChatGPT 生成测试用例

在这个的示例中，待测试函数的功能计算当天是全年的第几周。我们给 ChatGPT 设置好角色（资深测试工程师，精通 Jest 测试框架）、任务（生成 3 个测试用例）和任务素材（函数源码），ChatGPT 会返回符合要求的测试用例，输入数据会覆盖边界场景和常规场景。

10.2.3 智能运维工具——Dify

在传统的软件开发中，有经验的团队会建设或采购一套完整的 DevOps 平台，以实现软件交付及运维全流程的自动化。在 LLM 智能开发领域也有类似的平台——LLMOps（大语言模型运维）平台，它能提升大语言模型的开发和部署效率。

LLMOps 涵盖大语言模型开发、部署、维护和优化环节。其目标是确保高效、可扩展和安全地使用 AI 模型来构建和运行应用。

Dify 的主要特点如下。

- **提供开箱即用的完整功能**：具有托管用户私有数据的能力，提供了遵循 ChatGPT Plugin 标准的插件工具集，并集成了 GPT-3.5、GPT-4、Claude 等 LLM。
- **具有较强的开发及运维能力**：具有模型访问、上下文嵌入、成本控制和数据标注等能力，为用户提供流畅的体验，并充分发挥 LLM 的潜能。
- **提供热门场景的应用模板**：支持用户在 5 分钟内创建简单的 AI 聊天应用，包括聊天机器人应用、代码转换应用、文章总结应用等。
- **提供可定制化的社区开源版本**：提供可私有托管的开源框架版本，这样企业可以更好地保护私域商业数据。

利用 Dify，只需要简单地初始化应用并编排提示词，即可搭建简单的聊天机器人应用，如图 10-15 所示。

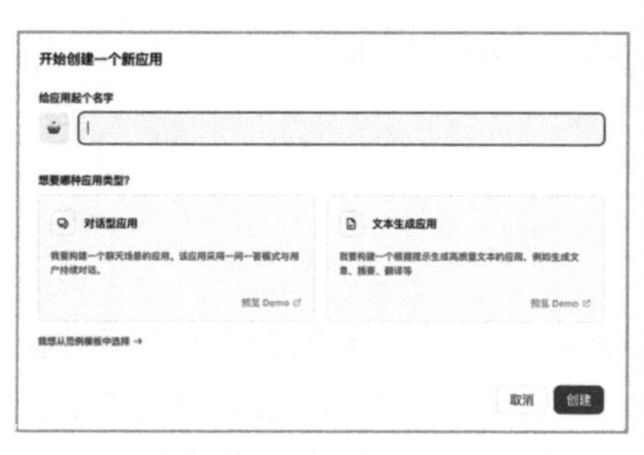

（a）开始创建

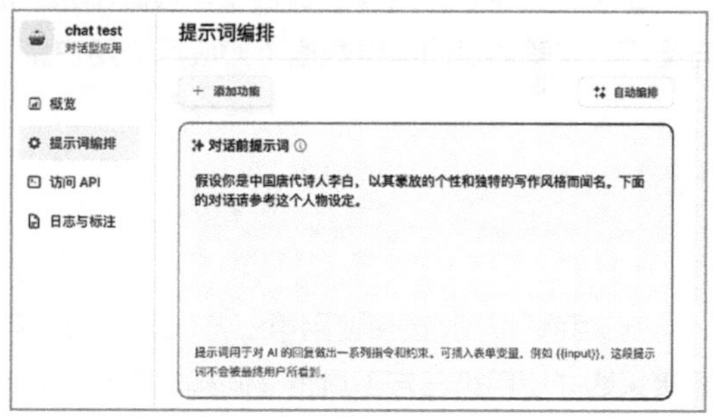

（b）编排提示词

图 10-15　利用 Dify 搭建简单的聊天机器人应用

在搭建一个简单的聊天机器人应用时，设定机器人的背景信息是很重要的。Dify 不仅支持通过编排提示词来设定机器人的背景，也支持用户导入数据来设定。例如，企业可以导入自己的商业产品信息，进而将创建的应用扩展成为企业的客服机器人。在图 10-15 中将“对话前提示词”设定为“假设你是中国唐代诗人李白，以其豪放的个性和独特的写作风格而闻名，下面的对话请参考这个人物设定”。

单击应用构建界面右上角的“发布”按钮后，可以预览 Dify 应用的上线效果，如图 10-16 所示。

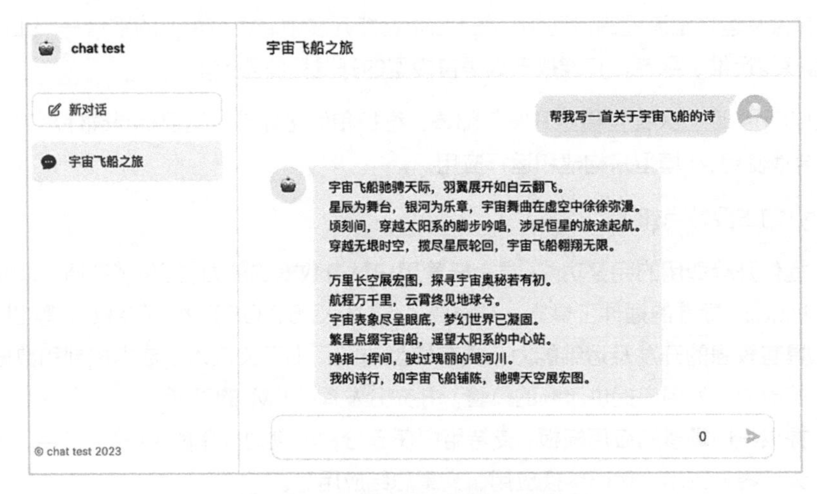

图 10-16　预览 Dify 应用的上线效果

> 提示　因为使用的是聊天机器人的预设模板，所以在发布 Dify 应用时，我们无须关心这个应用的前端页面是怎样开发的，只需要关注最核心的提示词、数据设置。这对于非前端开发人员有很大帮助。

在应用上线后，Dify 还提供了网页版本和 API 访问版本，以及配套的运维平台，以方便用户了解项目的运维数据（如应用的用户量、LLM 的使用费用等）。

10.3　自研相关工具

前文我们提到，直接使用第三方 LLM 服务可能会导致回答不准确、数据泄露等问题。直接采购并使用第三方工具也有同样的风险。对此，一方面，可以私有化部署第三方工具将数据的流动限制在公司内部，甚至进行私有化定制；另一方面，可以利用底层 LLM 服务的 API 自主实现一些功能（如智能生成代码）。

10.3.1　AI 运维系统：私有化部署 Dify

ChatGPT 这种对话类型的通用智能服务难以满足企业内部定制化场景的需求，而完全依赖第三方工具平台又会丧失企业的竞争力和数据安全。所以，智能研发体系在企业内落地还是需要易扩展的私有化部署，Dify 社区开源版本能满足这个诉求。本节介绍在企业内部私有化部署 Dify 的流程。

Dify 主要提供了两种部署方式。

（1）利用 Docker Compose 一键部署：针对云端，适合功能的正式交付。

（2）本地源码部署：针对本地开发/调试，既支持前后端全栈统一部署，也支持前端单独部署。

两种部署方式在底层都依赖 Docker 容器，对系统配置的要求也是一致的。

- **macOS 系统**：安装 Docker Desktop。将 Docker 虚拟机（VM）设置为使用至少两个虚拟 CPU 和 8 GB 的虚拟内存。
- **Linux 系统**：Docker 版本大于或等于 19.03，Docker Compose 版本大于或等于 1.25.1。
- **Windows 系统**：安装 Docker Desktop。官方建议在将源代码和其他数据绑定到 Linux 容器中时，应将其存储在 Linux 文件系统中，而不是 Windows 文件系统中。这是因为，Linux 文件系统具有更高的稳定性和可靠性，能更好地支持容器化的应用程序。同时，Linux 文件系统还提供了更高效的存储和访问机制，可以提高应用程序的性能和效率。

1. 利用 Docker Compose 一键部署

利用 Docker Compose 一键部署很简单，只需要以下 3 个命令即可完成。

```
# 1. 克隆 Dify 项目源码，Dify 源码地址见本书配套资源中的“Dify 源码地址”
git clone [Dify 源码地址]
# 2. 切换到 Docker 目录
cd dify/docker
# 3. 利用 Docker Compose 一键部署
docker compose up -d
```

注意，不同操作系统安装的 Docker Compose 版本可能存在差异。如果 Docker Compose 版本为 2，则推荐使用“docker compose”命令一键部署；如果版本为 1，则推荐使用“docker-compose”命令一键部署。

执行完上述 3 个命令后，如果看到如下提示信息则表示部署成功：

```
[+] Running 7/7
 ✔ Container docker-web-1       Started                                 1.0s
 ✔ Container docker-redis-1     Started                                 1.1s
 ✔ Container docker-weaviate-1  Started                                 0.9s
 ✔ Container docker-db-1        Started                                 0.0s
 ✔ Container docker-worker-1    Started                                 0.7s
 ✔ Container docker-api-1       Started                                 0.8s
 ✔ Container docker-nginx-1     Started                                 0.5s
```

还可以通过以下命令检查所有容器是否正常运行：

```
docker compose ps
```

可以看到主要有 3 个业务服务——api、web 和 worker，以及 4 个基础组件——db、nginx、redis 和 weaviate。

```
NAME                IMAGE                               COMMAND
SERVICE             CREATED              STATUS              PORTS
docker-api-1        langgenius/dify-api:0.3.2           "/entrypoint.sh"
api                 4 seconds ago        Up 2 seconds        80/tcp, 5001/tcp
docker-db-1         postgres:15-alpine                  "docker-entrypoint.s…"
db                  4 seconds ago        Up 2 seconds        0.0.0.0:5432->5432/tcp
docker-nginx-1      nginx:latest                        "/docker-entrypoint.…"
nginx               4 seconds ago        Up 2 seconds        0.0.0.0:80->80/tcp
docker-redis-1      redis:6-alpine                      "docker-entrypoint.s…"
redis               4 seconds ago        Up 3 seconds        6379/tcp
docker-weaviate-1 semitechnologies/weaviate:1.18.4 "/bin/weaviate --hos…"
weaviate            4 seconds ago        Up 3 seconds
docker-web-1        langgenius/dify-web:0.3.2           "/entrypoint.sh"
web                 4 seconds ago        Up 3 seconds        80/tcp, 3000/tcp
docker-worker-1     langgenius/dify-api:0.3.2           "/entrypoint.sh"
worker              4 seconds ago        Up 2 seconds        80/tcp, 5001/tcp
```

2. 本地部署源码

本地部署源码对于企业二次开发场景是非常有用的。本地部署源码分为后端部署和前端部署两个部分。

如果只需要单独开发/调试后端，则可以复用官方提供的前端 Docker 容器镜像并单独启动，不需要构建前端代码，以实现前后端开发解耦。

首先做好准备工作，主要包括代码克隆和本地 PostgreSQL / Redis / Weaviate 基础服务的启动。

```
# 1. 克隆代码，Dify 源码地址见本书配套资源中的“Dify 源码地址”
git clone [Dify 源码地址]
# 2. 如果本地没有 PostgreSQL、Redis 和 Weaviate，则可以通过 Dify 配置
cd dify/docker
docker compose -f docker-compose.middleware.yaml up -d
```

Dify 在 docker-compose.middleware.yaml 中默认配置了上述 3 个基础服务（PostgreSQL、Redis、Weaviate）。

（1）部署后端服务。

部署后端服务的具体步骤如下。

①配置 Python 环境。

基于 Dify 部署后端服务依赖于 Python 的 Flask 框架，为了快速且便捷地为 Dify 项目配置环境，我们推荐使用 Anaconda 作为工具。

需要注意的是，必须明确指定 Python 为 3.10 或以上版本，否则在构建 Flask 的过程中会报错。

```
# 1.创建名为 Dify 的 Python 3.10 环境
conda create --name dify python=3.10
# 2.切换至 Dify Python 环境
conda activate dify
# 3.检查 Python 版本
Which python
# 显示 /Users/xxx/anaconda3/envs/dify/bin/python 即正确
```

②配置 API 项目环境。

具体步骤如下。

```
# 1.进入 api 目录
cd dify/api
# 2.创建环境变量配置文件，可以直接复制官方示例
cp .env.example .env
# 3.配置 env 文件内 SECRET_KEY 的值，如果是本地调试，则可以赋值随机密钥
openssl rand -base64 42
sed -i 's/SECRET_KEY=.*/SECRET_KEY=<your_value>/' .env # 不同系统中
Linux 的 sed 命令可能存在区别，如果出错，则建议手动修改
# 4. 在安装 Python 的相关依赖库时，请务必确保所使用的 pip 是位于 "anaconda3/
# envs/dify/bin/" 下的 pip
pip install -r requirements.txt
```

在完成上述步骤后，就可以启动 API 服务了。

③启动 API 服务。

```
# 1.更新数据库到最新版本，如果不执行这一步，则搭建的服务将请求不到任何数据
flask db upgrade
# 2.启动 API 服务
flask run --host 0.0.0.0 --port=5001 -debug
```

执行上述命令后，如果系统报错，建议先使用 which 命令来检查 Flask 是否安装在“anaconda3/envs/dify”目录下。如果不是，则建议在当前终端中重新执行 conda activate dify 命令以激活配置。

如果看到类似以下的日志，则表明启动 API 服务成功：

```
* Debug mode: on
INFO:werkzeug:WARNING: This is a development server. Do not use it in
a production deployment. Use a production WSGI server instead.
 * Running on all addresses (0.0.0.0)
 * Running on http://127.0.0.1:5001
INFO:werkzeug:Press CTRL+C to quit
INFO:werkzeug: * Restarting with stat
WARNING:werkzeug: * Debugger is active!
INFO:werkzeug: * Debugger PIN: 695-801-919
```

④启动 Worker 服务。

为了消费异步队列任务（如数据集文件导入、更新数据集文档等），我们还需要启动 Worker 服务。使用 celery 命令启动该服务：

```
# Linux 或 macOS 系统
celery -A app.celery worker -P gevent -c 1 --loglevel INFO
# Windows 系统
celery -A app.celery worker -P solo --without-gossip --without-mingle
--loglevel INFO
```

如果输出类似以下的日志，则表明成功启动 Worker 服务。

```
-------------- celery@TAKATOST.lan v5.2.7 (dawn-chorus)
--- ***** -----
-- ******* ---- macOS-10.16-x86_64-i386-64bit 2023-06-10 16:33:46
- *** --- * ---
- ** ---------- [config]
- ** ---------- .> app:         app:0x13ab02510
- ** ---------- .> transport:   redis://:**@localhost:6379/1
- ** ---------- .> results:
postgresql://postgres:**@localhost:5432/dify
- *** --- * --- .> concurrency: 1 (gevent)
-- ******* ---- .> task events: OFF (enable -E to monitor tasks in this
worker)
--- ***** -----
 -------------- [queues]
                .> celery           exchange=celery(direct) key=celery

[task]…

[2023-06-10 16:33:46,274: INFO/MainProcess] Connected to
redis://:**@localhost:6379/1
[2023-06-10 16:33:46,279: INFO/MainProcess] mingle: searching for
neighbors
[2023-06-10 16:33:47,320: INFO/MainProcess] mingle: all alone
```

```
[2023-06-10 16:33:47,334: INFO/MainProcess] pidbox: Connected to
redis://:**@localhost:6379/1.
[2023-06-10 16:33:47,345: INFO/MainProcess] celery@TAKATOST.lan ready.
```

至此，部署后端服务就顺利完成了，接下来开始部署前端服务。

（2）部署前端服务。

部署前端服务可以分为本地源码部署和 Docker 镜像部署两种。前者支持在本地开发/调试前端页面；后者使用构建好的前端镜像，更方便在后端进行独立的开发/调试。

①本地源码部署。

Dify 前端工程是基于前端开发框架 Next.js 开发的，不但方便落地 SSR（服务器端渲染，一种网页优化策略）等性能优化策略，而且本地开发体验也相当优异。

启动本地服务分为三步：

```
# 1. 进入 web 目录，安装 NPM 依赖
cd dify/web
npm install
# 2. 复制 env.example 文件中的环境配置信息，并通过 run 命令触发本地构建
cp .env.example .env.local
npm run build
# 3. 启动服务
npm run start
```

之后如看到如下日志，则表示启动成功：

```
> dify-web@0.3.6 start
> next start

- ready started server on 0.0.0.0:3000, url: http://localhost:3000
- info Loaded env from /Users/xxx/Github/dify/web/.env.local
```

接下来利用浏览器打开 http://localhost:3000，即可看到本地部署的 Dify 网站。

②Docker 镜像部署。

Docker 镜像部署可以使用 DockerHub 的开源镜像，也可以使用在本地用源码构建的镜像。

```
# 使用 DockerHub 的开源镜像
docker run -it -p 3000:3000 -e EDITION=SELF_HOSTED -e
CONSOLE_URL=http://127.0.0.1:3000 -e APP_URL=http://127.0.0.1:3000
langgenius/dify-web:latest
# 使用在本地用源码构建的镜像，包括以下两步：
# 1. 构建本地镜像
cd web && docker build . -t dify-web
```

```
# 2. 启动本地镜像
docker run -it -p 3000:3000 -e EDITION=SELF_HOSTED -e
CONSOLE_URL=http://127.0.0.1:3000 -e APP_URL=http://127.0.0.1:3000
dify-web
```

利用浏览器打开 http://127.0.0.1:3000，可以看到部署的效果，如图 10-17 所示。

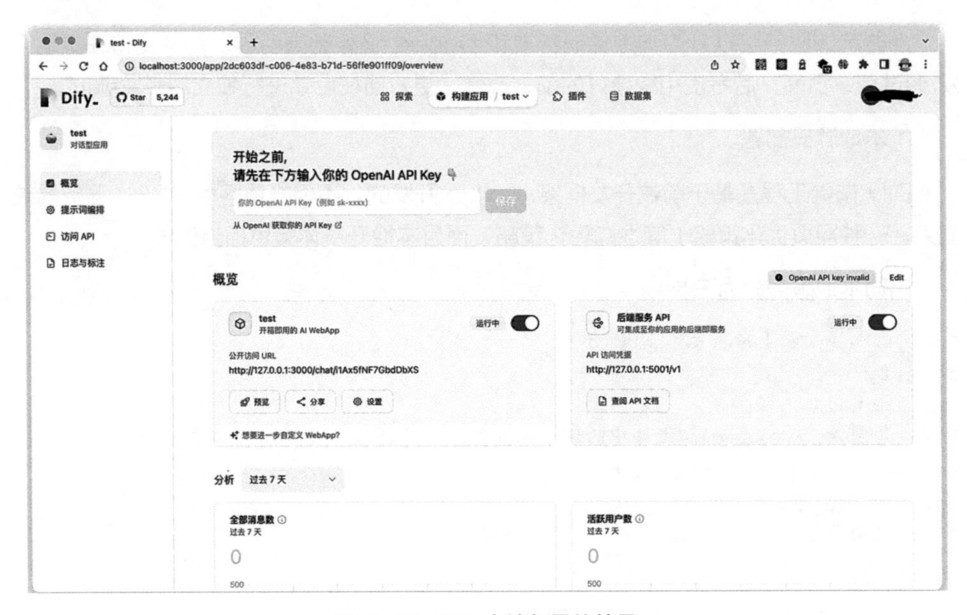

图 10-17 Dify 本地部署的效果

本地部署的 Dify 没有预置的项目模板、插件和数据集，但支持创建和管理 LLM 应用、编排相关流水线、发布应用和 API。企业可以灵活定制自己的 UI 交互界面和底层服务。

10.3.2 AI 文档工具：教 AI 读懂内部研发手册

10.3.1 节私有化部署了 LLMOps 平台 Dify，基于该平台可以快速交付企业私有知识库，让 AI 读懂企业内部的产品/研发手册，同时凭借私有化部署降低泄露敏感信息的风险。

在 Dify 数据集页面中，可以创建本地数据集并进行管理。

考虑到 GPT-3.5 学习的是 2022 年前的海量网络公共知识，所以这里我们选用 2022 下半年发布的 useId-React.pdf 文档作为学习示例。

将 PDF 文档拖入 Dify，之后单击“下一步”按钮，如图 10-18 所示。

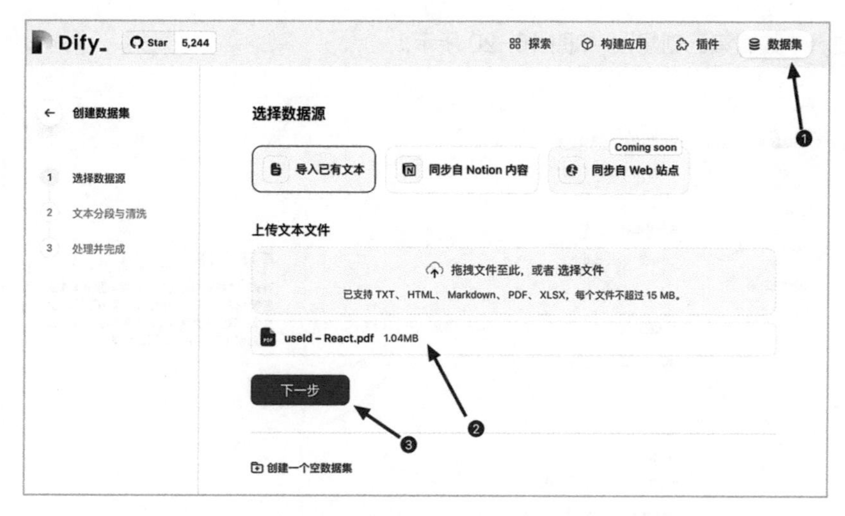

图 10-18　导入私有文档示例

之后进行文本分段与清洗界面，如图 10-19 所示。Dify 既支持免费的离线分段（经济索引），也支持调用 OpenAI 嵌入接口进行更高质量的分段（高质量索引）。

图 10-19　文本分段示例（主要查看右侧的分段预览效果）

> 提示　如果文档的结构化程度较高且有明显的分段标志，则可以自定义分段。Dify 支持基于换行符、分页符等特定标识进行分段。好的分段能提升匹配的准确度，并能降低总体的 Token 消耗。

如果对分段效果满意，则单击图 10-19 中的“保存并处理”按钮进行向量化存储，稍后提示“数据集已创建”，如图 10-20 所示。

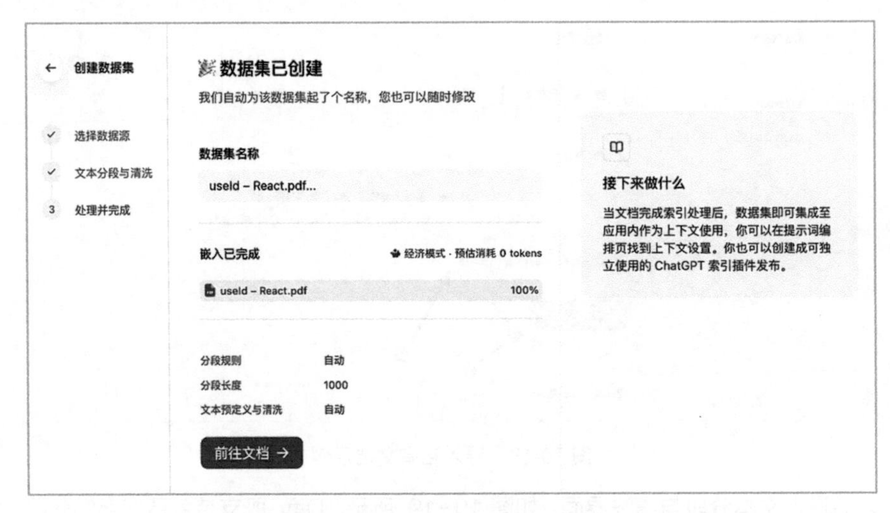

图 10-20　提示“数据集已创建”

在图 10-20 中单击“前往文档”按钮会进入文档管理页面，如图 10-21 所示，在其中可以查看文档分段详情、文档信息，并进行命中测试，以及重新设置分段策略。

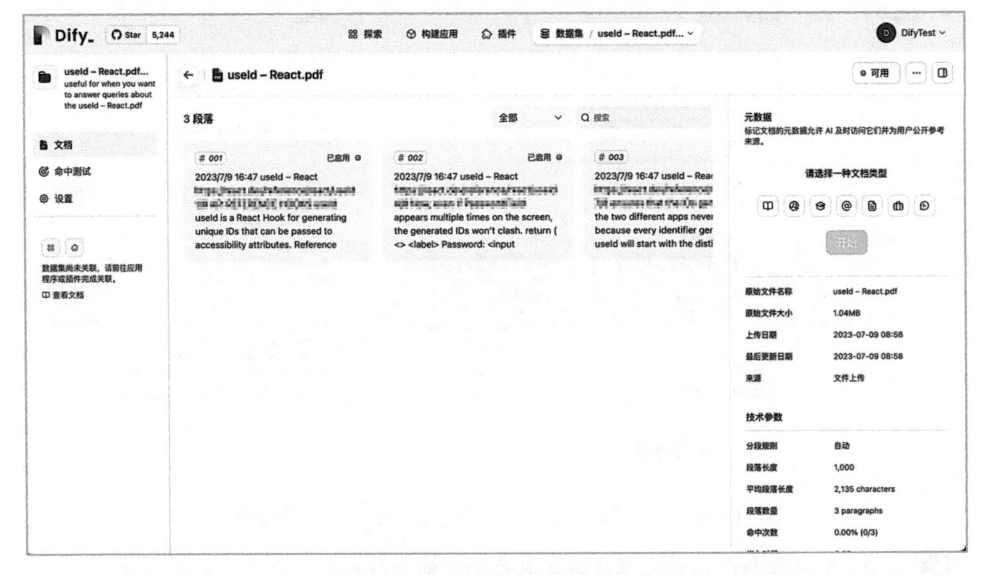

图 10-21　文档管理页面

在“构建应用/test”页面中，将数据集导入上下文中，并在“对话前提示词”中设置好角色和任务要求，之后可以在调试界面中询问关于 useId 的问题，如图 10-22 所示。

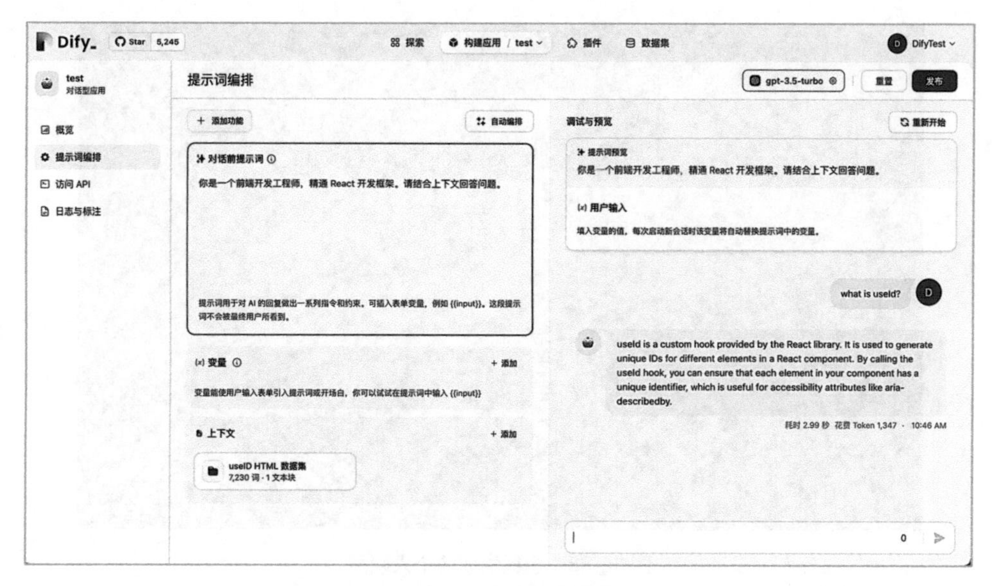

图 10-22　构建应用示例

单击“发布”按钮，稍后可获得一个基于导入文档的问答机器人网页及对应的 API。

> **提示**　上下文匹配准确度依赖导入数据集的格式，以及文本分段的精度。所以，建议多准备一些测试用例以持续优化文档的命中率。

10.3.3　AI 开发工具：利用一句话生成网站

我们可以使用 AIGC 快速生成静态网站内容。只要事先对网站内容进行系统的结构化整理，那么基于 AIGC 技术，我们就能针对不同背景和需求迅速填充与网站相匹配的内容，实现高效且精准的个性化定制。

MakeLanding 具有自动生成“产品落地页”（有时也称“产品功能宣传页”）的能力。本节以个人简历网站为例，介绍如何利用“一句话”生成网站所需要的全部内容。整体思路：首先找到一个固定的网页模板，然后通过 LLM 将“一句话”中的需求转换为填充这个网页模板的内容。

1. 自动生成网站内容

我们选择热门的简历模板 tbakerx/react-resume-template，这个模板生成的个人网页如图 10-23 所示。

选择单页面模板的好处是，页面内的所有内容均在“src/data/data.tsx”文件中，方便统一查看和编辑。图 10-23 所示网页的数据（图片、HTML 代码、CSS 代码）均来自 data.tsx 文件的 heroData 常量，如图 10-24 所示。

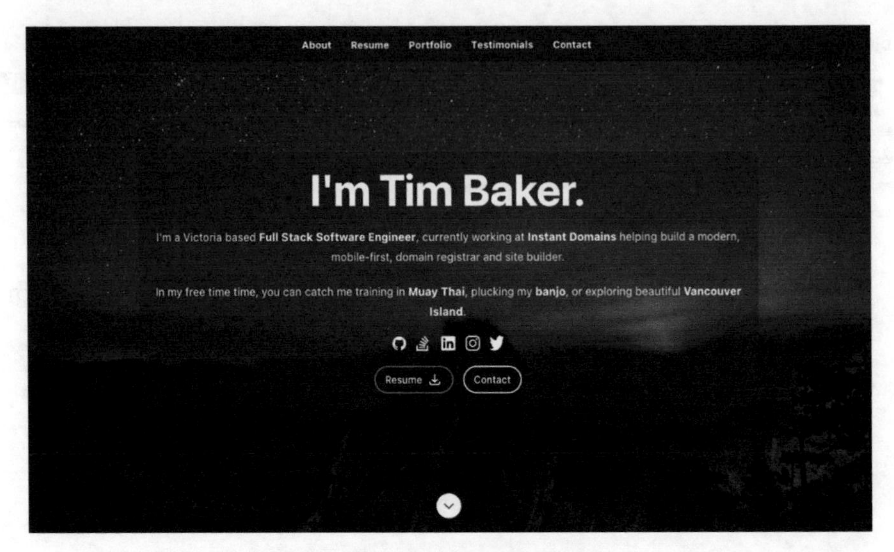

图 10-23　模板生成的个人网页

test-resume-temlate / src / data / **data.tsx**

Code　Blame　373 lines (359 loc) · 10.4 KB　Raw

```
68   * Hero section
69   */
70  export const heroData: Hero = {
71    imageSrc: heroImage,
72    name: `I'm Tim Baker.`,
73    description: (
74      <>
75        <p className="prose-sm text-stone-200 sm:prose-base lg:prose-lg">
76          I'm a Victoria based <strong className="text-stone-100">Full Stack Software Engineer</strong>, currently working
77          at <strong className="text-stone-100">Instant Domains</strong> helping build a modern, mobile-first, domain
78          registrar and site builder.
79        </p>
80        <p className="prose-sm text-stone-200 sm:prose-base lg:prose-lg">
81          In my free time time, you can catch me training in <strong className="text-stone-100">Muay Thai</strong>,
82          plucking my <strong className="text-stone-100">banjo</strong>, or exploring beautiful{' '}
83          <strong className="text-stone-100">Vancouver Island</strong>.
84        </p>
85      </>
86    ),
87    actions: [
88      {
89        href: '/assets/resume.pdf',
90        text: 'Resume',
91        primary: true,
92        Icon: ArrowDownTrayIcon,
93      },
94      {
95        href: `#${SectionId.Contact}`,
96        text: 'Contact',
97        primary: false,
98      },
99    ],
100 };
101
```

图 10-24　页面模板底层数据示例

我们可以利用提示词指导 LLM 输出符合格式要求的 HTML 网页内容。

对于这个简历网站模板，可以使用以下代码自动生成 HTML 网页内容。

```
def genResumeInfo(inputInfo):
    template = """
    你是一个职场经理人，可以根据候选人的基本信息扩展推测其完整信息。要求返回数据为
JavaScript 对象格式。内容要求前后描述一致。
    示例如下
    输入信息："一个全栈工程师叫张三"
    输出信息:
    ```
    // 封面介绍
    export const heroData: Hero = {
      imageSrc: heroImage,
      name: `我是张三`,
      description: (
        <>
          <p className="prose-sm text-stone-200 sm:prose-base
lg:prose-lg">
          我是一名<strong className="text-stone-100">资深全职工程师
</strong>，拥有丰富的前端和后端技术经验，熟悉现代工作方法论和项目管理。
          </p>
          <p className="prose-sm text-stone-200 sm:prose-base
lg:prose-lg">
           我在多个业务项目中担任过技术负责人和项目经理的角色，具备良好的团队合作
和沟通能力。我对技术的热情和追求卓越的态度使我成为一个<strong
className="text-stone-100">高效、可靠</strong>的团队成员
          </p>
        </>
      ),
      actions: [],
    };
    // 教育经历
    export const education: TimelineItem[] = [
      {
        date: '2013~2017',
        location: '清华大学',
        title: '本科',
        content: <p>计算机科学与技术专业</p>,
      },
      {
        date: '2017~2019',
        location: '北京大学',
        title: '硕士',
        content: <p>工商管理专业</p>,
      },
    ];
```
```

```
    // 工作经历
    export const experience: TimelineItem[] = [
      {
        date: '2019~2020',
        location: '北京智能驾驶有限公司',
        title: '软件开发实习',
        content: (
          <>
            <p>参与制定项目计划和需求分析，与产品经理和设计师合作，确保项目按时交付，并满足用户需求。</p>
            <p>负责公司核心产品的前端开发，使用 React 和 Vue.js 等框架，实现了用户界面的优化和功能扩展。</p>
          </>
        ),
      },
      {
        date: '2021~2023',
        location: '北京超级大脑有限公司',
        title: '软件开发工程师',
        content: (
          <>
            <p>负责开发和维护公司的后端系统，使用 Java 和 Spring 框架，实现了高性能和可扩展的系统架构。</p>
            <p>参与需求分析和系统设计，与团队成员合作，确保项目的顺利进行，并按时交付。</p>
            <p>负责技术团队的管理和指导，培养新人，提升团队整体技术水平。</p>
          </>
        ),
      },
    ];
    ```

    现在用户的输入信息是: {{userInput}}
    """
    prompt = PromptTemplate.from_template(template=template, template_format="jinja2")
    llm_chain = LLMChain(prompt=prompt, llm=llm)
    return llm_chain.run(inputInfo)

if IS_DEBUG:
    print(genResumeInfo('小美，一个旅行 App 产品经理'))
```

由于篇幅较长，建议选择 Token 上限更高的模型（这里使用的是 gpt-3.5-turbo-16k）。最终 LLM 输出的 HTML 网页内容如下：
```

~~~
```
// 封面介绍
export const heroData: Hero = {
  imageSrc: heroImage,
  name: `我是小美`,
  description: (
    <>
      <p className="prose-sm text-stone-200 sm:prose-base lg:prose-lg">
      我是一名<strong className="text-stone-100">旅行 App 产品经理
</strong>，拥有丰富的产品规划和项目管理经验，熟悉用户需求分析和产品设计。
      </p>
      <p className="prose-sm text-stone-200 sm:prose-base lg:prose-lg">
       我在多个旅行 App 项目中担任过产品经理的角色，具备良好的团队合作和沟通能力。
我对用户体验的关注和不断追求产品优化的态度使我成为一个<strong
className="text-stone-100">用户导向、创新</strong>的产品经理
      </p>
    </>
  ),
  actions: [],
};
…//篇幅有限，省略部分内容
~~~

用上述代码替换“src/data/data.tsx”文件中 heroData 常量对应的代码即可更新网页内容，效果如图 10-25 所示。

图 10-25　智能生成的网页效果（同一个网页的 1~4 屏）

可以看到，个人简历网站的内容均已被正确填充，而填充的内容源于一句话“小美，一个旅行 App 产品经理”。

LLM 能依据我们提供的示例给出我们想要的内容，并严格遵循示例中的格式。网页中的图片也是使用大语言模型生成的，如第 2 屏中的个人头像就是从 10000 张 AI 生成的虚拟人头像中随机挑选的。这个能力可以被用于定制化生成 mock 数据、生成测试用例，以及其他需要大批量生成网页的场景。

2. 优化交互体验

上面展示了如何使用大语言模型自动填充网页数据，但在实际的软件研发过程中，还需要对 HTML 网页的样式和交互方式进行调整。对于简单的调整，我们可以通过提示词来实现。

以图 10-25 中第 4 屏为例，目前为瀑布流排列的照片墙展示样式，如果需要将其调整为横向轮播的横幅展示样式，则可以通过以下提示词实现：

```
def changeUI(inputInfo):
    template = """
    你是一名资深前端开发工程师，精通 React。请利用用户输入信息对代码内容进行样式调整。
    代码内容为
    ```
    import {ArrowTopRightOnSquareIcon} from
'@heroicons/react/24/outline';
    import classNames from 'classnames';
    import Image from 'next/image';
    import {FC, memo, MouseEvent, useCallback, useEffect, useRef,
useState} from 'react';

    import {isMobile} from '../../config';
    import {portfolioItems, SectionId} from '../../data/data';
    import {PortfolioItem} from '../../data/dataDef';
    import useDetectOutsideClick from '../../hooks/useDetectOutsideClick';
    … //由于篇幅限制，此处仅展示了部分代码，如需查看全部内容，请查阅“src/
components/Section/Portfolio.tsx”文件
    ```

    现在用户的输入信息是：{{userInput}}
    """
    prompt = PromptTemplate.from_template(template=template,
template_format="jinja2")
    llm_chain = LLMChain(prompt=prompt, llm=llm)
    return llm_chain.run(inputInfo)
```

```
if IS_DEBUG:
    print(changeUI('当前视图为瀑布流照片墙样式，请将其调整为左右轮播的横幅样式'))
```

对比原始代码和 AI 修改后的代码可以发现，大语言模型识别并改变了两行代码，如图 10-26 所示。

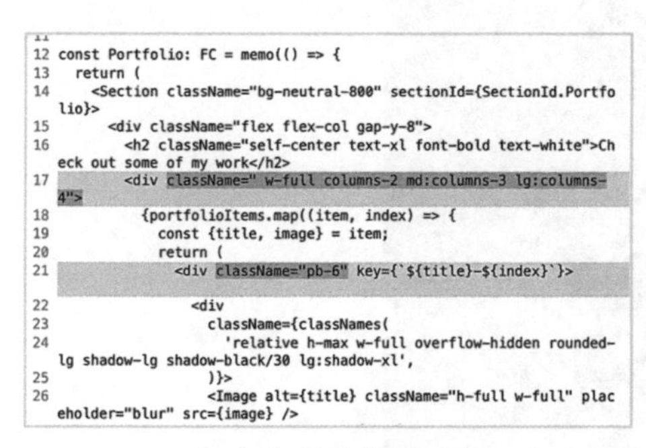

```
12 const Portfolio: FC = memo(() => {
13   return (
14     <Section className="bg-neutral-800" sectionId={SectionId.Portfolio}>
15       <div className="flex flex-col gap-y-8">
16         <h2 className="self-center text-xl font-bold text-white">Check out some of my work</h2>
17         <div className=" w-full columns-2 md:columns-3 lg:columns-4">
18           {portfolioItems.map((item, index) => {
19             const {title, image} = item;
20             return (
21               <div className="pb-6" key={`${title}-${index}`}>
22                 <div
23                   className={classNames(
24                     'relative h-max w-full overflow-hidden rounded-lg shadow-lg shadow-black/30 lg:shadow-xl',
25                   )}>
26                   <Image alt={title} className="h-full w-full" placeholder="blur" src={image} />
```

（a）原始代码

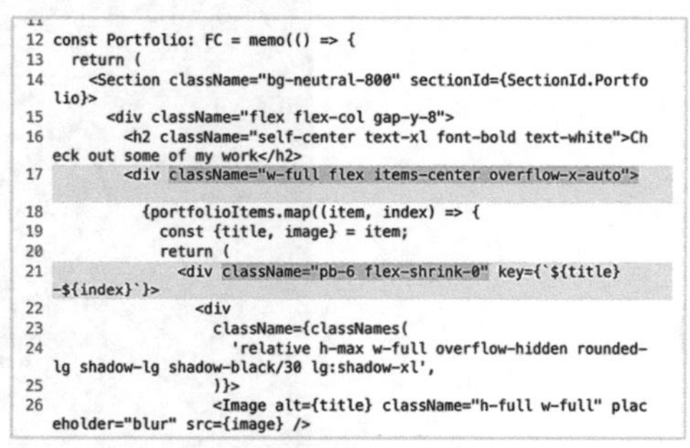

```
12 const Portfolio: FC = memo(() => {
13   return (
14     <Section className="bg-neutral-800" sectionId={SectionId.Portfolio}>
15       <div className="flex flex-col gap-y-8">
16         <h2 className="self-center text-xl font-bold text-white">Check out some of my work</h2>
17         <div className="w-full flex items-center overflow-x-auto">
18           {portfolioItems.map((item, index) => {
19             const {title, image} = item;
20             return (
21               <div className="pb-6 flex-shrink-0" key={`${title}-${index}`}>
22                 <div
23                   className={classNames(
24                     'relative h-max w-full overflow-hidden rounded-lg shadow-lg shadow-black/30 lg:shadow-xl',
25                   )}>
26                   <Image alt={title} className="h-full w-full" placeholder="blur" src={image} />
```

（b）AI 修改后的代码

图 10-26　对比原始代码和 AI 修改后的代码

调整前后的页面效果如图 10-27 所示。

（a）调整前的效果

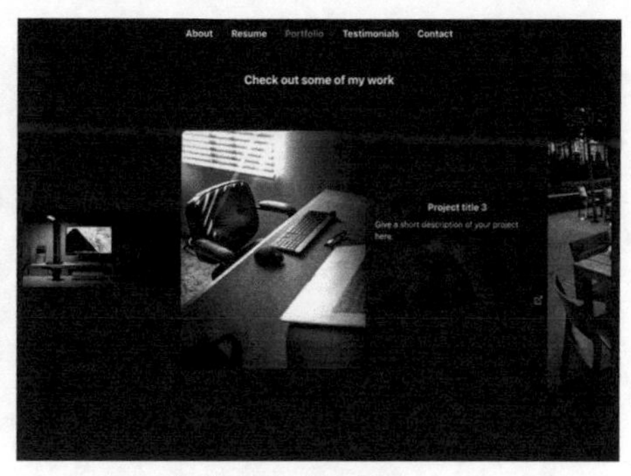

（b）调整后的效果

图 10-27　调整样式前后的对比

关于交互体验优化，本节开头提到的商业化产品 MakeLanding 提供了一个参考实践，如图 10-28 所示。

> 提示　MakeLanding 的核心功能是“文生网页”，生成的网页也提供了丰富的交互入口，方便用户对页面进行微调（包括但不限于主题和字体切换、增删元素、替换图文等）。

图 10-28 MakeLanding 智能交互式网站开发示例

第 11 章 实战——打造领域专属的 ChatGPT

本章将介绍如何打造一个领域专属的 ChatGPT。该领域专属 ChatGPT 具有类似通用 ChatGPT 的回答能力，并且能够更精准地回答某个领域内的问题。

11.1 整体方案介绍

当前，许多企业希望在其内部应用 ChatGPT。然而，ChatGPT 是一个预训练好的模型，其知识主要来源于互联网上公开的数据。因此，它对于某些垂直领域和企业内部的私有知识的回答可能不尽如人意。

为了解决这个问题，目前主流的解决方案是利用 OpenAI 等公司提供的 LLM 服务，以及 LangChain 等 AI 应用开发框架，构建基于领域专属知识库的问答机器人。

11.1.1 整体流程

实现一个领域专属问答机器人的流程如图 11-1 所示，主要步骤如下：

（1）首先对存储在本地的领域专属知识库中的资料进行加载和切分得到文本块，然后对其进行向量化处理（将文本数据转为向量数据，使得机器学习算法可以处理文本数据），并将处理后的向量数据存入向量数据库。对应图 11-1 中的 1、2、3、4、5、6 步。

（2）将用户问题进行向量化处理，转换为向量，对应图 11-1 中的 8、9 步。

（3）根据用户问题向量进行向量数据库查询匹配，返回相似度最高的 *N* 条相关文本块，对应图 11-1 中的 10、7、11 步。

（4）将匹配出的相关文本块和“用户问题的上下文”输入提示词模板生成提示词（对应图 11-1 中的 12、13 步），之后将这些提示词提交给 ChatGPT 等大语言模型来生成回答结果（对应图 11-1 中 14、15 步）。

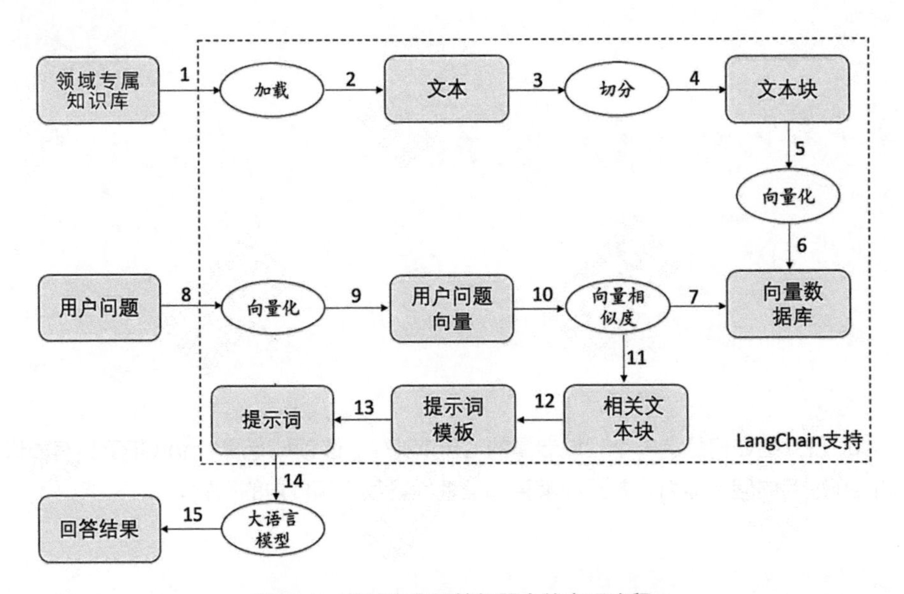

图 11-1　领域专属问答机器人的实现流程

11.1.2　整体模块

下面将通过一个案例展示如何构建领域专属问答机器人。

> 假设有这样一个应用场景：小 A 是一个电商卖家，它有数百款鞋类商品，他想拥有一个领域专属问答机器人以回答用户关于所售商品的问题。
>
> 小 A 原来想直接采用 ChatGPT 等通用聊天机器人，但是 ChatGPT 并不具备小 A 的商品知识，所以回答效果不佳。因此，希望将 ChatGPT 的优势与其专属商品知识相结合，以实现更加出色的用户咨询体验。

为了满足小 A 的诉求，我们将为他构建一个小型的领域专属问答机器人，称之为 ShoesGPT。ShoesGPT 以大语言模型为基础，外加本地领域专属知识库，能够以较低的成本解决小 A 的商品咨询问题。

整体解决方案如图 11-2 所示，一共包含 3 个模块。

- 模块一：知识库构建模块。该模块负责将全部商品知识进行汇总、预处理和向量化，得到的数据是后续商品问答的基础数据，也是微调开源大语言模型时的数据来源。

- 模块二：问答服务模块。该模块负责将问答服务搭建起来，包括建立向量数据库，以及根据本地知识进行问答。
- 模块三：大语言模型服务模块。在本模块中有 3 种选择：①调用 ChatGPT 模型的开放接口；②本地部署开源的大语言模型 ChatGLM；③本地部署并微调大语言模型，需要 3 个步骤：首先构建问答数据集，汇集一系列问题和答案，形成精准的数据集；随后，选择合适的开源大语言模型，确保它具备强大的语言处理能力；最后，利用这个数据集进行模型微调，使其更精准地匹配特定领域的问题和答案。

如果选择方案一，则实现便捷、效果令人满意，但是成本较高；如果选择方案二，则成本更低，但是效果较差；如果选择方案三，则平衡了成本和效果，但是开发难度较大。

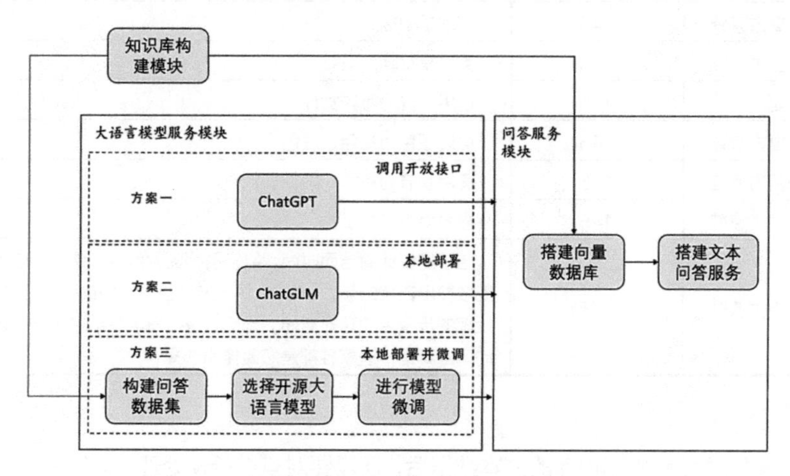

图 11-2 构建领域专属 ShoesGPT 的整体解决方案

11.2 基于 ChatGPT 开发领域专属问答机器人

接下来基于 ChatGPT 开发领域专属问答机器人。它可以为用户提供专业、精准的回答，满足特定领域的需求。

11.2.1 搭建领域专属知识库

需要先构建一个领域专属知识库，这样大语言模型可以利用其中的知识来回答特定领域的用户问题。

1. 收集数据

为了构建领域专属知识库，需要收集的数据包括：商品的名称、品牌、价格、材质、介绍、卖点、用户评论等。各种可以被大语言模型参考来回答用户问题的信息都可以放入该领域专属知识库。

为了便于将领域专属知识库中的知识输入大语言模型，我们在领域专属知识库中以文本形式存储知识，数据示例见表 11-1。表格中的每一行是一段包含商品信息的文本，文本长短不限。

表 11-1 领域专属知识库数据示例

商品名称	商品 ID	句　子
思加图复古凉鞋	145	名称是复古凉鞋
思加图复古凉鞋	145	品牌是思加图
思加图复古凉鞋	145	价格是 99
思加图复古凉鞋	145	产地是中国
思加图复古凉鞋	145	类目是女鞋
思加图复古凉鞋	145	适用人群为年轻女性
思加图复古凉鞋	145	可选颜色为白色、灰色
思加图复古凉鞋	145	适用季节为夏季
思加图复古凉鞋	145	材质为牛皮
思加图复古凉鞋	145	鞋子的设计简洁而时尚，能够搭配各种服装，使您在任何场合都能散发出自信的魅力。此外，这款鞋还具有出色的耐久性和舒适性，让您的步履更加轻松自如。无论您是在日常生活中行走，还是在运动场上奔跑，这款鞋都是您最佳的选择

2. 预处理数据

在收集完领域专属知识库的文本数据后，还需要对其进行预处理，以解决文本过长的问题。领域专属知识库中的文本会被放入大语言模型的提示词，以指导大语言模型回答用户问题，过长的文本会超过大语言模型的“最大字符长度”限制。

预处理文本数据的代码如下：

```
from langchain.text_splitter import TextSplitter
import hanlp

class SentencesTextSplitter(TextSplitter):

    def __init__(self, max_chunk_size, **kwargs):
        """
        初始化文本分割器
        :param max_chunk_size:最大字符长度
        :param kwargs:一个可变的参数
        """
        super().__init__(**kwargs)
```

```
        self.tokenizer = hanlp.utils.rules.split_sentence
        self.max_chunk_size = max_chunk_size

    def split_text(self, text):
        """
        当 text 字符数量超过 max_chunk_size 时，对 text 进行分割
        :param text:要分割的文本
        :return:分割之后的数组
        """
        if len(text) < self.max_chunk_size:
            return [text]
        splits_chunk = []
        texts = self.tokenizer(text)
        cur_text = []
        cur_len = 0
        for item in texts:
            item = str(item)
            if item.strip():
                if cur_len + len(item) >= self.max_chunk_size:
                    splits_chunk.append("".join(cur_text))
                    cur_text = [item]
                    cur_len = len(item)
                else:
                    cur_text.append(item)
                    cur_len += len(item)
        splits_chunk.append("".join(cur_text))
        return splits_chunk
```

这段代码的思路是，判断当前文本是否超过设定的“最大字符长度”(max_chunk_size)：如果没有超过，则直接返回；如果超过了，则用 HanLP 工具进行分句，并以“句”为单位拼接成最长不超过“最大字符长度”的文本块。

> 提示 在上述代码中用到了 LangChain 和 HanLP，读者可以用 pip install langchain 和 pip install hanlp 命令分别安装它们。

HanLP 是一个开源的 NLP 工具包，这里主要调用了其分句函数 split_sentence。读者也可以按需选择其他的分句工具。

3. 向量化数据

通常领域专属知识库中的文本数据较多，为了快速找到包含用户问题答案的文本数据，一般在预处理后需要对领域专属知识库中的文本数据进行向量化处理，并将向量化处理的结果存入向量数据库。

向量化处理是一种将非数值的词语或符号编码成数值向量的技术，它是自然语言处理

和深度学习中常用的数据处理技术。文本对应的向量通常通过神经网络模型得到，该网络模型接收文本中的词语作为输入，输出一个对应的数值向量。两个文本的语义相似度越高，则它们对应的向量相似度的值就越大。

> 提示 本案例中采用了 Hugging Face 社区开源的 SentenceTransformer 模型对文本进行向量化处理，读者可以执行 pip install sentence_transformers 命令安装该模型。

下面是调用 SentenceTransformer 模型对文本进行向量化处理的代码。

```
from sentence_transformers import SentenceTransformer

class Embedding():
    def __init__(self):
        self.model =
SentenceTransformer("shibing624/text2vec-base-chinese")

    def encoder(self, sentence):
        return self.model.encode(sentence)

    def get_sentence_embedding(self, sentence):
        """
        对 sentence 进行向量化处理
        :param sentence: 要进行向量化处理的文本
        :return: 向量结果
        """
        embeddings = self.encoder(sentence)
        return embeddings
```

如果调用 get_sentence_embedding(“中国的首都在哪里？”)，则输出一个 768 维度的浮点型数组。

11.2.2 搭建向量数据库

领域专属知识库的数据需要存储到向量数据库中，以方便后续通过语义检索出与用户问题最相似的数据。

> 提示 向量数据库是一种专门用于存储和查询高维向量数据的数据库。
>
> 与传统的关系型数据库不同，向量数据库不是基于表格结构的，而是基于向量结构的。在向量数据库中，每个数据项都是一个向量，向量的每个维度代表一个属性或特征。
>
> 向量数据库的主要优点：允许根据向量距离或相似度，对数据进行快速、准确的检索。这意味着，可以使用向量数据库根据语义查找最相似的数据，而不是使用基于精确匹配或预定义标准查询数据库的传统方法。

1. 常用的向量数据库

下面介绍一些常用的向量数据库以供读者选择。

（1）Pinecone：用于索引和存储向量，以进行快速检索和相似性搜索。它具有 CRUD 操作、元数据过滤和横向扩展等功能。

（2）Weaviate：一个开源的向量数据库，允许用户执行高效的纯向量相似性搜索，它还允许关键字搜索与向量搜索相结合，以获得最佳的结果。

（3）Chroma：为存储和搜索高维向量提供了简单的 API。它是专为基于特征和属性的相似性搜索而设计的。

（4）Kinetica：一个高性能的向量数据库，可以在多个 GPU 节点上进行分布式计算；它还提供了高效的向量相似性搜索算法，可以快速查询出与给定向量相似的向量数据项。

2. 以 Chroma 为例搭建向量数据库

考虑到 Chroma 同时支持按照关键字、ID 和向量进行检索，我们选择用它作为本项目的向量数据库。

安装 Chroma：

```
pip install chromadb
```

之后，将本地领域专属知识库中的数据存储到向量数据库 Chroma 中，并实现向量检索。代码如下所示：

```
1 import os
2 from collections import defaultdict
3 import pandas as pd
4 from langchain.embeddings.huggingface import HuggingFaceEmbeddings
5 from langchain.vectorstores import Chroma
6 from chinese_text_splitter import SentencesTextSplitter
7 from chromadb.config import Settings
9
10 class KBSearchService(object):
11    def __init__(self, config):
12        self.vector_store = {}
13        self.config = config
14        self.embedding_model = HuggingFaceEmbeddings(model_name=
self.config.embedding_model_name)
15        self.docs_path = self.config.docs_path
16        self.vector_store_path = self.config.vector_store_path
17        self.init_source_vector()
18
19    def corpus_preprocess(self):
```

```
20         """
21         数据预处理，切分并处理成方便导入向量数据库的格式
22         :return: 处理好的数据，字典格式，key是商品ID，value是该商品下切分好
的文本
23         """
24         text_splitter = SentencesTextSplitter(max_chunk_size=100)
25         texts_list = defaultdict(list)
26
27         data_corpus = pd.read_csv(self.docs_path, sep="\t")
28         for index, row in data_corpus.iterrows():
29             sentence = row['句子']
30             goods_id = row['商品_ID']
31             texts_split = text_splitter.split_text(sentence)
32             for item in texts_split:
33                 texts_list[goods_id].append(item)
34
35         return texts_list
36
37     def init_source_vector(self):
38         """
39         将领域专属知识库中的数据导入向量数据库
40         """
41         data = self.corpus_preprocess()
42         for goods_id, texts in data.items():
43             goods_id = str(goods_id)
44             print(goods_id)
45             vs = Chroma.from_texts(
46                 texts=texts,
47                 embedding=self.embed   ding_model,
48                 collection_name=goods_id,
49                 client_settings=Settings(persist_directory=
os.path.join(self.vector_store_path, goods_id))
50             )
51             self.vector_store[goods_id] = vs
52
53     def knowledge_search(self,goods_id,question,top_k):
54         db = self.vector_store[goods_id]
55         search_result = db.similarity_search(question, k=top_k)
56         doc = [r.page_content for r in search_result]
57         return "\n".join(doc)
```

下面对上述代码的重点部分进行说明。

（1）第 5 行，用 LangChain 导入向量数据库 Chroma，因为用 LangChain 作为本项目的总开发框架，可以快速地将向量检索、组装 Prompt、调用大语言模型等环节串联

起来。

（2）第 19～35 行，用 11.2.1 节中的“2.预处理数据”标题中的方式处理数据，并以商品为单位将语料汇总，输出为{商品 ID:[描述 1，描述 2，...]}的字典格式。

（3）第 37～51 行，将处理结果逐一存储到 Chroma 的 collection 里，每个商品对应一个 collection。collection 是 Chroma 中用来存储向量、原始文本数据、其他元数据的地方，可以将其类比为数据库中的数据表。

（4）第 49 行，设置 Chroma 中数据的永久存储路径。如果不设置永久存储路径（persist_directory 参数），则 Chroma 会将数据存储在内存中，数据会随着程序的关闭而被删除。

11.2.3 搭建文本问答服务

在将领域专属知识库中的数据存储到向量数据库后，就可以开始搭建问答服务了。核心代码如下：

```
 1 from dataclasses import dataclass
 2 from kb_service import kb_service
 3 from llm_tools import ChatGPTService
 4
 5
 6 @dataclass
 7 class QABotConfig:
 8     embedding_model_name:str     # 向量模型的名称
 9     docs_path:str                # 领域专属知识库的路径
10     vector_store_path:str        # 向量数据库的本地存储路径
11     history_len:int              # 保存的历史对话数量
12
13
14 class QABot(object):
15     def __init__(self, config:QABotConfig):
16         self.config = config
17
18         self.prompt_template = """
19                 你目前是电商客服，你的职责是回答用户关于商品的问题。
20                 要求：
21                1. 基于已知信息，简洁且专业地回答用户的问题。
22                2. 如果无法从中得到答案，请说“对不起，我目前无法回答你的问题”，
不允许在答案中添加编造成分。
23                 已知信息：
24                 {context}
25                 用户问题：
```

```
26              {question}
27              回答:
28              """
29
30         self.source_service = kb_service.KBSearchService(config)
31         self.llm_model_dict = {"ChatGPT":ChatGPTService}
32
33     def get_knowledge_based_answer(self,
34                                    query,
35                                    llm_model,
36                                    goods_id,
37                                    top_k,
38                                    chat_history=[]):
39         """
40         根据 query 返回答案
41         :param query: 用户问题
42         :param llm_model: 大语言模型
43         :param goods_id: 所咨询商品的 ID
44         :param top_k: 返回商品知识数据的条数
45         :param chat_history: 对话历史记录
46         :return: 问题答案
47         """
48         # 数据库查询结果
49         db_result =
self.source_service.knowledge_search(goods_id,query,top_k)
50         # 模型调用结果
51         llm_service = self.llm_model_dict[llm_model]
52         history = chat_history[-self.config.history_len:] if
self.config.history_len > 0 else []
53         prompt = self.prompt_template.format(context=db_result,
question=query)
54         result = llm_service.get_ans(prompt,history)
55
56         return result,db_result
```

下面对重点部分进行说明。

（1）第 18 行，定义了大语言模型的提示词模板。该提示词模板的核心思想是，让大语言模型根据存储在 context 变量中的已知信息，回答存储在 question 变量中的问题。第 53 行展示了如何填充该模板得到完整的提示词。

（2）第 30 行，定义了问答服务所使用的向量数据库服务。KBSearchService 为 11.2.2 节“2”小标题中所定义的向量数据库工具类（那里代码加粗了）。

（3）第 33 ~ 56 行，实现问答功能的核心代码，原理：首先设计一个能够让大语言模型根据上下文背景信息回答问题的提示词模板，然后通过向量数据库得到与用户问题最相似的 *k* 个知识数据作为背景信息，之后将提示词输入大语言模型得到最终结果。

（3）第 49 行，调用向量搜索得到与用户问题最相似的 *k* 个知识数据。

（4）第 51 行，选择大语言模型，当前只有 ChatGPT。我们在 11.3.2 节和 11.3.3 节将扩展到本地部署的 ChatGLM-6B 大语言模型，以及本地部署并微调的 ChatGLM-6B-SFT 大语言模型（特指在 ChatGLM-6B 的基础上进行微调得到的模型）。

（5）第 54 行，通过 llm_service.get_ans()函数调用大语言模型服务得到问题答案。该函数的代码如下所示。

```
def get_ans(prompt,history):
    message = []
    for item in history:
        message.append({"role": item[0], "content": item[1]})
    message.append({"role": "user", "content": prompt})
    try:
        response = openai.ChatCompletion.create(
            model=model,
            messages=message
        )
        ans = response.choices[0].message.content
    except:
        ans = "服务调用失败"
    return ans
```

这样一个基于领域专属知识库的简单问答机器人就搭建完成了。

基于 Gradio 搭建的展示页如图 11-3 所示，完整代码可以参考本书配套资源中列出的 GitHub 代码仓库。

- 左侧部分支持选择商品、选择向量化模型、选择大语言模型服务、设置 top_k 参数。
- 中间部分为问答对话框。
- 右侧部分展示向量数据库搜索出来的 top_k 个资料，以便分析问题。

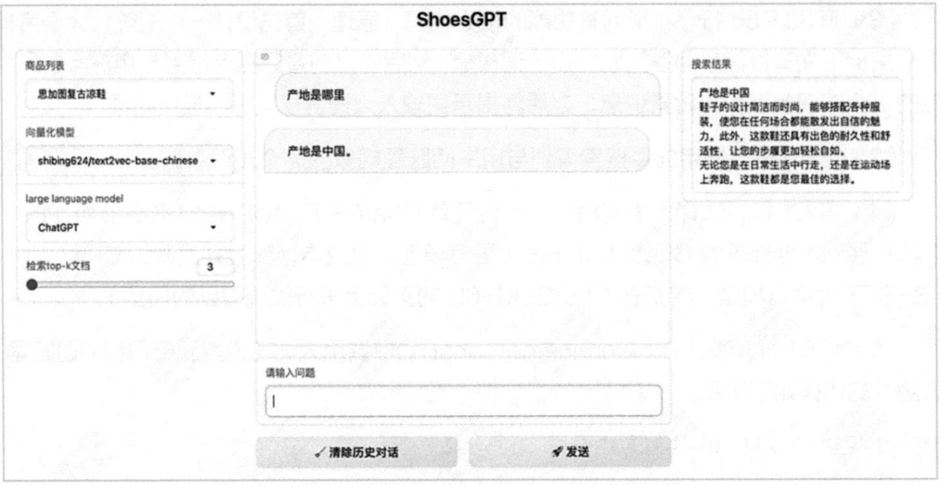

ShoesGPT
商品列表
思加图复古凉鞋
向量化模型
shibing624/text2vec-base-chinese
large language model
ChatGPT
检索top-k文档
3
产地是哪里
产地是中国。
请输入问题
清除历史对话
发送
搜索结果
产地是中国
鞋子的设计简洁而时尚，能够搭配各种服装，使您在任何场合都能散发出自信的魅力。此外，这款鞋还具有出色的耐久性和舒适性，让您的步履更加轻松自如。
无论您是在日常生活中行走，还是在运动场上奔跑，这款鞋都是您最佳的选择。

图 11-3　领域专属问答机器人的展示页

11.3　本地部署开源的大语言模型

在实际应用中，企业往往会倾向于选择本地部署开源的大语言模型。这不仅能够降低运营成本，还能确保数据的安全性。

11.3.1　选择开源的大语言模型

使用开源的大语言模型，除更加便宜外，也更加透明和灵活，使得我们可以针对不同的任务进行定制。下面对当前比较著名的几款开源的大语言模型进行简要介绍，以供读者选择。

1. ChatGLM 系列模型

ChatGLM 系列模型是由清华大学唐杰团队开发的，它是一个开源的、支持中英双语的、类似于 ChatGPT 的大语言模型。ChatGLM 系列模型包括 ChatGLM-6B 模型、ChatGLM-130B 模型。

2. LLaMA 系列模型

LLaMA 系列模型是 Meta 公司开源的。该系列模型是目前开源大语言模型中功能最强的，众多研究都是基于 LLaMA 系列模型进行的。2023 年 7 月，Meta 发布了免费商用的 LLaMA 2 系列模型，改变了大语言模型的竞争格局。

3. Falcon-40B 模型

Falcon-40B 由阿联酋科技创新研究所开发。它是开源的，拥有 400 亿个参数，并在 1 万亿个标记上接受了训练。在 Hugging Face 社区的大语言模型排行榜上，其受到了广泛的关注。

4. Baichuan-7B 模型

Baichuan-7B 是由百川智能公司推出的中英文预训练大语言模型。在 AGIEval 的评测中，其综合评分达到 34.4 分，超过 LLaMA-7B、Falcon-7B、Bloom-7B 及 ChatGLM-6B 等大语言模型。

5. Aquila-7B 模型、AquilaChat-7B 模型

Aquila-7B、AquilaChat-7B 是由智源研究院开源的，是首个支持中英双语知识、商用许可协议，并符合国内数据合规要求的大语言模型。这两个模型通过数据质量控制、多种训练的优化方法，获得了较好的性能。

在综合考虑大语言模型的性能表现和训练成本后，我们决定在 ShoesGPT 项目中采用规模较小的 ChatGLM-6B 作为本地部署的大语言模型。值得一提的是，下面所介绍的部署和微调方案不仅适用 ChatGLM-6B，也适用其他开源大语言模型。

11.3.2　本地部署 ChatGLM-6B 大语言模型

本节将本地部署 ChatGLM-6B 大语言模型，并将其接入 11.2 节介绍的问答服务。

1. 准备 ChatGLM-6B 的安装环境

为了避免影响本地的其他 Python 环境，我们使用 Conda 工具来创建一个名为“chatglm”的独立虚拟环境以安装 ChatGLM-6B，具体方法如下。

```
conda create -n chatglm python=3.9
conda activate ChatGLM-6B
```

2. 复制 ChatGLM-6B 的源代码到本地

```
# ChatGLM-6B 源码地址见本书配套资源
git clone [ChatGLM-6B 源码地址]
```

3. 安装 ChatGLM-6B 运行所需的依赖

建议不要直接按照 ChatGLM-6B 源码中的 requirements.txt 文件来安装，最好先确认一下依赖的版本，如下所示，以防止发生版本冲突。

```
Protobuf==3.18.0
transformers==4.27.1
cpm_kernels==1.0.11
```

```
torch==1.13.1
gradio
mdtex2html
sentencepiece
accelerate
gradio
fastapi
uvicorn
```

接下来，使用 pip 方式安装依赖项。为了提升安装速度，需要将 pip 源设置为国内源。

```
pip config set global.extra-index-url
# 国内源地址见本书配套资源
https://[国内源地址]/simple
pip config set global.index-url
https://[国内源地址]/simple
pip config set global.trusted-host
https://[国内源地址]/simple
```

之后，进入 ChatGLM-6B 的源码文件夹下通过 requirements.txt 安装相关依赖。

```
cd ChatGLM-6B
pip install -r requirements.txt
```

4. 下载 ChatGLM-6B 模型文件

由于 ChatGLM-6B 模型文件并没有在初始的源码文件里，所以还需要单独下载模型文件。模型文件比较大，下载过程会比较长，这里提供 3 种方法供大家选择。

- 方法 1：使用 Git LFS 下载。

```
# 以 CentOS 安装 Git LFS 为例
sudo yum install git-lfs
# 验证安装
git lfs install
# 运行 Git LFS initialized 命令，如果显示已初始化则安装成功
# ChatGLM-6B 模型文件地址见本书配套资源
git clone [ChatGLM-6B 模型文件地址]
```

- 方法 2：使用“清华云”下载工具下载。

```
# 克隆模型代码
git clone [ChatGLM-6B 模型文件地址]
# 这样克隆下来的代码中的 model 部分都是说明文件，并不是真正的模型文件，需要单独下载模型文件，之后自行替换该目录下的说明文件
git clone git@github.com:chenyifanthu/THU-Cloud-Downloader.git
cd THU-Cloud-Downloader
pip install argparse requests tqdm
python main.py \
```

```
--link [ChatGLM-6B 模型文件地址] \
--save ../chatglm-6b/
```

- 方法 3：从 Hugging Face 社区网站手动下载。

```
#克隆模型源码，ChatGLM-6B 源码地址见随书配置资源
git clone [ChatGLM-6B 源码地址]
# 使用 Wget 对 Hugging Face 社区网站中保存的模型文件进行手动下载，下载所有模型文件后自行替换该目录下的模型文件
# 新建一个模型下载文件 download_filelist.txt，见本书配套资源
https://[hugging Face 社区的网址]/pytorch_model-00001-of-00008.bin
# 使用 wget 下载
wget -i download_filelist.txt
```

5. 本地部署 ChatGLM-6B 模型

有多种方式来部署 ChatGLM-6B 模型：API 模式、命令行模式及网页端模式。因为后续我们会以服务接口方式来调用 ChatGLM-6B 模型，所以选择采用 API 模式来部署。

为了实现本地能够调用，需修改 ChatGLM-6B 模型源代码中 api.py 文件中模型的位置变量，将“THUDM/chatglm-6b”修改为本节“4”小标题中加粗的“ChatGLM-6B 模型文件地址”，之后直接运行 api.py 即可启动模型。

```
python api.py
```

在完成 API 模式部署之后，可以通过 POST 方法调用 LLM 服务。

```
curl -X POST "http://{本机 IP 地址}:{端口号}" \
-H 'Content-Type: application/json' \
-d '{"prompt": "你好", "history": []}'
```

LLM 服务的返回值如下：

```
{
 "response":"你好👋！我是人工智能助手 ChatGLM-6B，很高兴见到你，欢迎问我任何问题。",
 "history":[["你好","你好👋！我是人工智能助手 ChatGLM-6B，很高兴见到你，欢迎问我任何问题。"]],
 "status":200,
  "time":"2023-06-11 18:15:16"
}
```

6. 为 ShoesGPT 项目采用的大语言模型添加 ChatGLM-6B 可选项

首先，定义一个 GLMService 模块来调用 ChatGLM-6B 模型的接口，整体上与调用 ChatGPTService 模块中的模型接口非常类似，代码如下：

```
import requests
```

```
def get_ans(prompt,history):
    message = []
    for item in history:
        message.append(item[1])
    try:
        ans = chatglm_api(prompt, history=message)
    except:
        ans = "服务调用失败"
    return ans


def chatglm_api(query, history=[], top_p=0.7, temperature=0.95):
    headers = {
        'Content-Type': 'application/json',
    }    api_link = "http://ip:port"
    output = requests.post(api_link, headers=headers,
                          json={"prompt": query, "history": history,
"top_p": top_p, "temperature": temperature,
                                "max_length": 4096})
    return output.json()["response"]
```

接下来为 11.2.3 节的 QABot 代码中的大语言模型部分增加 ChatGLM-6B 选项。具体的修改在以下代码的最后一行（见加粗部分）。通过增加新的选项，我们可以让 QABot 支持使用 ChatGLM-6B 模型进行问答交互，从而进一步扩展其功能和应用范围。

```
class QABot(object):
    def __init__(self, config:QABotConfig):
        self.config = config

        self.prompt_template = """
                你目前是电商客服，你的职责是回答用户对于商品的问题。
                要求：
                1. 基于已知信息，简洁且专业地回答用户的问题。
                2. 如果无法从中得到答案，请说“对不起，我目前无法回答你的问题”，
不允许在答案中添加编造成分。
                已知信息：
                {context}
                用户问题：
                {question}
                回答：
                """

        self.source_service = kb_service.KBSearchService(config)
```

```
        self.llm_model_dict =
{"ChatGPT":ChatGPTService,"ChatGLM-6B":GLMService}
```

11.3.3 本地部署并微调 ChatGLM-6B-SFT 大语言模型

本地部署并使用开源大语言模型，能够节约成本，保障数据安全。但是，开源大语言模型的水平参差不齐。为了在开源大语言模型上实现真正可用，对其进行“基于特定任务数据的微调”往往是不可缺少的一个环节。

需要注意，ChatGLM-6B 是一个基础的大语言模型，而 ChatGLM-6B-SFT 则是在 ChatGLM-6B 上进行微调得到的模型。ChatGLM-6B-SFT 在实际应用中具有更好的表现，特别是在需要高安全性和高可靠性的场景中。

1. 大语言模型微调技术介绍

通常需要大量数据来训练大语言模型，其成本对于大多数企业或个人来说是难以承担的。大语言模型微调是一种专注于特定任务、利用少量数据调整大语言模型参数的技术，是目前最广泛采用的大语言模型优化方法之一。

对大语言模型的所有参数进行微调被称为“全参数微调”。面对大语言模型上千亿的参数规模，即使只利用少量数据对全部参数进行微调，运算成本也非常高。为了降低微调大语言模型的成本，研究人员提出了“参数高效微调”（Parameter-Efficient Fine-Tuning，PEFT）技术。

参数高效微调技术仅微调大语言模型的少量参数，从而大大降低运算和存储成本。在数据较少的条件下，参数高效微调往往比全参数微调效果好。

参数高效微调技术最常用的方法如下。

- Adapter Tuning：在预训练大语言模型的某些层后添加 Adapter 模块，在微调时，冻结预训练大语言模型的全量参数，只训练 Adapter 模块的参数，用以学习特定下游任务的知识。
- Prefix Tuning：采用构造前缀的方法进行微调。其核心思想是，在输入序列的起始部分构造一段与特定任务紧密相关的虚拟数据（即前缀）。为了适配这种前缀，Transformer 模型中的相应模块也会扩展出专门的部分，这些部分将作为可训练的参数参与微调。与此同时，为了保持模型的稳定性并加速训练，其他与前缀无关的参数则会被冻结，不参与训练。通过这种方式，我们能够精确地调整模型以适应特定任务，同时确保模型的其他部分保持不变，从而实现更精准、更高效的微调。

- P-Tuning：将提示词转换为可以学习的 Embedding 层（该层是神经网络中的一层，用于将单词或短语映射到一个连续的向量空间中），并用 MLP+LSTM 的方式来对 Prompt Embedding 层进行处理。可以认为 P-Tuning 能够在不改变 LLM 结构主体的前提下，将下游任务独有的知识学到 Embedding 层中，以此实现模型微调。
- LoRa：通过低秩分解的方式，将知识存储到额外添加的网络层中。额外添加网络层是一条新的思路，它对特征做一次升维操作再做一次降维操作来模拟固有秩（Intrinsic Rank）。LoRa 在微调时仅训练新添加的网络层参数，能够以极低的代价获得和全模型微调相当的效果。

> 提示　从实际使用经验来讲，LoRa 的效果通常更好。其他方法都有各自的一些问题：
>
> - Adapter Tuning 增加了模块，引入了额外的推理延时。
> - Prefix-Tuning 难以训练，并且预留给提示词的序列挤占了下游任务的输入序列空间，影响模型性能。
> - P-Tuning 容易遗忘旧知识，微调之后的大语言模型在处理之前的问题时表现明显变差。
>
> 因此，我们选择 LoRa 方法来对 ChatGLM-6B 模型进行微调，并采用 Hugging Face 社区的 PEFT 工具来实现这个过程。

2. 准备用于微调大语言模型的数据（也称训练数据）

接下来准备用于微调大语言模型的数据。在 ShoeseGPT 项目中，要让大语言模型能够根据资料回答问题，我们需要按照如下模板来准备数据：

```
{“question”:你目前是电商客服，你的职责是回答用户对于商品的问题。
        要求：
        1. 基于已知信息，简洁且专业地回答用户的问题。
        2. 如果无法从中得到答案，请说“对不起，我目前无法回答你的问题”，不允许在答案中添加编造成分。
        已知信息：
        #context#
        用户问题：
        #question#
  “answer”： #问题答案#
}
```

上述代码展示了一条训练数据的格式，需要将其中的“#context#”部分替换为真正的文本资料，将“#question#”部分替换为真正的用户问题，将“#问题答案#”部分替换为真实的答案。

在实际工作中，为了获取微调后的数据，我们可以采取多种策略：

- 利用公开的大语言模型微调数据集中与当前任务类似的数据集。这些数据集经过专业整理，能够为我们的模型提供有价值的参考。
- 通过人工数据标注来构建数据集。这种方式虽然耗时，但准确性较高，能够确保数据的质量。
- 调用 ChatGPT 等生成式模型来生成训练数据，这也是一个高效且常用的方法，它能够快速生成大量与任务相关的数据。

3. 采用 LoRa 方法对 ChatGLM-6B 模型进行微调

使用 Hugging Face 社区的 PEFT 工具来进行 LoRa 微调非常便捷，只需要调用 get_peft_model 包装原始的 ChatGLM-6B 模型即可。

```
# 导入工具
from peft import get_peft_model, LoraConfig, TaskType
from transformers import AutoConfig, AutoModel
# 创建配置
peft_config = LoraConfig(
   task_type=TaskType. CAUSAL_LM, inference_mode=False, r=8,
lora_alpha=32, lora_dropout=0.1
)
# 导入原始模型
model = AutoModel.from_pretrained(model_name_or_path,
trust_remote_code=True)
# 用 PEFT 包装原始的 ChatGLM-6B 模型
model = get_peft_model(model, peft_config)
```

在包装完原始的 ChatGLM-6B 模型后，可以采用与原始 ChatGLM-6B 模型相同的训练方式训练它。

4. LoRa 微调结果的保存与调用

调用 model.save_pretrained(“path_to_output_dir”)将 LoRa 方法的微调结果保存到 path_to_output_dir 目录下，path_to_output_dir 目录可根据个人开发环境设定。

调用利用 LoRa 方法微调后的模型也非常便捷，只需在原始模型基础上增加 LoRa 方法的微调结果即可，核心代码如下。

```
from peft import get_peft_model, LoraConfig,
peft_model_id = “output_dir”
# 导入原始模型
model = AutoModel.from_pretrained(model_name_or_path,
trust_remote_code=True)
```

```
# 导入 lora 参数并融合原始模型
model = PeftModel.from_pretrained(model, peft_model_id)
```

之后可以参考 11.3.2 节的原始 ChatGLM-6B 模型的部署方式进行部署，并将其接入 ShoseGPT 项目。完整的代码可参考本书配套资源。

第 12 章 AIGC 安全与合规风险

科学史告诉我们，技术进步遵循的是一条指数型曲线。我们在几千年来的农业革命、工业革命和信息革命中都看到了这一点。想象一下，在未来 10 年，人工通用智能（AGI）系统将超过 20 世纪 90 年代初人类所具备的专业水平。

近年来，人工智能保持快速发展的势头，但人工智能所带来的安全风险也不容忽视。伴随着人工智能应用的推广，对人工智能安全问题的研讨也持续开展。

1. OpenAI 的安全理念

OpenAI 的联合创始人兼 CEO 萨姆・奥尔特曼（Sam Altman）被誉为硅谷新一代创业明星和人工智能领域的布道师，他持续不断地在公开场合输出关于人工智能发展路径、监管等一系列问题的认知和思考。

萨姆・奥尔特曼认为，在人工智能爆发式增长的背景下，未来 10 年内可能会出现超强 AI。他呼吁全球共同对其进行监管，并且在相关的研究及部署上对齐，建立全球范围的互信 AI。萨姆・奥尔特曼之所以持续呼吁尽快进行全球范围的协同监管，一方面是因为 AI 全球大爆发的紧迫性，另一方面则是因为“最小化风险”的理念（在实际应用场景中大语言模型可能存在的错误。萨姆・奥尔特曼希望 AI 在风险较低时犯错，然后通过迭代来让其变得更好），这是 OpenAI 在人工智能安全方向的迭代理念。

2. Google 的安全实践

Google（谷歌）在 2023 年 4 月发布了“谷歌云 AI 安全工作台”。在此工作台上，谷歌集成了最新的 AI 对话技术和已有的诸多安全能力，比如威胁态势检测能力、病毒查杀平台等。这对于国内运营商来说具有重要启示：应加强科技研发和资本布局，以打造“以 AI 制衡 AI 的生态闭环”；大力提升内部安全人员的 AI 实战素养，让生成式 AI 成为助力“安全型企业”建设的重要手段。

谷歌云 AI 安全工作台致力于解决三大安全挑战（威胁的蔓延、烦琐的工具和人才的缺口），从而引领“负责任的 AI”的发展。该工作台本质上是一种可扩展的安全插件架构，让客户可以在平台之上进行自由的安全模块构建，同时能控制和隔离数据。

谷歌认为“安全现代化”的一个重要标志是工具尽可能简化和自动化。其中：

- 工作台内嵌的“威胁情报 AI”建立在公司庞大的威胁数据库之上，可利用大模型快速查找和应对威胁。
- “安全指挥中心”也可以与工作台集成，使用不间断的机器学习来检测在客户环境中执行的恶意脚本，并立即发出预警，为操作员提供即时的分析报告，可以预测对手可能攻击的方式和位置，并评估整体风险。
- “代码查杀平台”能够直接且快速地识别恶意代码中的威胁。

借助“安全指挥中心”的情报汇总和快速检测功能，初级安全人员可以快速上手工作台，从而成为一名安全操作员，负责安全态势感知、自由搜索安全事件、与结果进行对话、提出跟进问题并快速生成检测结果。

3. AIGC 引入的新安全挑战

与一般的信息系统相比，除基本的网络安全、数据安全和对恶意攻击的抵御能力外，人工智能安全还需要考虑以下挑战。

- 隐私性：包括对个人信息和个人隐私的保护、对商业秘密的保护等。隐私性旨在保障个人和组织的合法隐私权益，常见的隐私增强方案包括最小化数据处理范围、个人信息匿名化处理、数据加密和访问控制等。
- 可靠性：人工智能及其所在系统，在承受不利环境或意外变化（如数据变化、噪声、干扰等因素）时，仍能按照既定的目标运行，并保持结果有效。通常需要综合考虑系统的容错性、恢复性、健壮性等多个方面。
- 可控性：人工智能在设计、训练、测试和部署过程中，保持可见和可控的特性。只有具备了可控性，用户才能够在必要时获取模型的有关信息，包括模型结构、参数和输入/输出等，方可进一步实现人工智能开发过程的可审计和可追溯。
- 可解释性：描述了人工智能算法模型可被人理解其运行逻辑的特性。具备可解释性的人工智能，在其计算过程中使用的数据、算法、参数和逻辑等对输出结果的影响能够被人类理解，这使人工智能更易于被人类管控，也更容易被社会接受。
- 公平性：人工智能模型在进行决策时，不偏向某个特定的个体或群体，也不歧视某个特定的个体或群体，平等对待不同性别、不同种族、不同文化背景的人群，保证处理结果的公正和中立，不引入偏见和歧视因素。

人工智能安全问题的研讨需要考虑多个方面的属性，只有在这些属性得到保障的情况下，人工智能才能更好地服务于人类社会，为人类带来更多的福祉。接下来我们全面分析一下 AIGC 的风险。

12.1　AIGC 风险分类

与一般的信息系统风险相比，AIGC 具有以下风险。

（1）AIGC 的安全问题不仅会影响设备和数据的安全，还可能产生严重的生产事故，甚至危害人类生命安全。例如，对于给患者看病和做手术的医疗机器人，如果因为程序漏洞出现安全问题，则可能直接伤害患者性命。

（2）一旦 AIGC 被应用于国防、金融和工业等领域后出现安全事件，AIGC 风险将影响国家安全、政治安全及社会稳定。

（3）AIGC 的安全问题会引起更加复杂的伦理和道德问题，许多此类问题目前尚无好的解决方案。例如，在将 AIGC 技术应用于医疗诊断和手术时，医生是否应完全相信 AIGC 的判断，以及如何确定医疗事故责任等问题；在采用人工智能技术实现自动驾驶时，需要更好的机制来解决“电车难题”等伦理问题。

> 提示　“电车难题”（Trolley Problem）是伦理学领域最知名的思想实验之一，其内容是：一个疯子把五个无辜的人绑在电车轨道上；一辆失控的电车朝他们驶来，并且片刻后就要碾轧到他们。幸运的是，你可以拉一下拉杆，让电车开到另一条轨道上，然而那个疯子在另一个电车轨道上也绑了一个人。考虑以上状况，你是否应拉动拉杆？

新兴技术都会经历从野蛮生长到安全合规的过程，AIGC 同样不可避免，其风险类型可分为 4 类：算法类风险、数据类风险、应用类风险和其他风险，如图 12-1 所示。

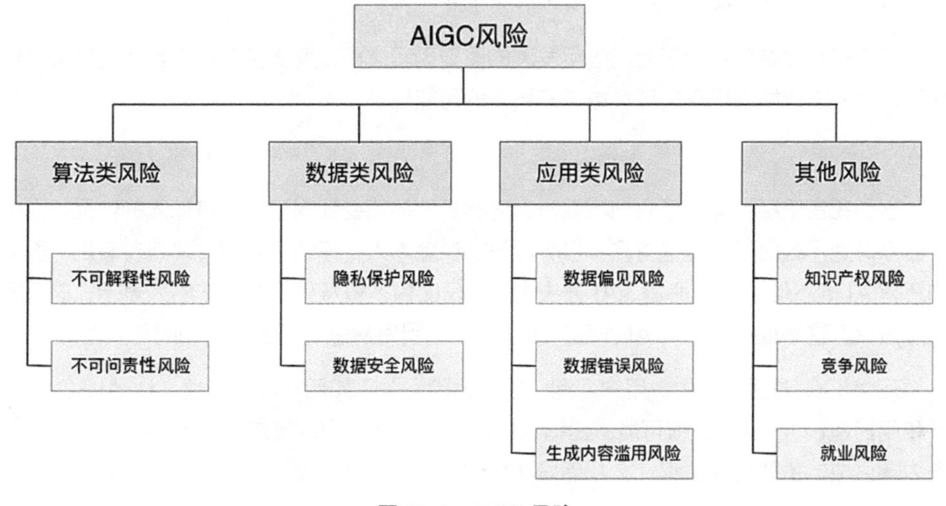

图 12-1　AIGC 风险

12.1.1 算法类风险

算法类风险主要包含以下两种。

1. 不可解释性风险

由于算法模型的黑箱运作机制，所以其运行规律和因果逻辑并不会显而易见地摆在研发者面前。这使算法的生成机理不易被人类理解和解释，一旦算法出现错误，则透明度不足无疑将阻碍外部观察者的纠偏除错。

长期以来，不可解释性一直是制约 AIGC 在司法判决、金融信贷等关键领域应用的主要因素，但时至今日，这些问题尚未解决，并且变得更为棘手。出现算法的不可解释性主要有以下两方面原因。

（1）深度模型算法的复杂结构是黑盒，人工智能模型天然就无法呈现出决策逻辑，从而使人无法理解和判断算法决策的准确性。为提升可解释性，技术上也出现了降低模型复杂度、突破神经网络知识表达瓶颈等解决方法，但在现实中使用这些方法的效果有限，主要是因为当前模型参数越来越多、结构越来越复杂，解释模型和让人类理解模型的难度变得极大。

（2）近年来，人工智能算法、模型、应用发展演化速度快，如何判断人工智能是否具备可解释性一直缺乏统一认知，难以形成统一的判别标准。这需要加强对人工智能可解释性的研究和探索，包括探索新的可解释性方法、建立可解释性评估标准等。

> 提示　为解决不可解释性问题，部分研究正朝借助人工智能解释大模型的方向探索。这样可以通过人工智能自身的能力来解释模型，提高模型的可解释性。但是，这个研究方向仍处于初级阶段，需要进一步深入探索和研究。

不可解释性是制约人工智能应用发展的重要因素之一，需要加强对可解释性的研究和探索，为人工智能应用在关键领域带来更多的可能性。

2. 不可问责性风险

当你在音乐平台漫不经心地听歌时，突然听到孙燕姿翻唱了一首其他人的作品，你也许会惊讶她什么时候唱过这首歌。初听音色颇像她本人，仔细一听则发现略有瑕疵。类似的还有 AI 周杰伦、AI 王心凌、AI 披头士。音乐圈内多位从事版权工作的人表示，这已经涉嫌侵权。这不仅令我们对 AI 作品产生恐慌，更引发从未经历的合规和问责问题。

在 AIGC 对话场景中，用户咨询一些高风险问题（如用户描述病情，让 AIGC 给诊断和用药建议），AIGC 很可能做出错误的回答，进而对用户造成不利影响。而此时，由于内容生成的主体是算法程序，从而导致按照之前的法律规章无法追究法律责任。

12.1.2　数据类风险

当前，利用服务过程中的用户数据进行 AI 训练的情况较为普遍，但可能涉及在用户不知情的情况下收集个人信息、个人隐私和商业秘密等，其安全风险较为突出。

1. 隐私保护风险

交互式人工智能的应用，降低了数据流入模型的门槛。用户在使用交互式人工智能时往往会放松警惕，这样就更容易泄露个人隐私、商业秘密和科研成果等数据。例如，企业员工在办公时容易将商业秘密输入 AI 应用程序中寻找答案，继而导致商业秘密的泄露。这类问题的解决方法是加强对用户数据的保护，包括加强对用户数据的收集、使用和存储的监管，以及对用户数据隐私的保护。

2. 数据安全风险

AI 模型日益庞大，开发过程日益复杂，数据泄露风险点更多、隐蔽性更强，AI 使用开源库漏洞引发数据泄露的情况也很难杜绝。这类问题的解决方法是加强 AI 系统的安全性能，包括加强对数据的保护、对系统的监控和管理等。

由于训练大模型时需要输入大量的数据，其中不乏有大量的付费数据和版权数据，有用户甚至开始利用大模型的数据来“淘金”，例如，有用户通过话术诱使 ChatGPT 提供 Photoshop 的序列号。

为应对数据安全问题，特别是为保护个人信息安全，部分欧洲国家甚至已禁止 ChatGPT 等 AI 应用。这在一定程度上虽然可以保障个人信息安全，但也会限制 AI 应用的发展。笔者认为，需要在保障个人信息安全的前提下，积极推进 AI 技术的发展和应用，为人类社会带来更多的福祉。

12.1.3　应用类风险

1. 数据偏见风险

在偏见与歧视方面，算法以数据为原料，如果初始使用的是有偏见的数据，那么这些偏见可能会随着时间流逝一直存在，无形中影响了算法的运行结果，最终导致 AI 算法生成的内容存在偏见或歧视，引发用户对算法的公平性争议。

2. 数据错误风险

算法运行容易受到数据、模型、训练方法等因素干扰，出现非健壮性特征。例如，如果训练数据量不足，那么在特定数据集上测试性能良好的算法很可能被少量随机噪声的轻微扰动影响，从而导致模型给出错误的结论；在算法被投入应用后，随着在线数据内容的更新，算法很可能会产生系统性能上的偏差，进而引发系统失灵。

现实场景中的环境因素复杂多变，AI 难以通过有限的训练数据覆盖现实场景中的全部情况。因此，模型在受到干扰或攻击等情况时会发生错误，甚至会引发安全事故。虽然可以通过数据增强方法等方式提高 AI 的可靠性，但是这些方法仍然无法完全覆盖所有的异常情况，可靠性仍然是制约自动驾驶、全自动手术等关键领域应用广泛落地的主要因素。

> 提示　解决算法错误问题时，需要加强对 AI 可靠性的研究和探索，包括探索新的可靠性提升方法、建立可靠性评估标准等。同时，也需要加强对 AI 模型的安全性研究和探索，为 AI 应用在自动驾驶等精密领域带来更多的可能性。

3. 生成内容滥用风险

AI 的目标是模拟、扩展和延伸人类智能，但如果 AI 只是单纯地追求统计最优解，则可能表现得不那么有“人性”；相反，包含一些人类政治、伦理、道德等方面观念的 AI 会表现得更像人，更容易被人所接受。

为了解决 AI 面对敏感、复杂问题的表现，开发者通常将包含着他们认为正确观念的答案加入训练过程，并通过强化学习等方式输入模型。模型在掌握了这些观念后，能够产生更能被人接受的回答。

然而，由于政治、伦理、道德等复杂问题往往没有全球通用的标准答案，所以符合某个区域或人群观念判断的 AI，可能会与另一个区域或人群在政治、伦理和道德等方面有较大差异。因此，使用内嵌了违背我国社会共识和公序良俗的 AI 可能对网络意识形态安全造成冲击。

> 提示　若要解决生成内容滥用问题，则需要加强对 AI 的伦理、道德等方面的研究和探索，建立符合当地社会共识和公序良俗的 AI 标准。同时，也需要加强对 AI 的监管，防止 AI 对网络意识形态安全造成冲击。只有在保障 AI 的合法性和公正性的前提下，才能更好地推动 AI 技术的发展和应用。

12.1.4　其他风险

1. 知识产权风险

AIGC 作品的版权有待厘清。当前我国《中华人民共和国著作权法》规定，著作权的指向对象为“作品”。仅从法律文本来看，我国现行知识产权法律体系均规定法律主体为享有权利、负有义务和承担责任的人。因此，非人生产的智能化内容难以通过“作品—创作—作者”的逻辑获得著作权的保护。

而在 2020 年腾讯公司诉“网贷之家”网站转载机器人自动撰写的文章作品一案中，深圳市南山区法院认为在满足独创性要求的情况下，AI 撰写的文章属于著作权保护的作品。法律概念的模糊引发司法裁判的翻转，导致 AIGC 作品存在著作权归属不清的现实困境。

知识产权风险不仅导致 AIGC 作品无法获得著作权保护，阻碍 AI 技术发挥其创作价值，还有可能因 AI 的海量摹写行为稀释既有作品权利人的独创性，威胁他人的合法权益。

2. 竞争风险

当今，AI 大模型的参数数量已经跃升至万亿规模，大投入、大算力、强算法、大模型，它们共同堆砌了一道普通开发者和中小企业难以闯进的围墙。所以，大模型的“垄断性”也随之日益凸显。

AI 训练数据的获取，以及模型的开发已经逐渐变成重资产投入、重人力投入的工作。算法模型、参数、加工后的训练数据已成为核心技术壁垒。训练和使用大模型所需的计算资源和基础设施，基本阻碍了大部分企业自研大模型的道路，只能选择应用大模型这条路。

因此，大模型的开源和反垄断监管迫在眉睫，以求通过开源让更多的人参与大模型，将大模型从一种新兴的 AI 技术转变为稳健的基础设施。

3. 就业风险

公众对 AI 的一个巨大担忧是它将如何影响就业。企业裁员与 AI 的爆发式增长相结合，加剧了这种担忧。

雇主发现 AI 工具足以媲美人工服务，并且价格低廉，这必然会减少相关岗位，甚至导致企业大规模裁员。随着 AI 的能力越来越强大、思维越来越像人类，必然会有越来越多的工作被取代，尤其是对那些从事重复性和机械性工作的人来说，他们的工作可能会很快被机器取代，这将导致大量人员失业，增加社会的不稳定性。

12.2　安全政策与监管

AIGC 新技术增加了对 AIGC 安全监管的难度。近年来，随着 AI 技术不断成熟，机器深度学习后生成的内容愈发逼真，甚至能够达到“以假乱真”的效果。相应地，应用门槛也在不断降低，人人都能轻松实现“换脸”“变声”，甚至成为“网络水军”中的一员。由于契合民众“眼见为实”的认知共性，技术滥用后很可能使造假内容以高度可信的方式通过互联网即时触达用户，导致用户难以甄别虚假信息。而这又牵涉一个现实的难题：由于互联网提供的虚拟身份外衣和相关技术的发展，造假内容生产者具有分散性、流动性、大规模性和隐蔽性的特点，导致追踪难度和复杂性与日俱增，再加上规范指引的模糊性和滞后性，对于那些具有“擦边球”性质的造假行为存在难以界定的现实困境，这无疑严重阻碍了对内容的监管。

12.2.1 中国 AI 安全政策与法规

聚焦 AIGC 存在的风险，我国的监管体系已经成形。2017 年以来，我国先后发布了一系列 AI 产业促进政策，推动 AI 技术创新和产业发展。

随着 AI 的广泛应用与实践，我国对于 AI 的监管重点也从“发展 AI 应用”扩展到“AI 伦理安全”“算法治理”等问题上。虽然针对 AIGC 专用数据集、算法设计和模型训练的监管仍然有待完善，但整体框架体系已经具备。

1. 中国 AI 安全法规

2020 年 7 月，国家标准化管理委员会、中央网信办、国家发展改革委、科技部、工业和信息化部联合印发了《国家新一代人工智能标准体系建设指南》，其指明了人工智能规范化发展的新格局。

2021 年 11 月和 2022 年 11 月，国家互联网信息办公室先后发布了《互联网信息服务算法推荐管理规定》和《互联网信息服务深度合成管理规定》，针对利用 AI 算法从事传播违法和不良信息、侵害用户权益、操纵社会舆论等问题，加强安全管理，推进算法推荐技术和深度合成技术依法、合理、有效地利用。

2023 年 4 月，国家互联网信息办公室发布了《生成式人工智能服务管理办法（征求意见稿）》，统筹安全与发展，提出生成式 AI 产品或服务应当遵守的规范要求，保障相关技术产品的良性创新和有序发展。

2. 中国 AI 安全标准

我国制定了多项 AI 安全标准，其中包括 2023 年 8 月颁布并于 2024 年 3 月实施的 AI 安全标准《信息安全技术 机器学习算法安全评估规范》，该规范规定了机器学习算法技术在生存周期各阶段的安全要求，以及应用机器学习算法技术提供服务时的安全要求，并给出了对应的评估方法。此外，全国信息安全标准化技术委员会（TC260）还启动编制《信息安全技术 人工智能计算平台安全框架》国家标准，规范了 AI 计算平台安全功能、安全机制、安全模块及服务接口，指导 AI 计算平台的设计与实现。

另外，我国还推动关键应用方向安全保护标准。在生物特征识别、智能汽车等 AI 应用领域，针对网络安全重点风险，多项国家标准已经发布。例如，在生物特征识别方向，发布了 GB/T 40660-2021《信息安全技术 生物特征识别信息保护基本要求》，以及人脸、声纹、基因、步态等 4 项数据安全国家标准。在智能汽车方向，发布了国家标准 GB/T 41871-2022《信息安全技术 汽车数据处理安全要求》，有效支撑《汽车数据安全管理若干规定（试行）》，提升了智能汽车相关企业的数据安全水平。

总体来看，目前我国采用的是通过多部法律法规衔接，针对深度合成技术、生成式 AI 技术和算法推荐技术不同业态分别立法，初步形成了一套完备的 AI 监管体系。

这些法规和标准的出台，为 AI 安全提供了重要的法律依据和指导，有助于保障 AI 技术的合法性和公正性。同时，也需要加强对 AI 监管的实施和执行，确保 AI 技术的发展和应用符合法律法规和社会伦理。只有在保障 AI 技术的合法性和公正性的前提下，才能更好地推动 AI 技术的发展和应用。

12.2.2 国际安全政策进展

联合国教科文组织于 2021 年 11 月发布了《人工智能伦理问题建议书》，旨在为和平使用 AI 系统、防范 AI 危害提供基础。建议书中提出了 AI 价值观和原则，以及落实价值观和原则的具体政策建议，推动全球针对 AI 伦理安全问题形成共识。2023 年 3 月 31 日，该组织号召各国立即执行《人工智能伦理问题建议书》。

1. 国际组织

国际标准组织（ISO）在 AI 领域已开展了大量标准化工作，并专门成立了 ISO/IEC JTC1 SC42 人工智能技术委员会，制定了与人工智能安全相关的国际标准与技术框架类通用标准，主要分为 3 类：人工智能管理、可信性、安全与隐私保护。

- 在人工智能管理方面，国际标准组织主要研究人工智能数据的治理、人工智能系统全生命周期管理、人工智能安全风险管理等，并提出建议。相关标准包括 ISO/IEC 38507:2022《信息技术–治理–组织使用人工智能的治理影响》和 ISO/IEC 23894:2023《信息技术–人工智能–风险管理指南》等。
- 在可信性方面，国际标准组织主要关注人工智能的透明度、可解释性、健壮性与可控性等方面，指出人工智能系统的技术脆弱性因素及部分缓解措施。相关标准包括 ISO/IECTR 24028:2020《信息技术–人工智能（AI）–可信度概述》等。
- 在安全与隐私保护方面，国际标准组织主要聚焦于人工智能的系统安全、功能安全、隐私保护等问题，帮助相关组织更好地识别并缓解人工智能系统中的安全威胁。相关标准包括 ISO/IEC 27090《解决人工智能系统中安全威胁和故障的指南》、ISO/IEC TR 5469《人工智能功能安全与人工智能系统》和 ISO/IEC 27091《人工智能隐私保护》等。

2. 欧盟

欧盟专门立法，试图对人工智能进行整体监管。2021 年 4 月，欧盟委员会发布了立法提案《欧洲议会和理事会关于制定人工智能统一规则（人工智能法）和修订某些欧盟立法的条例》（以下简称《欧盟人工智能法案》），在对人工智能系统进行分类监管的基础上，针对可能对个人基本权利和安全产生重大影响的人工智能系统建立全面的风险预防体系。该预防体系在政府立法统一主导和监督下，推动企业建设内部风险管理机制。

2023 年 5 月 11 日，欧洲议会的内部市场委员会和公民自由委员会通过了关于《欧盟人工智能法案》的谈判授权草案。新版本补充了针对“通用目的人工智能”和 GPT 等基础模型的管理制度，扩充了高风险人工智能覆盖范围，并要求生成式人工智能模型的开发商必须在生成的内容中披露“来自于人工智能”，并公布训练数据中受版权保护的数据摘要等。

欧洲电信标准化协会（ETSI）近期关注的重点议题是人工智能数据安全、完整性和隐私性、透明性、可解释性、伦理与滥用、偏见缓解等方面。已发布多份人工智能安全研究报告，包括 ETSI GR SAI 004《人工智能安全：问题陈述》、ETSI GR SAI 005《人工智能安全：缓解策略报告》等，描述了以人工智能为基础的系统安全问题挑战，并提出了一系列缓解措施与指南。

欧洲标准化委员会（CEN）和欧洲电工标准化委员会（CENELEC）成立了新的 CEN-CENELEC 联合技术委员会 JTC 21“人工智能”，并在人工智能的风险管理、透明性、健壮性和安全性等多个方面提出了标准需求。

3. 美国

相较于欧盟，美国监管要求少，主要强调安全原则。美国参议院、联邦政府、国防部、白宫等先后发布了《算法问责法（草案）》《人工智能应用的监管指南》《人工智能道德原则》《人工智能权利法案》《国家网络安全战略》等文件，提出风险评估与风险管理方面的原则，指导政府部门与私营企业合作探索人工智能监管规则，并为人工智能实践者提供自愿使用的风险管理工具。

美国政府鼓励企业依靠行业自律，自觉落实政府安全原则保障安全。美国企业通过产品安全设计，统一将美国的法律法规要求、安全监管原则、主流价值观等置入产品。

美国国家标准与技术研究院（NIST）关注人工智能安全的可信任、可解释等问题。最新的标准项目包括：NIST SP1270《建立识别和管理人工智能偏差的标准》，提出了用于识别和管理人工智能偏见的技术指南；NIST IR-8312《可解释人工智能的四大原则》草案，提出了可解释人工智能的 4 项原则；NIST IR-8332《信任和人工智能》草案，研究了人工智能应用安全风险与用户对人工智能的信任之间的关系；NIST AI 100-1《人工智能风险管理框架》，旨在为人工智能系统设计、开发、部署和使用提供指南。

总体而言，国际标准的出台和完善，既为整个 AI 行业发展提供了多方位的监管和保障，也为我国人工智能与国际协同发展提供了规章依据。

12.3 安全治理框架

针对人工智能带来的安全挑战，我们可以参考图 12-2 所示的人工智能安全治理框架。

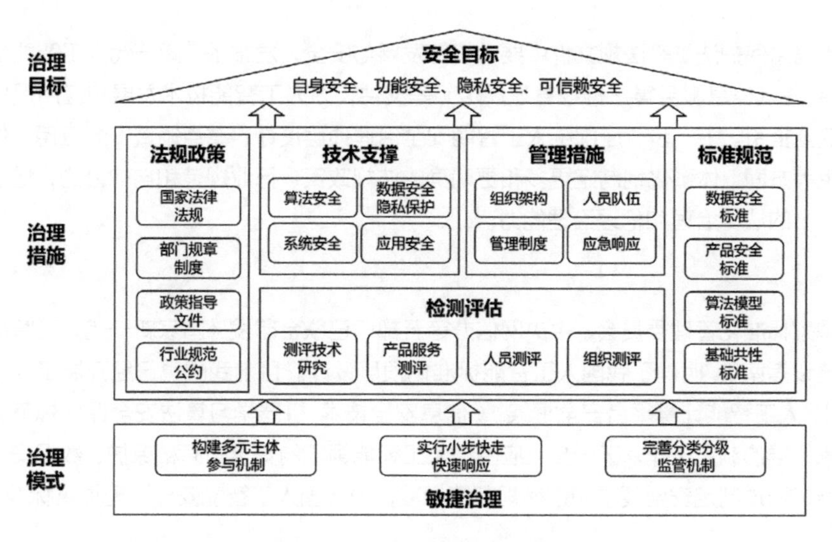

图 12-2 人工智能安全治理框架

一般信息系统中强调的安全主要指系统自身安全，而人工智能安全治理的目标应该包括以下 4 个方面。

- 自身安全（security）：在人工智能技术发展和应用中，应当加强内在安全能力建设，在算法设计、代码编制和系统部署等方面尽量减少可能存在的安全漏洞，降低系统出错和被攻击的风险。
- 功能安全（safety）：应避免由系统功能性故障导致不可接受的风险，包括可能导致人员的伤亡、环境破坏、设备财产损失等方面的风险。
- 隐私安全（privacy）：应重点关注个人信息的保护，防止过度采集、超权限使用和滥用，避免可能带来的隐私侵犯、金融财务损失、名誉身份受损等方面的风险。
- 可信赖安全（trustworthiness）：应确保人工智能具有可理解性、可解释性、稳健性、公平性及以人为本等特征，即人工智能算法和系统具有能够被人类理解、其行为和决策结果能够进行合理的解释、能够在噪声环境下进行稳定和正确决策、能够公平对待不同群体、能够尊重人权和民主价值观的能力。

12.3.1 多措并举的治理措施

当前，国际社会和国内都在人工智能安全治理方面开展了大量探索，并在法规、政策和标准方面取得了积极的成果。但是，要实现人工智能安全治理并取得成效，仅依靠法规政策和标准规范来进行合规引导是不够的，还应在技术支撑、管理措施和检测评估等方面加强具体落地措施。

1. 法规政策

我国在《中华人民共和国网络安全法》《中华人民共和国数据安全法》《中华人民共和

国个人信息保护法》等法规文件中要求统筹发展与安全，发布了《新一代人工智能伦理规范》《互联网信息服务算法推荐管理规定》等文件，为人工智能技术发展和应用提供了很好的安全指引。下一步，应围绕人工智能安全治理顶层设计、重点领域安全应用、伦理道德约束等方面，体系化地制定更多和更明确的法规政策、行业规范和自律公约，增强人工智能安全的法律治理和伦理治理能力。

2. 标准规范

国家标准化管理委员会、中央网信办等五部门已联合印发《国家新一代人工智能标准体系建设指南》，明确了我国人工智能标准化顶层设计。目前我国也已经开展了《信息安全技术 人工智能计算平台安全框架》《信息安全技术 机器学习算法安全评估规范》等多项国家标准的制定工作。下一步，应围绕人工智能领域的安全与隐私保护、数据安全方面的标准，通过制定安全要求和指南规范等标准，为我国人工智能安全治理提供标准支撑。

3. 技术支撑

针对技术内生、应用衍生、数据安全和隐私保护等方面的安全挑战，构建人工智能安全治理技术体系，在算法安全、数据安全和隐私保护、系统安全和应用安全方面加强前沿安全技术研究，以及推动关键技术应用，是落实人工智能安全治理的必要措施。

- 在算法安全方面，主要需要研究增强算法可解释性、防范算法歧视、提高稳健性和公平性等方面的安全技术。
- 在数据安全和隐私保护方面，主要需要研究隐私计算、密码技术、防泄露、流通安全、数据质量评估等技术。
- 在系统安全方面，主要需要研究漏洞发现、攻击检测与阻止、可信计算、防逆向攻击等技术；在应用方面，主要需要结合应用场景研究能够帮助防止滥用、确保伦理的技术，包括伦理规则化、智能风险监测、穿透式监管等技术。
- 网络安全防护方面，主要包括对抗样本攻击、爬虫攻击、模型窃取、供应链攻击等新型攻击威胁，需要研究在数据集防护、算法模型保护、抗逆向攻击等方面的安全技术措施指南，帮助人工智能服务提供者保护业务数据及人工智能模型参数等的机密性和完整性。

4. 管理措施

针对人工智能安全治理挑战，除积极采用技术措施进行安全保护外，还应构建一套完善的安全管理体系，从组织架构、人员队伍、管理制度、应急响应等方面着手，通过有效的管理措施实践人工智能安全治理工作。

- 在组织架构方面，主要包括确立职责明确的部门和负责人，明确各安全岗位的职责和考核机制，以及贯彻执行各项制度和开展监督检查等。

- 在人员队伍方面，主要包括确定人员招聘与聘用、培训与能力提升、日常管理与离职等管理要求。
- 在管理制度方面，主要包括在国家法规政策和标准规范的指导下，设计一整套完备的安全管理制度、管理办法、安全操作流程以及运行记录单等。
- 在应急响应方面，主要包括确定一系列对不同情况的应急响应预案、准备应急技术工具和方案，并开展定期的应急响应演练等。

近年来，各 AIGC 企业通过建立内容审核机制的方式落实互联网内容治理主体责任，“机审+人审”已成为其基本审核方式。

- 在“机审”方面，审核准确率受审核类型、内容违规变种繁杂、网络“黑灰产”对抗手段加剧等影响而导致误报率偏高，需要人工叠加审核。
- 在“人审”方面，使用“人审”外包服务已经成为市场主流，但不同的“人审”团队在人员管理、业务流程管理、审核能力等方面表现各异，行业内也未形成统一的标准。总体而言，缺乏合格的审核人员可能会导致包含虚假、不良信息的违法违规内容流出，严重影响产业甚至整个网络生态环境。

5. 检测评估

考虑到人工智能安全挑战会带来更加严重、广泛、复杂的安全影响，以及人工智能安全治理愿景的总体目标是实现自身安全、功能安全、隐私安全和可信赖安全等多方面的要求，应当在现有信息技术安全测试与评估的基础上，针对性地加强人工智能安全检测评估体系建设。具体地说，需要在人工智能安全测评技术研究、产品和服务测评、人员测评、组织测评等多个方面进一步开展相关工作，如加大测评技术的攻关力度、丰富测评内容、开发更智能的检测工具、建立更加高效的监测预警平台，以及开展更加广泛的测评实践等。

由于 AIGC 技术愈发复杂，并且在企业中的运用往往具有高动态性等特点，所以，企业作为技术设计者和服务提供者应具备相应的技术管理能力。然而，企业具有商业属性，在资源有限的情况下，它们往往倾向于优先满足自身利益，而对技术安全和制度保障投入不足。在这方面，各企业的差距十分明显。那些投资积累“家底”丰厚、发展时间长的企业，其技术防护和管理水平就可能更好。反之，诸多初入市场的小型企业在技术管理能力不达标的情况下将 AIGC 投入应用，就可能为抄袭、造假、恶意营销等不法行为提供可乘之机，助长“灰黑产业链”的发展。

12.3.2　多元治理模式

斯坦福大学以人为本人工智能研究所发布的《2023 年人工智能指数报告》指出，在过去十年里，全球人工智能相关论文的总数从每年的 20 万篇增长到每年近 50 万篇，而企业在人工智能领域的投资额也增长了 18 倍。

显然，以人工智能等技术为代表的新一代信息技术，正在驱动当今世界的新科技革命和产业变革，成为影响全球经济、政治、文化、社会和生态发展的主导力量。但人工智能的技术及其应用的特点，使其正面临典型的“科林格里奇困境”，即如果放任人工智能自行发展，那么一旦发现其在应用中出现严重的不良后果，人工智能可能已经成为整个经济社会结构的重要组成部分，此时解决问题就会变得异常困难，并且会付出昂贵的代价；而如果一开始就采取过于严厉的控制措施，则可能严重限制人工智能的发展，阻碍其更广泛的应用。

> 提示　结合人工智能安全治理场景的特殊性，我们认为，既要激励人工智能技术的发展，又要保证人工智能技术的安全性，最关键的要素是：在完善的监管机制的基础上，引入多元的主体参与共建安全治理，同时建立快速灵活的响应机制。

1. 全面的监管机制

人工智能已经在购物推荐、客户服务、人脸识别、游戏竞赛等众多场景中得到广泛应用，并在智能驾驶、智能诊疗、智能制药等领域进行试验验证。然而，不同应用场景面临的安全风险并不相同，甚至在同一个场景中，由于人工智能技术发展变化和利用深度不同，也会带来各种安全风险。某些安全风险可能只会导致轻微损失，但其他安全风险可能引起人体生命健康方面的严重问题。

因此，应采取分类分级的治理方针，实施灵活多样的监管机制。根据人工智能应用的领域、风险等级、安全后果及容错能力，划分人工智能应用的类别和安全监管级别，并设置差异化的监管措施。同时，可以根据业务特征创新监管模式，例如，根据实际情况采取监管沙箱、应用试点、准入审批、报备汇报、认证认可、政策指南等多种不同的监管措施。在促进人工智能产业安全可控和快速发展之间保持平衡，既要采取措施避免出现重大的安全事件，又不能因过度监管而限制产业发展。

2. 多元主体参与

人工智能安全治理应由政府扮演主导角色，但考虑到人工智能技术发展速度快和业务模式更新频繁等特征，在安全治理过程中不能忽视企业、行业组织等其他主体的作用，因为这些主体掌握着第一手资料和丰富的实践经验。以企业为例，当前人工智能企业在数据和算力等方面占有明显优势，并且其工作处于产业链前沿，在解决安全事件方面积累了丰富的经验。

因此，应建立由政府主导，行业组织、研究机构、企业及公民等多元主体共同参与的治理体系。政府应负责制定法规政策和执行核心行动，是法规和政策的最终决定者。同时，政府需要建立广泛的合作机制，加强与行业组织、研究机构、企业和公民的沟通。政府需要及时吸收人工智能产业创新成果和市场反馈，并将有效的引导措施、监管要求和审查标准反映在新的法规政策中，进而指导行业组织和企业进行自我监管。

此外，行业组织应制定行业规范和自律公约，一方面，引导企业的业务创新方向，另一方面，通过行业共识约束企业遵循社会公德和道德要求。研究机构应担任第三方监督角色，对热点应用和创新业务进行技术、法规和道德分析，以支持政府提高监管能力和识别潜在风险的能力。企业则应主动建立内部监管机制，并向行业组织和政府提供人工智能安全治理方面的最佳实践。

建议“政产学研用”各主体基于开源共享平台促成协同合作、加速应用创新。围绕 AIGC 产业发展与治理需求，推动行业在算力、算法技术、AI 工程化等方面的联合研发，特别是聚力突破算法的透明度、鲁棒性、偏见与歧视等问题，以消除行业发展的障碍。

3. 快速响应机制

政府在制定法律或发布政策时，通常会在深思熟虑的基础上采取包容的方式，但这也容易导致笨拙而缓慢的响应速度。而人工智能技术具有颠覆性强、发展速度快和引领作用显著等特征，由此会带来新技术应用的快速变化、高度复杂性和深刻变革性等问题。这使得政府原来按部就班的政策制定方法、过程和周期变得不再适用，导致治理效率低下，难以跟上技术创新的步伐。

在多元主体共同参与的基础上，敏捷治理能够根据内外部环境的动态变化和不确定性，快速识别问题、总结需求，并通过积极采取小步快走和多次迭代的方式，实现对治理诉求的快速响应。针对技术发展快和日益复杂的人工智能领域，敏捷治理要求建立动态调整机制。这需要及时跟踪技术和应用的发展势态，尽早分析并识别各种安全风险的严重程度，基于包容和可持续的理念，敏捷治理需要采取策略动态调整和快速响应的手段。